퀴리부인은 무슨 비누를 썼을까? 2.0

생활 속에서 만나는 재미있는 화학 이야기

퀴리부인은 무슨 비누를 썼을까? 2.0

• 여인형 지음 •

생각의힘

머리말

『퀴리부인은 무슨 비누를 썼을까?』를 출간한 지도 벌써 7년이 넘었다. 그동안 독자들이 보여 준 뜨거운 성원에 저자로서 고맙기 그지없다. 특히 어린 독자가 보내준 독후감이나 삐뚤빼뚤 적은 손편지는 오랫동안 내 가슴을 설레게 하였다. 비교적 쉽지 않았을 책의 내용을 자기 기준의 설명과 이해를 담아서 저자에게 전해준 마음이 기특하고 고마웠다. 그것은 글을 더 쉽게 표현하고 다듬어야겠다는 생각을 갖는 계기가 되었다.

『퀴리부인은 무슨 비누를 썼을까? 2.0』은 쉽게 읽힐 수 있도록 내용과 문장을 많이 수정하였다. 특히 초판의 일부 내용은 삭제하고, 새로운 내용을 많이 추가하였다. 모두 5개의 주제(생활, 식품, 건강, 안전과 환경, 재료)로 분류하고, 일상생활에서 흔히 볼 수 있는 화학 물질을 중심으로 각 주제에 적합한 10개의 글을 뽑아 구성하였다. 각 글에는 독자의 이해를 높일 수 있도록 여러 개의 소제목을 붙였으며, 화학 물질에 대한 사진과 이미지를 곁들여 글에 대한 관심을 유도하려고 하였다. 또한 화학 물질의 분자식을 가급적으로 배제하였고, 더 관심이 있는 독자는 스스로

찾아볼 수 있도록 부록에 별도로 정리하였다. 더구나 차례를 마인드 맵 형식으로 구성하여 책의 구조와 각 주제에 대한 윤곽을 한눈에 파악할 수 있도록 하였다. 책의 내용과 형식을 완전히 새롭게 구성하였음에도 제목은 그대로 유지하였는데, 그것은 책 제목에 대한 저자의 애정이 남아 있고 제목을 기억하는 독자들이 많다고 생각되었기 때문이다. 기존의 제목에 2.0을 덧붙인 것은 마치 소프트웨어의 경우처럼 성능을 더 향상시키고, 사용자 친화적인 환경으로 글의 내용과 책의 구조를 개선하였다는 의미를 담고 있다.

책에 실린 글들은 화학에 대한 일반인의 이해를 돕기 위해서 노력해온 저자의 결과물들이다. 특히 새롭게 추가한 글 중에는 네이버캐스트의 화학산책에 실려 독자들의 열렬한 호응을 받은 것도 있으며, EBS 교재 언어영역의 과학 지문으로 출제되어 대입 수험생들을 괴롭혔던 것도 있다. 전반적으로 글의 내용과 난이도를 고등학교 혹은 대학교 1학년의 교양과목 수준으로 맞추었지만, 그래도 내용이 어렵다고 느끼는 독자들이 적지 않을 것으로 예상된다. 그것은 화학과 화학 물질에 대한 사회적 관심과 배움의 노력이 선진국에 비해서 아직은 부족하다고 생각되기 때문이다.

그러나 최근 몇 년 사이에 건강 · 식품 · 환경과 연관된 화학 물질에 대한 관심과 정보의 욕구가 엄청나게 높아지고 있다는 것을 느낀다. 더구나 생활 주변에서 화학 용어들이 심심찮게 사용되고 있는 것은 매우 고무적인 일이 아닐 수 없다. 심지어 콜레스테롤, 중성 지방, 오메가-3, 사카린, 테플론, 다이옥신과 같은 용어들이 일상대화에서 거리낌 없이 사용되는 현상만으로도 반가운 일이다. 그것의 심층 이해는 부족하더라도, 그런 용어를 스스럼없이 사용할 수 있는 환경이 되어 가고 있다는 것은 화학 및 과학에 대한 우리 사회의 집단 지성이 앞으로 나아가고 있음을 의미하는 것이라고 해석하고 싶다.

삶의 질적 향상과 안전을 위해서는 화학 및 화학 물질의 폭넓은 이해와 교육, 개인들의 공부와 노력이 필요하다. 그것은 결국에는 화학 물질에 대한 위험과 안전에 대한 판단 기준이 합의될 수 있는 성숙한 사회로 가는 지름길이 될 것이다. 과학 자료에 근거하여 화학 물질의 사용에 대한 올바른 판단기준과 안전한 사용기준을 마련한다면 우리 사회는 감정보다는 대화로 문제를 해결하는 안전하고 멋진 사회로 거듭날 것이라고 확신한다.

화학과 화학 물질에 관련된 글을 쓸 때마다 도움을 준 고마운 사람들이 있다. 초벌구이 글을 검토하는 과정에서 애정 어린 비판과 수정을 요구하여 글의 품질 향상에 기여해 준 아주대학교 모선일 교수와 질문과 조언을 통해서 글의 품격이 올라가도록 도와주신 서강대학교 백운기 명예교수께도 늘 고맙고 감사한 마음이다. 개정판을 내 준 '생각의힘' 편집부에도 감사한 마음을 전하고 싶다.

우리는 온통 화학 물질로 이루어진 세상에서 살고 있다. 의식주 모두가 화학 물질이며, 심지어 망가진 기억을 되살리고 흐트러진 정신을 바로잡을 수 있는 약도 화학 물질이다. 화학 물질이 없으면 우주와 지구, 그리고 그 안에 존재하는 모든 동식물과 광물까지도 존재하지 않을 것이다. 물론 우리 자신도 말이다. 상상만으로도 끔찍한 일이다.

이렇게 우리의 삶과 함께하는 화학 물질들에 대해 지금껏 배우고 얻은 지식을 글에 담아 사회에 되돌려 주고 싶은 저자의 마음을 이 책에 고스란히 담고자 노력하였다. 그리고 그 마음까지도 독자들에게 읽혀졌으면 좋겠다. 보다 편리하고 안전한 세상을 위해서…….

2014년 11월, 남산에서

여인형

차례

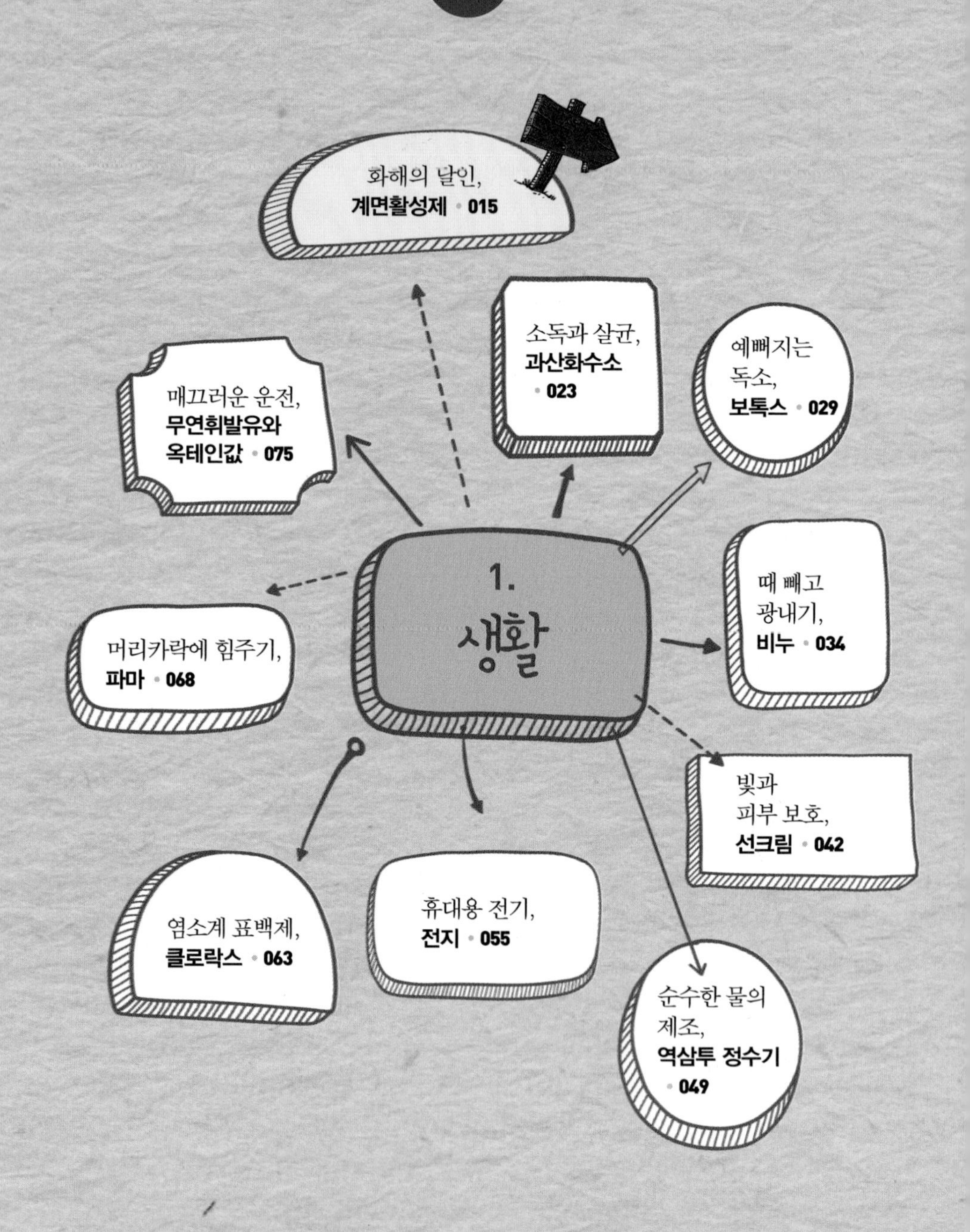

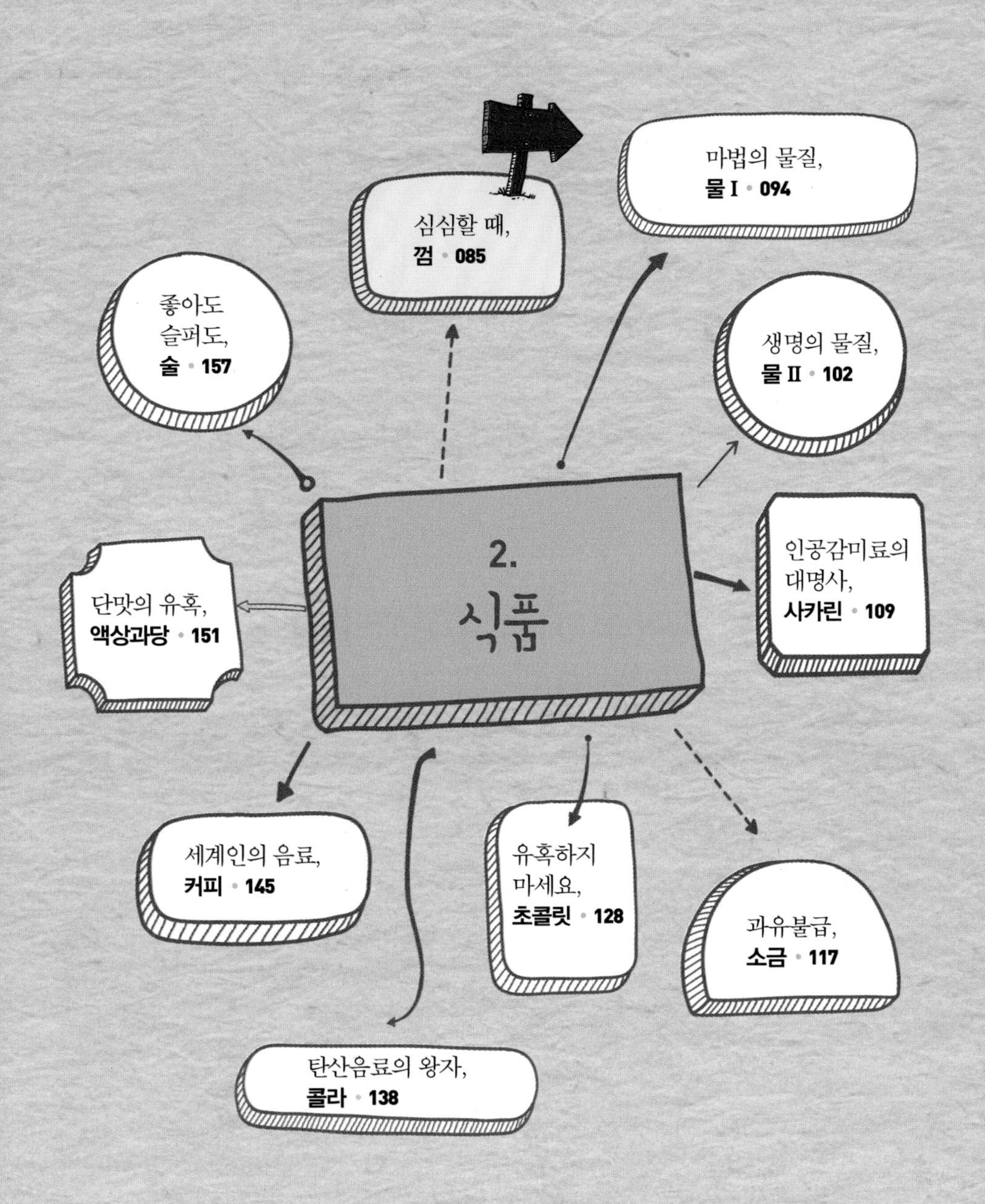
2.
식품
심심할 때,
껌 • 085
마법의 물질,
물 I • 094
생명의 물질,
물 II • 102
인공감미료의
대명사,
사카린 • 109
과유불급,
소금 • 117
유혹하지
마세요,
초콜릿 • 128
탄산음료의 왕자,
콜라 • 138
세계인의 음료,
커피 • 145
단맛의 유혹,
액상과당 • 151
좋아도
슬퍼도,
술 • 157

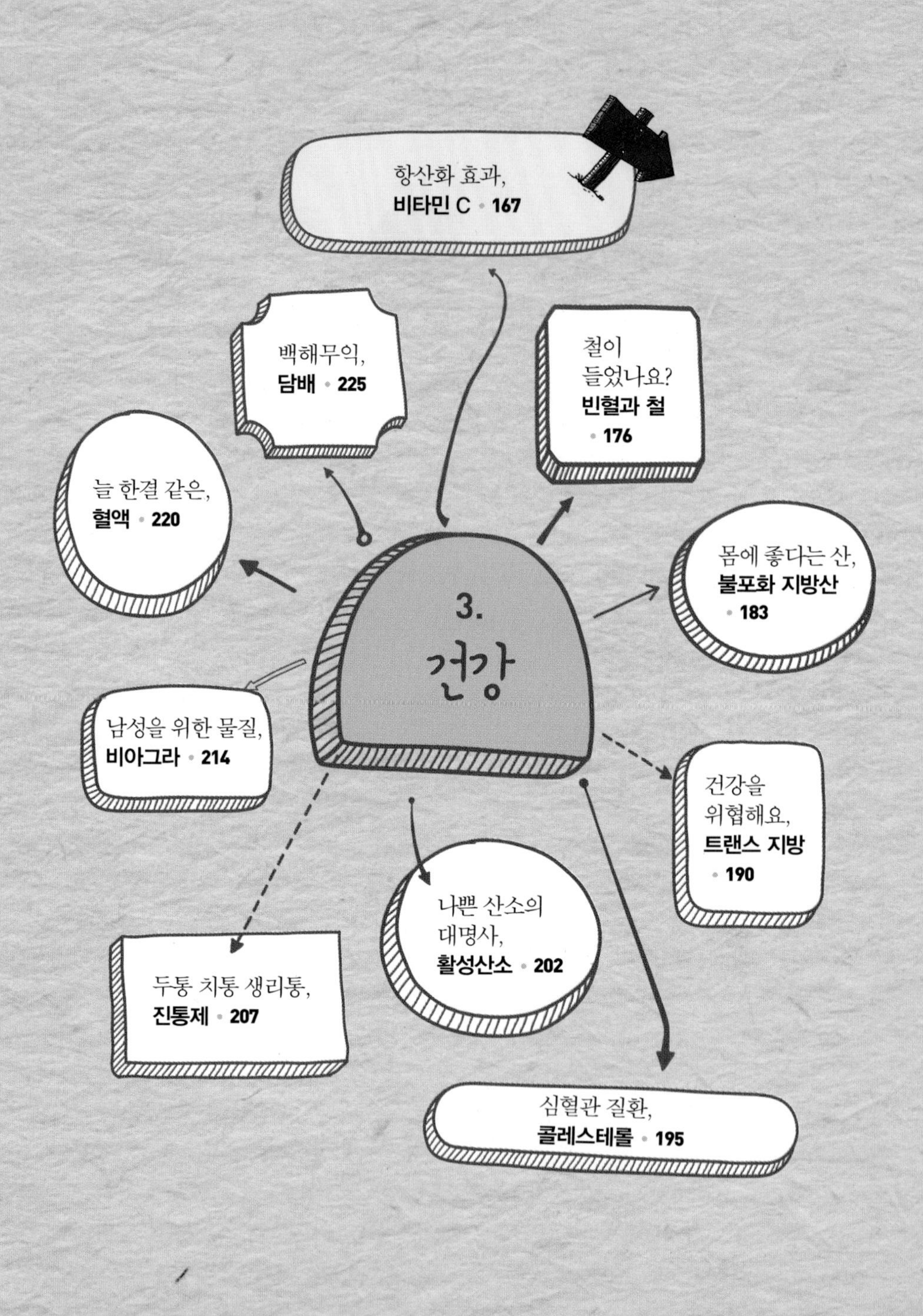

3.
건강
항산화 효과,
비타민 C • 167
철이
들었나요?
빈혈과 철
• 176
몸에 좋다는 산,
불포화 지방산
• 183
건강을
위협해요,
트랜스 지방
• 190
심혈관 질환,
콜레스테롤 • 195
나쁜 산소의
대명사,
활성산소 • 202
두통 치통 생리통,
진통제 • 207
남성을 위한 물질,
비아그라 • 214
늘 한결 같은,
혈액 • 220
백해무익,
담배 • 225

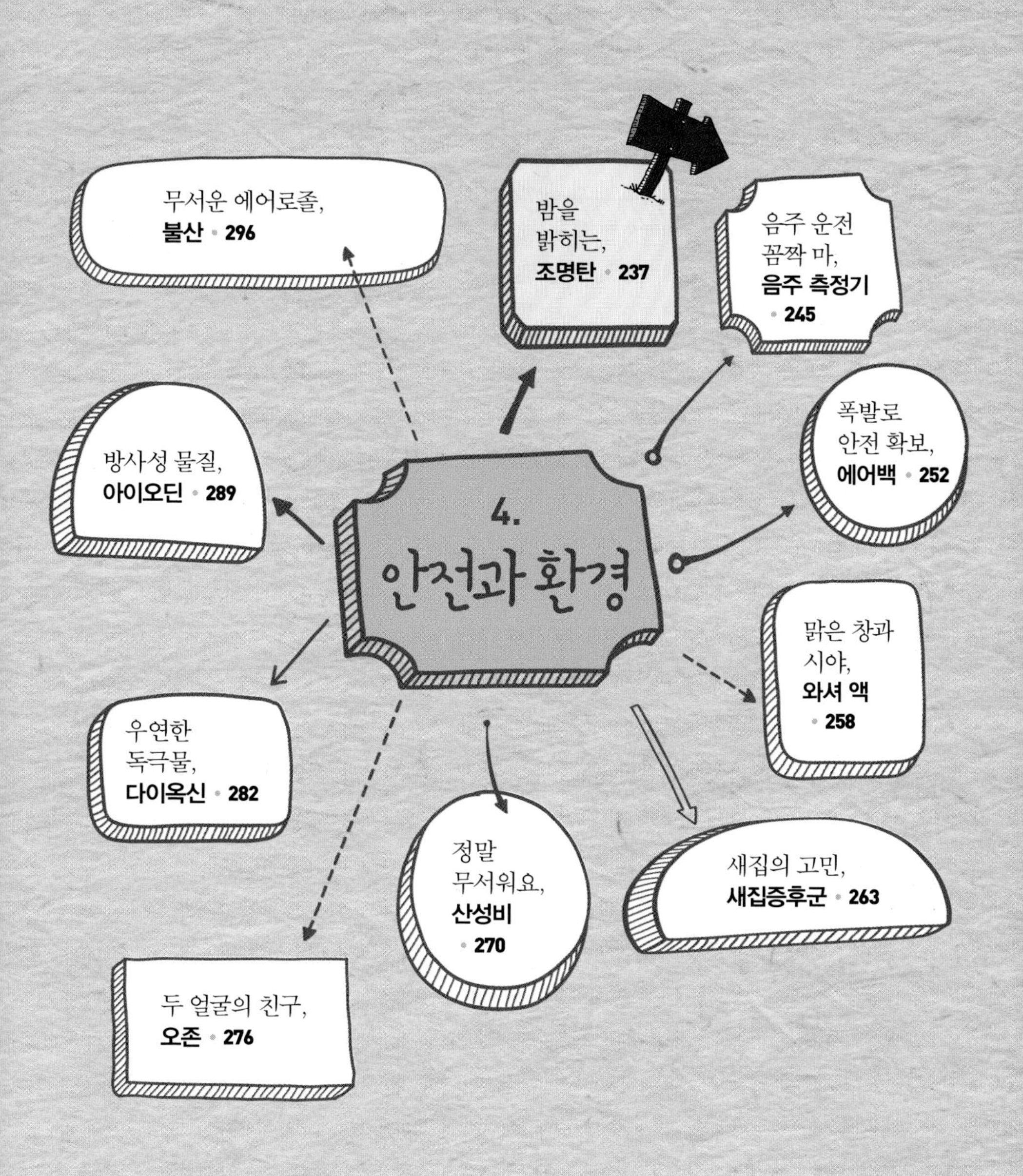

4.
안전과 환경
밤을
밝히는,
조명탄 • 237
음주 운전
꼼짝 마,
음주 측정기
• 245
폭발로
안전 확보,
에어백 • 252
맑은 창과
시야,
와셔 액
• 258
새집의 고민,
새집증후군 • 263
정말
무서워요,
산성비
• 270
두 얼굴의 친구,
오존 • 276
우연한
독극물,
다이옥신 • 282
방사성 물질,
아이오딘 • 289
무서운 에어로졸,
불산 • 296

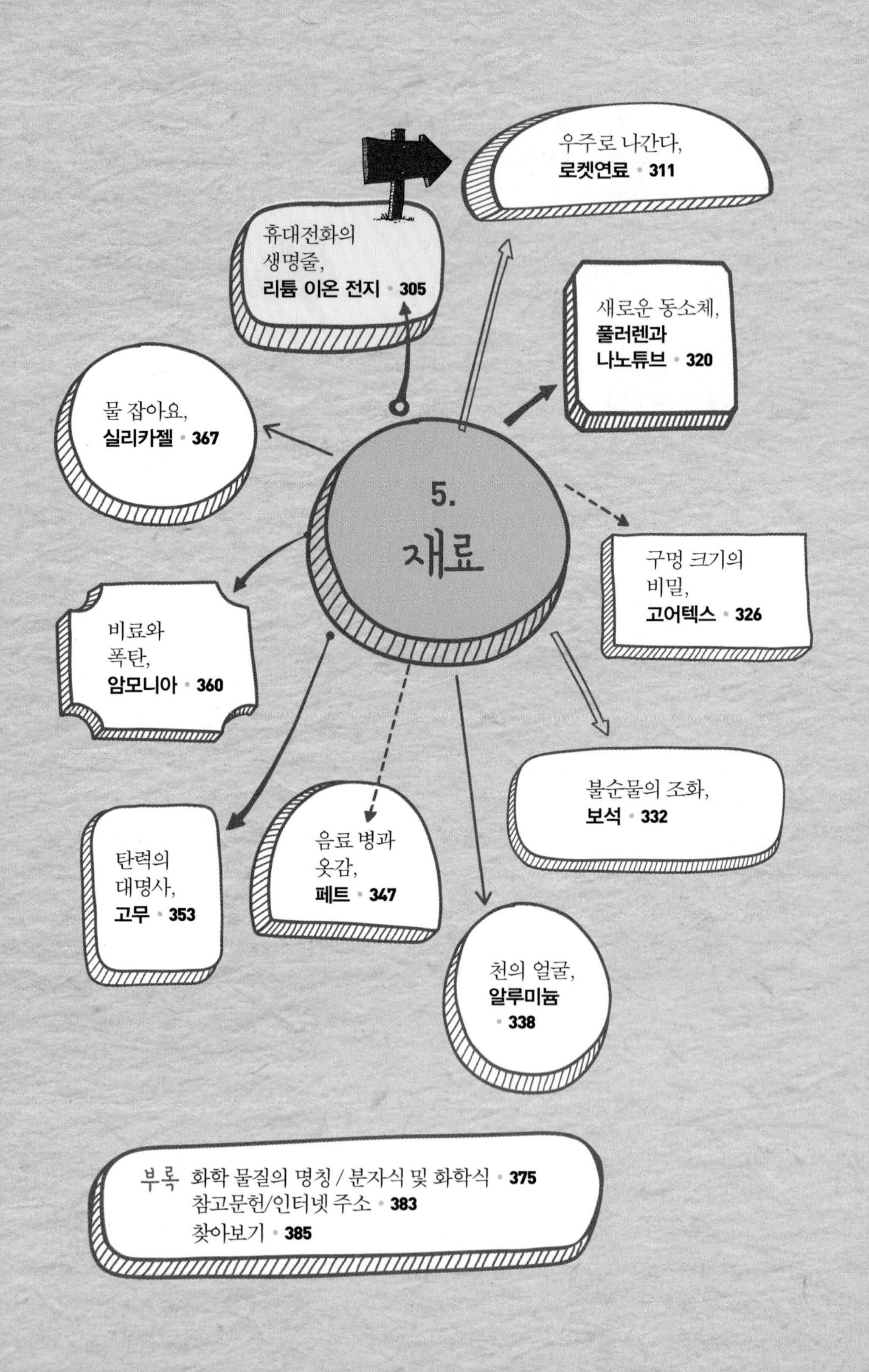
5.
재료
우주로 나간다,
로켓연료 • 311
휴대전화의
생명줄,
리튬 이온 전지 • 305
새로운 동소체,
풀러렌과
나노튜브 • 320
물 잡아요,
실리카젤 • 367
구멍 크기의
비밀,
고어텍스 • 326
비료와
폭탄,
암모니아 • 360
불순물의 조화,
보석 • 332
음료 병과
옷감,
페트 • 347
탄력의
대명사,
고무 • 353
천의 얼굴,
알루미늄
• 338
부록 화학 물질의 명칭 / 분자식 및 화학식 • 375
참고문헌/인터넷 주소 • 383
찾아보기 • 385

1장

생활

퀴리부인은 무슨 비누를 썼을까?
2.0

화해의 달인, 계면활성제

계면활성제(surfactant)는 세탁 및 염료, 묽은 용액 속에서 계면(서로 맞닿아 있는 두 가지 상의 경계면)에 흡착하여 그 표면장력을 감소시키는 물질로서 표면활성제라고도 한다. 계면활성제는 나열하기 힘들 정도로 종류도 많고 사용 범위도 매우 넓은 화학 물질이다. 식품, 화장품, 약은 물론 세제, 샴푸, 치약에 이르기까지 우리가 마주치는 수많은 생활용품에 계면활성제가 들어 있다.

얼마 전 뉴스에 농약에 들어 있는 계면활성제가 사람을 죽이는 직접적인 원인이라는 내용이 보도된 후 계면활성제에 대한 관심이 높아졌는데, 계면활성제의 원리와 특징은 무엇일까?

: 계면활성제가 들어 있는 세탁세제

계면활성제의 특성

계면활성제 분자는 하나의 분자 안에 물을 좋아하는 부분과 물을 싫어하는 부분을 동시에 갖고 있다. 기름과 물은 서로 섞이지 않는다는 것을 우리 모두 경험으로 잘 알고 있다. 그래서 계면활성제 분자의 물을 좋아하는 부분은 기름을 싫어하고, 물을 싫어하는 부분은 기름을 좋아하는 특성을 가지고 있게 마련이다. 계면활성제는 영어로 'surfactant'라고 하는데, 그것은 '표면(surface)'과 '활성(active)', '물질(substance 혹은 agent)'을 조합해서 만든 단어이다.

계면활성제의 물을 싫어하는 부분은 탄소 원자가 여러 개 연결된 구조로, 비극성을 띤다. 반면에 비극성 부분에 연결된 물을 좋아하는 부분은 극성을 띤다. 일반적으로 극성 부분의 크기는 비극성 부분의 크기에 비해서 작은 편이다. 그래서 편의상 극성 부분은 머리(head), 비극성 부분은 꼬리(tail)라고 부른다. 마치 콩나물 혹은 성냥개비를 연상하면 쉽게 이해할 수 있다. 콩나물에서 대가리는 머리, 줄기는 꼬리, 성냥에서 끝부분의 물질은 머리, 나뭇개비는 꼬리라고 연상하면 된다. 그러므로 꼬리 부분은 비극성을 지닌 기름과 상호 작용을 잘하고, 머리 부분은 극성을 지닌 물(극성 용매)과 상호 작용을 잘한다. 일반적으로 화학 물질 가운데 극성

분자들은 극성 용매에 잘 녹고, 비극성 분자들은 비극성 용매에 잘 녹는 성질을 지니고 있다. 분자들도 사람들과 마찬가지로 끼리끼리 상호 작용을 잘하는가 보다.

계면활성제의 종류

계면활성제의 머리 부분이 어떤 모습을 하고 있느냐에 따라 음이온, 양이온, 중성, 쯔비터 이온형(zwitter ionic) 계면활성제로 분류한다. 물과 상호 작용하는 머리 부분이 음이온(예: $-COO^-$)이면 음이온 계면활성제, 양이온(예: $-N((CH_3)n)_4^+$)이면 양이온 계면활성제, 극성을 띠지만 전하가 중성인 그룹(예: 폴리에틸렌 옥사이드)이 붙어 있으면 중성 계면활성제, 양이온과 음이온이 모두 포함된 경우에는 쯔비터 이온형 계면활성제라고 한다. 우리가 잘 알고 있는 비누나 샴푸는 모두 계면활성제의 한 종류이며, 머리와 꼬리 부분을 변형하면 기능과 활용도가 다른 수많은 종류의 계면활성제를 만들 수 있다.

계면과 마이셀(micelle)

: 우리가 일상생활에서 사용하고 있는 비누와 샴푸 등의 각종 세제에도 계면활성제가 들어 있다.

액체 내의 물 분자들은 주위에 있는 같은 물 분자들에 의해 서로 끌려서 안정화된다. 그러나 공기와 접촉하는 액체 표면에 노출된 물 분자들은 사정이 다르다. 즉 계면(액체와 기체)에 존재하고 있는 물 분자들은 액체 내부에 있는 물 분자들이 끌어당겨 주지만 공기 방향에서는 그러한 요인이 없다. 따라서 계면에 노출된 물 분자들은 액체 내부에 있는 물 분자들보다 상대적으로 불안정하다. 그러므로 액체의 물은 가급적이면 표면에 공기와 접촉할 수 있는 분자들의 수를 줄여서 안정한 상태를 유지하려고 한다. 물은 표면장력이 큰 액체로, 깨끗한 고체 표면에 물을 조금 떨어뜨려 보면 구형(sphere)으로 물방울이 맺히는 것을 볼 수 있는데, 이것도 물의 표면이 최소가 되려는 자연현상인 것이다. 그러나 물에 계면활성제를 넣으면 물 분자 간의 인력이 균형을 유지하지 못하고 방해를 받아 물이 구형을 유지하지 못하고 넓게 퍼지는 것을 볼 수 있다.

물에 계면활성제를 첨가하면 물보다 가벼운 계면활성제 분자들이 물 표면으로 모여든다. 분자들의 머리 부분은 물속에 잠겨 있고, 꼬리 부분은 공기를 향해서 배열된 모습을 하고 있을 것이다. 그리고 물 분자들 사이에 다른 분자들이 포함되어 있어서 순수한 물보다 표면장력이 크게 줄어든 상태가 된다. 물에 계면활성제 분자들이 점점 많아져서 물 표면을 다 채우면, 남은 계면활성제 분자들이 자기들끼리 서로 물속에서 뭉치기 시작한다. 주변이 온통 물 분자이기 때문에 머리 부분은 밖으로 노출되고, 꼬리 부분은 물과 가급적 접촉을 피하는 쪽으로 분자들의 정렬이 이루어진다. 따라서 최종적으로 뭉쳐진 모습은 구형의 작은 입자처럼 보인다. 이러한 모습을 한 구형 입자를 마이셀(micelle)이라고 한다. 또한 마이셀이 형성되기 시작하는 농도를 임계 마이셀 농도(critical micelle concentration)라고 한다. 마이셀이 형성되는 조건은 농도뿐 아니라 용액의 온도, pH, 용액에 존재하는 다른 이온들의 농도(이온 세기)에 따라 다르다.

반대로 기름(혹은 비극성 용매)에 계면활성제를 첨가하면 마이셀과는 전혀 다른 모습이 될 것이다. 머리 부분은 기름을 피하여 서로 뭉쳐 있고, 꼬리 부분은 기름 속으로 퍼져 있는 형태를 상상하면 된다. 마이셀의 구형 입자의 안과 밖이 한 번 뒤집어진 형태가 되는데, 이것을 역 마이셀(reverse micelle)이라고 한다. 역 마이셀에서 머리 부분이 형성하는 구형의 크기는 포함된 물의 양과 온도에 따라서 변한다. 그런 구형의 역 마이셀은 나노 입자를 만드는 템플릿(template)으로 활용되기도 한다.

물에 비누를 많이 풀어서 비누 분자의 수가 많아지면(임계 마이셀 농도 이상이 되면) 마이셀 입자가 형성된다. 그 입자들로 인해서 빛이 산란되기 때문에 용액 전체가 흐리게 보이는 것이다. 물에 포함된 기름 분자들이 마이셀의 중심에 놓여 있으면 안정한 상태를 오랫동안 유지할 수 있다. 마치 잠수함(마이셀)에 타고 있는 사람(기름 분자)처럼 말이다.

물과 기름의 섞임, 에멀션

물에 기름을 한두 방울 넣고 잘 흔들어 주면 기름이 작은 입자 형태로 물속에 분산된다. 반대로 기름에 소량의 물을 넣고 흔들면 물이 작은 입자로 되어 기름 속에 분산된다. 흔드는 것을 멈추면 금방 물과 기름이 분리된다. 에멀션(emulsion)은 물과 기름과 같이 섞일 수 없는 액체들이 분산된 상태이다. 즉 한 종류의 액체가 작은 입자 형태로 다른 종류의 액체 내에 분산되어 있는 상태이다. 에멀션 액체가 뿌옇게 보이거나 불투명한 흰색으로 보이는 것은 액체 입자로 인한 빛의 산란 효과 때문이다. 분산된 작은 입자들이 안정이 되어 에멀션 상태를 오래 유지할 수 있도록 제

: 샐러드 드레싱에도 계면활성제가 들어 있다.

3의 물질을 첨가하는데, 그것이 바로 계면활성제이다. 우유도 물에 지방과 지질단백질이 잘 분산된 에멀션 상태이지만 자연산 계면활성제(레시틴, lecithin)가 들어 있어 오랫동안 그 상태를 유지하고 있는 것이다. 식용유와 식초를 섞어서 샐러드 드레싱을 만들어 보면 불안정한 상태의 에멀션이 되어 곧바로 두 층의 액체로 분리되는 것을 볼 수 있다. 여기에 소량의 식용 계면활성제를 첨가하면 샐러드 드레싱이 안정한 상태로 오랫동안 유지되는 것을 볼 수 있다.

생활에서 이용되는 계면활성제

레시틴은 인지질의 한 종류로, 콩기름에 비교적 많이 포함되어 있다. 상업용 식용 계면활성제는 콩기름에서 추출된 레시틴을 많이 이용한다.

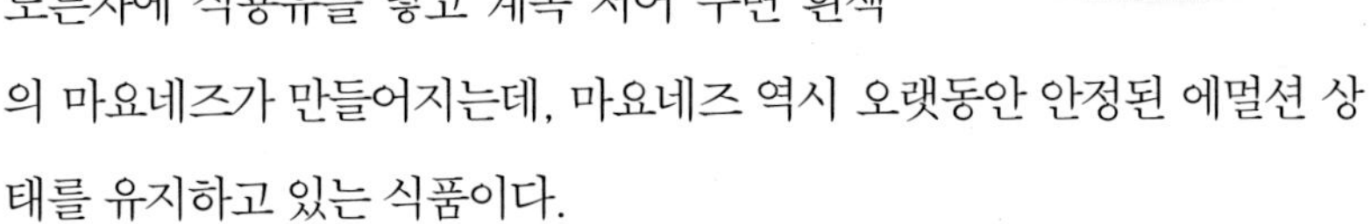

계란 노른자 한 개에도 약 2그램의 레시틴이 포함되어 있으며, 마가린과 같은 식품에도 레시틴이 첨가되어 있다. 식용유는 레시틴의 꼬리 부분이 식용유 입자 혹은 지방을 둘러싸서 안정한 상태가 되는 것이다. 계란 노른자에 식용유를 넣고 계속 저어 주면 흰색의 마요네즈가 만들어지는데, 마요네즈 역시 오랫동안 안정된 에멀션 상태를 유지하고 있는 식품이다.

피부에 바르는 화장품에도 계면활성제가 포함되어 있다. 안정한 에멀션 상태를 유지하려면 어쩔 수 없는 선택이다. 만약에 화장품을 열었을 때 기름과 물이 분리된 상태로 있다면 화장품을 바르고 싶은 마음이 사라질 것이다. 먼지나 기름기를 닦아 내는 기초 화장품인 클렌징크림은 물속에 지방산을 포함한 기름 등을 섞고, 계면활성제를 첨가하여 안정화시킨 것이다. 즉 많은 연구를 통하여 피부에 안전한 계면활성제와 그 양을 잘 조절하여 안정한 상태로 에멀션을 유지하도록 만든 것이다.

자연산과 인공산의 차이가 있을까?

다른 화학 물질과 마찬가지로 계면활성제도 적절한 양을 필요한 곳과 시기에 맞추어 사용하는 것이 중요하다. 사용 용도와 범위를 벗어나면 계면활성제 역시 위험한 화학 물질인 것은 어쩔 수 없다. 자연에서 추출한 계면활성제일지라도 공장에서 합성한 계면활성제와 분자 구조가 정확히 같다면 그것은 같은 효과와 기능을 발휘할 것이다.

사람들이 자신들의 이익을 위해서 계면활성제 이름 앞에 천연, 자연, 유기농과 같은 이름을 붙이는데, 분자의 입장에서는 변한 것이 없다. 갈등을 겪는 보수(물 혹은 기름)와 진보(기름 혹은 물) 사이에서 안정화를 유도하는 계면활성제와 같은 역할을 하는 사람들이 많아지면 우리 사회가 더 안정되지 않을까?

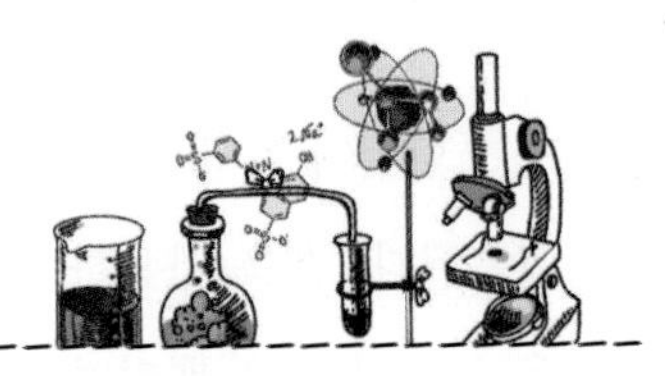

소독과 살균, 과산화수소

집집마다 크기와 규모는 달라도 비상용 약상자가 하나 정도는 있게 마련이다. 그 중에 약방의 감초처럼 빠지지 않는 구급약으로 약 3퍼센트 농도의 과산화수소 용액이 있다. 이것은 주로 피부 상처에 소독약으로 이용된다. 과산화수소는 많은 경우에 산화제로 이용되지만 조건에 따라서는 환원제로도 이용된다. 가정용 소독제는 낮은 농도의 과산화수소 용액이지만 농도를 달리하면 매우 다양한 용도로 이용할 수 있다.

과산화수소의 농도와 응용

치과에서 사용되는 미백 약에도 과산화수소가 들어 있다. 또한 파마의 두 번째 단계에서 이용되는 용액에도 과산화수소가 포함되어 있다. 그것은 잘 말아놓은 머리카락을 고정시키는 목적에 이용된다. 흙을 사용하지 않고 물에서 채소를 키울 때에도 뿌리의 발육을 돕거나 혹은 뿌리가 썩는 것을 막기 위해 물에 과산화수소를 첨가한다. 첨가된 과산화수소가 분해되면서 산소를 발생시켜, 산소 부족으로 뿌리가 썩는 것을 예방할 수 있으며, 소독 효과도 볼 수 있다.

90퍼센트 이상으로 농축된 과산화수소 용액은 로켓 추진제로도 사용된다. 제2차 세계대전 당시 영국 런던을 폭격하기 위해 사용된 독일의 대륙간 미사일 V2에도 과산화수소가 사용되었다. 이처럼 농도에 따라 다양한 역할을 하는 과산화수소는 부모, 자식, 사회 구성원으로서 다양한 역할을 하는 우리의 모습과 유사하다.

과산화수소는 자기의 역할을 다한 후에 분해되면서 물과 산소를 발생시킨다. 따라서 매우 친환경적인 화학 물질이라고 해도 틀린 말은 아니다. 상처에 과산화수소 소독약을 바르자마자 마치 '지글지글' 끓는 것처

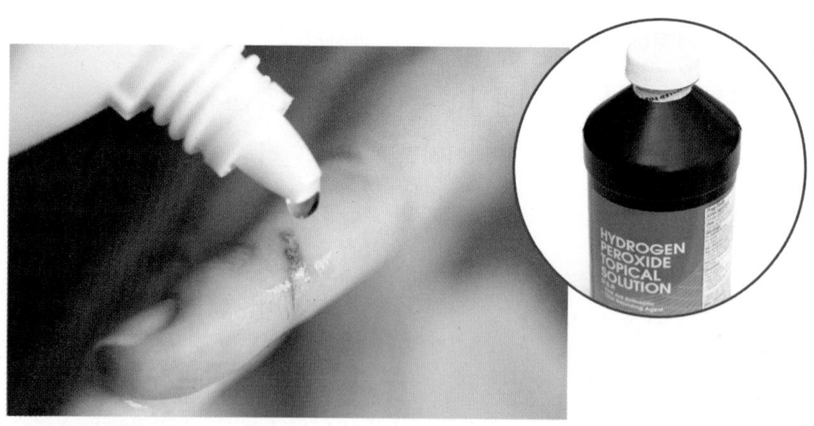

⁝ 상처 소독에 사용되는 과산화수소

럼 보이는 현상은 과산화수소 분해 효소에 의해 과산화수소가 매우 빠른 속도로 분해되기 때문에 나타나는 현상이다. 한편 냄새가 없는 과산화수소는 스스로 쉽게 분해되기도 한다.

과산화수소의 표기와 특징

약국에서 판매되는 소독용 과산화수소 용액은 약 3퍼센트의 과산화수소 성분이 포함되어 있다. 용기에 붙어 있는 성분 표에 'H_2O_2 3w/v%'라고 적혀 있는데, w/v%는 농도를 나타내는 단위이다. w와 v는 무게(weight)와 부피(volume)의 알파벳 첫 글자이며, 함량을 퍼센트로 표시한 것이다. 즉 3퍼센트의 과산화수소 용액 100밀리리터(mL)에 약 3그램(g)의 과산화수소가 포함되어 있음을 의미한다.

과산화수소를 장기간 보존하기 위해 요소와 같은 다른 화합물을 첨가한 경우 과산화수소 용액에서 냄새가 날 수 있다. 또한 과산화수소의 용기는 불투명한 플라스틱 병이 대부분인데, 그것은 빛에 의해서 쉽게 분해되는 과산화수소를 빛으로부터 보호하기 위해서이다.

세제용 과산화수소

세제에도 다량의 과산화수소가 포함되어 있다. 과산화수소는 세탁 효과를 높이고 옷에 묻은 얼룩을 제거하거나 옷의 표백 및 살균에 효과가 있다. 주로 흰색의 고체 분말에도 무게비로 약 30퍼센트의 과산화수소가 포함되어 있다. 염소계 세제를 제외한 세제 분말에는 탄산나트륨(Na_2CO_3)

: 비누에도 다량의 과산화수소가 들어 있어 표백 및 살균 작용을 한다.

과 과산화수소가 혼합되어 있다. 흰색 고체가 물에 녹으면 즉시 탄산나트륨과 과산화수소로 분리되며, 이때 물에 잘 녹는 염인 탄산나트륨은 나트륨 양이온과 탄산 음이온으로 분리되어 용액에 녹아 있다. 그런데 탄산 음이온이 가수분해를 통해서 수산화 이온(OH^-)을 생성하므로 용액은 염기성을 띤다. 가수분해란 수용액에서 어떤 이온 혹은 분자가 물과 반응하여 새로운 형태의 이온 혹은 분자가 생성되는 반응을 말한다. 가수분해 결과 형성된 수산화 이온은 물에 있는 칼슘 이온(Ca^{2+}), 마그네슘 이온(Mg^{2+}) 등과 같은 금속 양이온과 잘 결합하여 침전을 형성한다.

양이온들이 침전되면서 물에서 제거되면 세탁이 원활해진다. 왜냐하면 물에 녹은 금속 양이온의 양이 많으면 비누 분자와 결합하여 물에 잘 녹지 않는 침전을 형성하기 때문이다. 그 결과 비누는 제대로 역할을 하기 어렵게 된다. 빨래를 할 때나 손을 씻을 때 비누가 잘 풀리지 않고, 비누 거품이 금세 씻겨 나가는 정도는 양이온이 많이 녹아 있는 물일수록 심하다. 그런 물을 경수(hard water)라고 한다. 과거에는 볏짚 혹은 식물을 태워서 만든 잿물로 빨래를 하였는데, 재에는 자연산 탄산나트륨이나 탄산포타슘을 비롯한 염과 각종 금속 산화물이 많이 포함되어 있어, 이것들이 물에 녹아 염기성 용액이 되어 때를 잘 빠지게 하였기 때문이다.

라디칼 형성과 제거

과산화수소와 철 이온(Fe^{2+})을 혼합하면 산화력이 매우 큰 화학 물질이 된다. 소위 펜톤(Fenton) 화합물이 그것이다. 펜톤 화합물은 주로 염색공장 혹은 고농도의 유기 화합물을 포함한 폐수를 처리하는 공정에 많이 이용된다. 이것은 오존보다 더 큰 산화력을 갖는다. 그 이유는 과산화수소와 철이 혼합되면서 산화력이 매우 큰 수산화 라디칼(·OH)이 생성되기 때문이다. 라디칼을 표시할 때에는 보통 OH에 점을 하나 찍어 한 개의 홀전자가 있음을 나타낸다.

라디칼은 원자 혹은 분자에 전자들이 쌍(2개)으로 존재하지 않고, 쌍이 없는 1개의 홀전자를 가진 화학 물질을 말한다. 건강에 유해하다는 활성산소도 라디칼의 한 종류이다. 조건이 맞을 경우에 안정한 라디칼도 존재한다. 그러나 라디칼은 그 자체가 매우 불안정하여 다른 분자, 원자, 이온과 격렬하게 화학 반응을 하는 특징이 있다. 그래서 라디칼들은 다른 분자, 원자, 이온들로부터 전자를 하나 빼앗아서 수산화 이온으로 변하려는 경향이 매우 강하다.

몸에서 어쩔 수 없이 생성되는 활성산소도 라디칼의 한 종류이다. 활성산소는 생리활성 기능을 가진 다른 분자(단백질, 아미노산 등)들과 화학 반응을 일으킨다. 그렇게 되면 분자 본래의 기능을 잃어버리며 심지어는 몸에 해로운 분자로 전환되기도 한다. 활성산소를 제거한다는 식품 혹은 약에는 활성산소가 우리 몸에 꼭 필요한 분자와 화학 반응을 일으키기 전에 먼저 화학 반응을 일으킬 수 있는 화합물이 들어 있다. 그런 화합물들의 특징은 쉽게 산화할 수 있다는 것이다. 그런 물질들이 활성산소와 먼저 반응하여 활성산소가 안정되면, 생리활성 분자들은 온전하게 보존될 수 있다. 활성산소와 같은 라디칼과 반응하여 꼭 필요한 분자의 산화를 막는 분자 혹은 물질을 일컬어 항산화제라고 한다. 즉 몸에 꼭 필요한 분자들이 활성산소에게 전자를 빼앗겨 산화되는 것을 방지한다는 의미로 항산화라는 말을 사용하는 것이다. 화합물이 산화된다는 말은 그 화합물에서 전자를 빼앗거나, 수소가 제거되거나, 산소와 결합하는 것을 의미한다.

자연산 과산화수소의 분해

과산화수소는 다양한 용도로 이용될 뿐 아니라 분해되어도 해가 되는 물질이 만들어지지 않아 인류에게 매우 유용한 화학 물질이라고 할 수 있다. 그러나 경우에 따라 해로운 라디칼을 형성한다. 실제로 몸에서는 하루에 약 30그램의 과산화수소가 형성되고 필요 이상으로 만들어진 과산화수소는 효소에 의해 매우 빠른 속도로 분해된다. 효소 1개는 1초에 약 50,000개의 과산화수소를 분해 처리할 수 있다고 한다.

화학 반응을 통해 제시되는 오묘한 자연의 섭리와 작용 메커니즘을 이해하면 삶에 대한 생각과 태도가 진지하고 겸손해질 수밖에 없다.

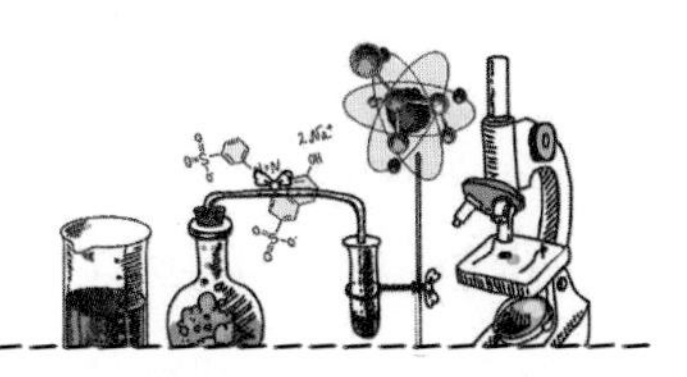

예뻐지는 독소, 보톡스

예나 지금이나 예쁘고 젊어 보이려는 것은 인간이 가진 자연스런 욕구 중 하나이다. 요즘에는 많은 사람들이 외과적 수술을 하지 않고 주름살을 다스리는 방법으로 보톡스 주사를 맞고 있는데, 보톡스란 무엇일까?

보툴리눔 독소

보톡스는 보툴리눔 독소(botulinum toxin)가 주성분인 의약품으로 미국의 제약회사의 제품 이름이다. 보툴리눔 독소는 단백질의 한 종류로, 분자량이 약 50킬로달톤(kilodalton, kDa)인 단백질과 분자량이 약 100킬로달톤인 단백질이 이황화(disulfide) 결합한 것이다. 이황화 결합이란 황 원자 두 개가 서로 직접 결합한 분자 결합의 한 종류이다. 킬로달톤은 생화학이나 분자 생물학에서 단백질의 분자량을 나타내는 단위로 많이 사용한다. 세계적으로 통용되는 분자량을 표시하는 규약이 만들어지기 전에는 수소 원자 한 개의 무게를 1달톤이라고 표시하였다. 만약에 단백질의 분자량이 50킬로달톤이라고 하면 수소 원자보다 50,000배 무거운 단백질이라고 생각하면 된다.

자연산 독성 물질

보툴리늄 독소는 신경 말단에서 근육수축을 일으키는 신경전달물질의 분비를 억제한다. 그 결과 신경전달물질의 부족으로 근육이 마비되고, 특히 호흡과 관련된 근육이 마비되면 결국은 호흡 곤란으로 사망하게 된다. 강력한 '자연산' 독성 물질인 보톨리늄 독소는 독성이 매우 강하다. 몸무게가 60킬로그램(kg)인 성인이라도 약 12~18나노그램(ng)만 있으면 죽음에 이르게 할 수 있다. 어림계산을 해 보면 약 130그램만으로도 전 세

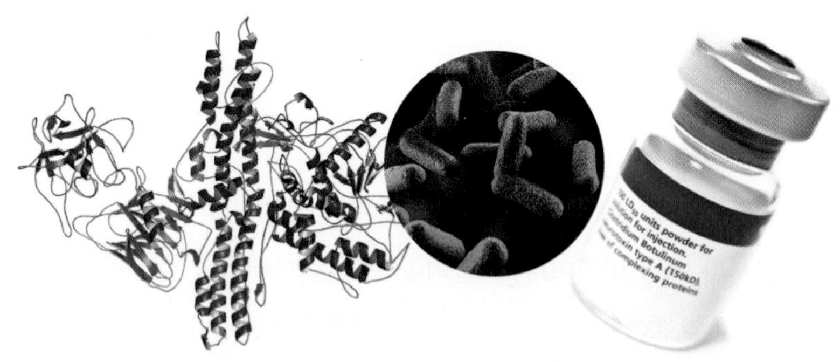

: 보툴리늄 독소의 리본 모형과 현미경 사진, 의약품으로 판매되는 보톡스

계 인구인 약 70억 명을 전멸시킬 수 있는 무서운 화학 물질인 것이다.

보툴리눔 독소는 흙 속에 살고 있는 박테리아(clostridium botulinum)가 만들어 내는 신경 독성물질이다. 흙에 접촉된 상처를 통해서 박테리아에 감염되면, 장에서 발아되고 성장한 박테리아가 독소를 내뿜으면서 유아성 보툴리눔 독소 증세가 나타난다. 성인의 경우에는 감염된 포자들이 장에 도달하기 전에 대부분 위산에 의해 파괴되기 때문에 문제가 되지 않는다. 보톨리눔 독소 증상은 대부분 상한 음식을 먹고 나서 나타난다. 특히 유통 과정이나 보관 과정에서 파손되었거나 변질된 통조림은 먹지 않는 것이 최선이다. 일반적으로 보툴리눔 독소에 의해 야기되는 마비 증세를 보툴리눔 독소증(botulism)이라고 한다. 영어 단어 보툴린, 보툴리눔 등은 보툴러스(botulus)라는 라틴어에서 유래되었다.

효과와 기능

보툴리눔 독소는 비뚤어진 눈(사시)과 통제할 수 없는 눈의 껌벅거림(눈꺼풀 경련)을 치료하는 약물로 미국식품의약국에서 1989년에 처음 허가되었다. 목이나 어깨 근육이 굳어지는 근육경직에도 일시적인 치료 효과가 있다고 한다. 손발이 떨리고 뻣뻣해지거나 걸음걸이가 어눌해지는 증세로 잘 알려진 파킨슨 병에도 보툴리눔 독소를 이용한다. 보톡스를 주사하여 일시적으로 근육을 마비시켜 효과를 보는 것이다.

주름살에 대한 보톡스의 효능을 처음으로 파악한 사람은 캐나다 의사 캐러더스(Jean Carruthers)였다. 눈이 움찔거리는 것을 치료하기 위해 찾아온 환자에게 보톡스를 주사하였더니 환자의 눈 주위 주름살이 없어지는

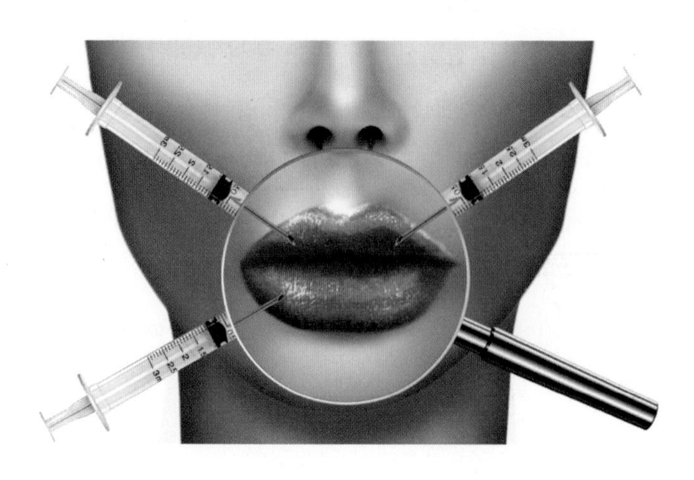

: 입술주름 등 미용에도 이용되는 보툴리눔 독소

것을 관찰한 것이다. 보툴리눔 독소는 아세틸콜린(acetylcholine)의 분비를 막는 역할을 한다. 아세틸콜린은 몸에서 여러 가지 역할을 하는 화학 물질인데, 그 중 한 가지가 근육수축 작용이다. 따라서 보톡스를 주입하여 아세틸콜린의 분비를 억제하면 일시적으로 근육수축을 멈출 수 있다.

표정이 없을 때는 잔주름처럼 보이고 표정을 지을 때 뚜렷해지는 주름을 의학적으로는 동적 주름(dynamic wrinkles)이라고 한다. 이러한 잔주름이 있는 얼굴에 보톡스 주사를 놓으면 주름살을 만드는 근육을 일시적으로 마비시키고, 그 근육 위의 피부가 펴지면서 자연히 주름살이 없어지게 된다. 지속적인 효과를 내기 위해서는 보통 3~6개월마다 해당 부위에 주사를 맞아야 한다. 그러나 주름이 깊은 사람들은 피부의 탄력이 떨어져 있어 근육을 마비시키더라도 깊게 파인 피부의 골이 펴지지 않는다. 이러한 주름을 정적 주름(static wrinkles)이라고 하며, 이 경우 보톡스 주사를 맞아도 별 효과가 없다고 한다.

독이 약이 되고, 미용에 이용되기까지

오늘날 보톡스는 치료 목적보다 미용 목적으로 사용되는 양이 훨씬 많다. 피부과와 성형외과 병원에서 사용하는 보톡스 한 병은 100단위(100U)이며, 미용 목적으로 사용할 때는 1회 주사에 100단위를 넘지 않는다고 한다. 보톡스 주사에 의한 치사량은 70킬로그램 성인 기준으로 약 2,800~3,500단위이다. 따라서 치사량의 약 1/30에 해당하는 보툴리눔 독소를 주사하여 독성을 일으키거나 사망에 이른 경우는 거의 없다고 볼 수 있다. 그렇다고 100퍼센트 안전하다고 장담할 수는 없다. 보톡스 100단위에 포함된 보툴리눔 독소의 양을 계산해 보면 약 0.4~0.6나노그램에 해당한다. 다른 화학 물질과 마찬가지로 보툴리눔도 잘 사용하면 약이 되고, 잘못 사용하면 독이 되는 양면성을 지니고 있다. 젊고 아름답게 보이려는 사람들이 있는 한 보톡스의 사용량은 점점 늘어날 것으로 예상된다.

최근에 보톡스 개발자에 대한 뉴스가 관심을 끈다. 치료에 필요한 표준 보톡스를 개발하고 특허를 획득한 의사인 스코트(Alan Scott)가 특허를 너무 일찍, 그것도 싼값에 팔아넘겨 억만장자가 될 기회를 놓쳐서 후회하고 있다는 것이다. 오늘날처럼 미용에 광범위하게 이용될 줄은 미처 몰랐던 것이다. 세상의 많은 일이 그러하듯이 재주는 곰이 부리고 돈은 왕서방이 챙긴 꼴이 되고 말았다.

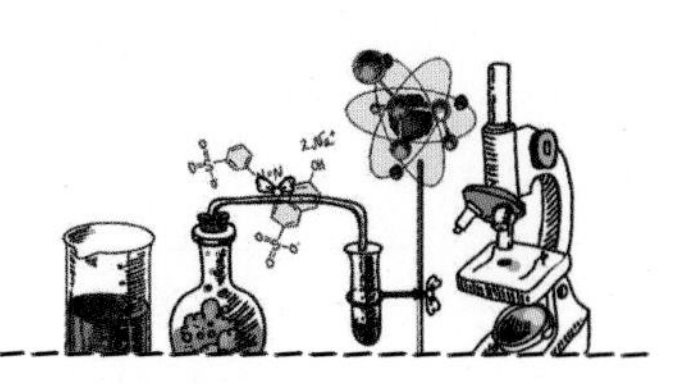

때 빼고 광내기, 비누

책의 제목에 대해 많은 독자들이 호기심을 가지고 질문을 한다. 처음에는 별 생각 없이 거의 모든 사람들이 알고 있는 과학자인 '퀴리부인'과 매일 사용하는 친숙한 화학 물질인 '비누'를 핵심 단어로 하여 제목을 정하였다. 많은 질문도 받고, 필자 자신도 궁금하여 문헌도 찾아보고, 결국에는 폴란드에 있는 퀴리부인 박물관 관장에게 책 제목에 얽힌 사연과 함께 이메일을 보냈지만, 퀴리부인의 비누에 관한 기록은 없다는 답변을 받았다. 넓게는 과학, 좁게는 화학과 화학 물질에 일반인들이 관심을 가져주었으면 하는 과학자의 바람이 들어 있는 제목이라고 생각하

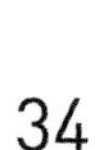

고 좋게 받아들여 주었으면 한다.

비누와 같은 화학 물질은 우리 생활에 없어서는 안 될 중요한 필수품이다. 수많은 종류와 형태의 비누들이 있지만 비누의 목적은 때를 제거하는 것이다. 올리브 기름과 같은 식물성 기름을 이용하여 만든 비누를 카스티야 비누(Castile soap)라고 부르는데, 카스티야는 올리브 나무가 많이 자라는 스페인의 중부 지역에 한때 융성하였던 왕조의 이름이다. 광고를 보면 식물성 기름으로 만든 비누에 향기 있는 물질을 첨가하여 구매자를 유혹하고, 식물성, 자연산, 기능성 물질 첨가 등과 같은 어휘를 붙여서 차별화된 비누라고 선전하기도 한다. 그렇지만 식물성 기름으로 만든 비누도 동물성 기름으로 만든 비누와 마찬가지로 세척 능력에는 차이가 없다.

비누의 분자 구조와 특성, 때가 빠지는 원리

화학 용어로 말하자면 비누는 지방산(fatty acid) 나트륨이다. 비누에 사용된 지방산 분자는 탄소 원자의 수가 보통 10개 이상 연결된 탄소 사슬의 말단에 카복실기(-COOH)가 결합된 구조를 하고 있다. 지방산 분자의 골격을 이루는 탄소 사슬의 탄소 원자들은 수소 원자 2개, 다른 탄소 원자 2개와 단일 결합을 하고 있다. 카복실기와는 또 다른 말단에 있는 탄소 원자는 메틸기(CH_3-)의 모습을 하고 있다.

한편 지방산 분자로부터 비누 분자가 되면 카복실기의 수소(H^+)는 나트륨 이온(Na^+) 혹은 포타슘 이온(K^+)을 비롯한 양이온으로 치환된다. 그래서 비누 분자는 양이온(알칼리 금속 이온)과 음이온(카복실산 이온)이 공존

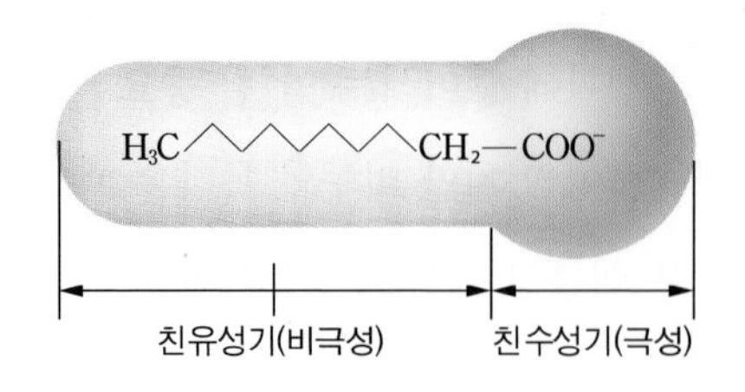

: 비누 분자의 구조

하는 구조(sodium carboxylate, $-COO^-Na^+$)를 포함한다. 이런 구조를 지닌 분자들은 극성(친수성)을 띠고 있어서 물에 잘 녹는다. 극성 분자들로 구성된 염은 물에 잘 녹으며, 물에 녹아 대개 양이온과 음이온이 분리된 상태로 있다고 알려져 있다. 물은 극성을 띤 물 분자들의 집합체이다. 따라서 극성 분자로 이루어진 물질들은 비극성(친유성) 분자로 된 물질보다 물에 더 잘 녹는다. 예를 들어 소금(Na^+Cl^-)이 물에 매우 잘 녹는 것은 소금 결정이 양이온과 음이온으로 결합되어 있기 때문이다.

한편 비누 분자의 탄소 사슬 부분은 카복실기와는 달리 비극성이다. 유기 화합물의 경우 탄소 원자가 길게 연결된 탄소 사슬을 포함하는 분자들은 주로 비극성이다. 따라서 비누 분자는 극성 부분과 비극성 부분이 동일한 분자 내에서 결합되어 있어 매우 독특한 성질을 갖고 있다. 비누가 물에 녹게 되면 비극성 부분은 극성인 물과 잘 섞이지 않지만, 극성 부분은 물과 잘 섞인다. 비누 분자를 성냥개비에 비유하면 막대 부분은 비극성 탄소 사슬, 빨간색 머리 부분은 극성인 카복실산 나트륨이라고 할 수 있다. 비누로 때를 제거할 수 있는 것도 비누 분자가 극성과 비극성 부분을 동시에 포함하고 있기 때문이다.

때가 빠지는 원리를 분자 수준에서 들여다보자. 비누 분자의 비극성

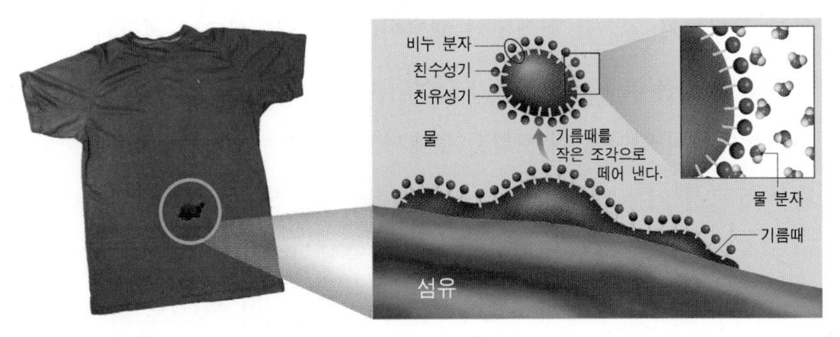

: 비누의 세척 원리

부분은 기름과 잘 섞이므로 때(기름) 속에 파묻혀 있고, 극성 부분은 물에 이끌려 물속으로 나와 있는 모습을 상상할 수 있다. 그런 상황에서 비누를 물로 씻어 내면 비누 분자가 물속으로 끌려오면서 비누의 탄소 사슬 부분에 매달려 있는 때도 동시에 떨어져 나오게 된다. 그러면서 때가 지워지는 것이다. 물과 때에 양다리를 걸치고 있는 비누 분자의 수가 많으면 그만큼 더 빨리 때가 빠질 것이다.

경수와 연수에서 비누 효능의 차이

사용하는 물의 품질에 따라 비누의 녹는 정도가 다르다. 칼슘 이온과 마그네슘 이온과 같은 금속 이온의 양이 물의 품질을 결정하는데, 칼슘 이온과 마그네슘 이온의 양이 약 270 ppm 이상인 물을 경수(hard water)라고 하고, 약 60 ppm 이하인 물을 연수(soft water)라고 한다. 경수에서 비누로 손을 씻어 보면 비눗기가 금세 사라지는데, 이것은 물속에 있는 칼슘 이온 혹은 마그네슘 이온과 같은 금속 이온들이 비누의 음이온 부분과 결합하여 찌꺼기(scum)를 형성하기 때문이다. 나트륨 이온이 결합된 본래 비누는 물에 잘 녹아서 찌꺼기가 형성되지 않는다.

금속 이온의 양이 많이 포함된 물에서도 잘 녹는 비누가 있다. 식물성 혹은 동물성 기름 대신에 석유에서 추출한 물질을 사용하여 만든 합성 비누가 그것이다. 합성 비누의 극성과 비극성 부분의 분자 구조는 전통적인 비누 분자의 구조와 다르다. 즉 합성 비누는 비극성으로 직선형의 탄소 사슬 대신에 벤젠 고리에 탄소 사슬이 식물 줄기처럼 결합된 구조로 되어 있고, 동시에 극성인 카복실산 염($RCOO^-Na^+$)이 설폰산 염(sodium sulfonate, $RSO_3^-Na^+$)으로 변경되었다. 이와 같이 변경된 구조의 비누 분자는 전통적인 비누 분자와 달리 경수에서도 잘 녹는 특성이 있다. 그러나 당시의 합성 비누는 전통 비누에 비해 세정력이 떨어졌다. 특히 기름

: 여러 모양의 비누들

과 상호 작용하는 부분의 분자 구조가 직선이 아니고 탄소 사슬이 가지를 친 구조로 되어 있어 생물학적 분해가 안 되는 것이 문제가 되었다. 1960~1970년대에 우리나라 하천에 발전의 상징처럼 떠다니던 거품은 사실은 생물학적 분해가 안 된 합성 비누로 인해서 생겨난 비누 거품이었다.

이후 경수에도 잘 녹으며 세정력도 뛰어난 비누가 고안되었는데, 칼슘 이온 혹은 마그네슘 이온과 잘 결합하는 물질을 비누에 첨가하는 방법을 사용한 것이다. 금속 이온들이 비누의 극성 부분과 결합하여 찌꺼기가 형성되기 전에 첨가 물질과 결합하도록 한 것이다. 첨가 물질 중 하나가 인산 음이온(PO_4^{3-})을 포함하는 염이었다. 인산 음이온의 큰 전하로 인해서 카복실산 음이온보다 금속 이온과 잘 결합할 수 있어 찌꺼기 생성의 원인이었던 금속 이온이 인산 음이온에 꽉 잡혀 있게 되면, 비누는 경수에서도 제 기능을 할 수 있다.

그런데 인산염의 첨가로 새로운 문제가 등장하였다. 인산염에 포함된 인은 수생 식물의 영양제인데, 하천에 인산염이 넘쳐나면서 수생 식물이 과다하게 자라는 환경이 된 것이다. 이로써 강이 자연 정화할 수 있는 능력을 초과하게 되어 많은 양의 식물들이 죽고 썩고 분해되면서 물에 녹아 있는 산소(용존 산소)가 쉽게 고갈되었다. 그리고 그 결과 물고기를 비롯한 생물들의 생존 환경이 큰 위험에 처하게 되었다. 인산염을 대체할 수 있는 또 다른 첨가 후보 물질도 있지만, 만일 이들을 사용한다면 역시 새로운 문제를 일으킬 가능성이 높아 보인다.

비누 성분과 기능의 차이

지방(fat) 혹은 기름(oil)에 수산화나트륨(NaOH)을 넣고 80°C 이상 끓여 화학 반응을 시키면 비누를 만들 수 있다. 화학 반응의 생성물은 지방산나트륨(비누)과 글리세롤(glycerol, $C_3H_8O_3$)이다. 글리세롤은 관장약 혹은 보습 화장품의 주성분이기도 하다. 비누 제조 공정에서 반응하고 남은 글리세롤을 덜 제거한 비누는 투명하게 보인다. 간혹 이러한 투명한 비누는 독하지 않아서 피부에 좋다고 광고하는 것을 볼 수 있는데, 이것은 과학적으로 볼 때 타당성이 떨어진다. 투명한 것과 비누의 순함 정도는 상관이 없다.

: 비누의 화학 반응의 생성물인 글리세롤은 보습 화장품의 주성분이기도 하다.

보습 효과가 좋다는 비누는 비누 제조에 필요한 기름 양보다 더 많은 기름을 첨가하여 만든다. 그런 비누를 사용하여 샤워를 한다면, 샤워 후에도 기름 성분이 피부에 남아 있기 때문에 피부 건조를 어느 정도 방지할 수 있다. 라놀린(lanolin) 성분이 더 포함되어 있어서 피부에 좋다는 비누 광고도 있다. 라놀린이란 양 혹은 털이 있는 동물에서 추출한 노란색 지방이다. 그러므로 지방이 더 첨가된 비누라고 가격이 터무니없이 비쌀 이유는 없다. 광고에서 사용하는 단어나 의미를 제대로 파악하지 못하면 더 많은 비용을 지불할 수도 있을 것이다. 한편 집에서 제조한 비누라고 하여도 반응하지 않고 남은 수산화나트륨이 많이 포함되어 있거나 혹은 생성된 글리세롤이 과량 존재한다면 비누의 기능과 사용에 문제가 될 수도 있다.

우리나라에서 판매되는 비누의 종류는 셀 수 없을 정도로 많다. 미용, 건강 효과는 물론 치료 효과를 나타내는 비누라고 광고도 하지만 비누는 때를 제거하는 목적으로 사용되기 때문에 비누는 비누일 뿐이다. 비누 외에 첨가하는 성분은 때로는 과민 반응을 일으킬 수 있으므로 주의해야 한다.

빛과 피부보호, 선크림

피부암과 자외선

여름철에는 자외선 양이 크게 늘어나므로, 야외 활동이 잦은 사람들은 피부 혹은 눈의 보호에 관심을 가져야 한다. 태양광선에 과다 노출되어 발생되는 피부 관련 질환은 점차 증가하는 추세이다. 미국의 경우 연간 약 100만 명 이상이 피부암으로 고생하고 있다고 한다. 자외선 양이 많은 호주는 미국보다 피부암 발생률이 훨씬 더 높다. 우리나라는 1998년부터 자외선 B의 복사량을 기준으로 5단계의 자외선 지수를 발표하고 있다. 예를 들면 자외선 지수가 5단계인 매우 강함(자외수 지수 9.0 이상)인 날은 20분 이상, 강함(70.~8.9)인 날은 30분 이상 햇볕에 노출될 경우 피부에 홍반이 생길 수 있으므로 바깥 활동을 가급적 삼가는 것이 좋다.

자외선의 종류와 특성

태양광선에는 주로 자외선, 가시광선, 적외선 등이 포함되어 있다. 지역, 계절, 고도에 따라 차이가 나지만, 그 비율은 자외선 약 6.7퍼센트, 가시광선 44.7퍼센트, 적외선 48.7퍼센트이다. 파장은 자외선이 가장 짧고, 가시광선, 적외선 순으로 길다. 자외선 영역은 다시 자외선 C(280나노미터 이하 파장 영역), 자외선 B(280~315나노미터 영역), 자외선 A(315~400나노미터 영역)로 구분한다. 자외선 C의 파장이 가장 짧고, 자외선 B, 자외선 A 순으로 파장이 길다. 짧은 파장의 빛에너지는 긴 파장의 빛에너지보다 크다. 그러므로 빛에 노출된 시간이 같다면 짧은 파장의 빛이 피부 손상

: 자외선 지수가 높은 태양광선에 노출되면 피부가 손상을 입을 수 있다.

을 더 일으킬 수밖에 없다. 한편 자외선 중에서 에너지가 가장 큰 자외선 C는 성층권의 오존이나 산소에 의해 약 98퍼센트 이상 흡수된다. 그러므로 지구에 도달해서 피부 손상을 비롯한 건강에 위협을 주는 자외선은 주로 자외선 A와 B이다.

피부 노출과 비타민 D

피부가 태양광선에 노출되어 좋은 점도 있다. 즉 자외선에 노출되면 비타민 D(D_3)가 생성된다. 비타민 D는 뼈 유지에 필요한 칼슘과 인산염의 생성에 관여한다. 따라서 비타민 D가 부족하면 골다공증, 골연화증, 구루병(곱사등) 증상이 나타난다. 또한 비타민 D는 혈액에서 칼슘 이온

: 자외선에 노출되면 비타민 D가 생성되는데, 비타민 D는 뼈 유지에 필요한 칼슘과 인산염 생성과 관련되어 있다.

과 인산염 성분의 평형에도 관여하고, 그것을 정상 범위로 유지시켜 주는 역할도 한다. 지구에 도달하는 일사량이 가장 적은 지역, 그리고 겨울철에 우울증 발생률이 높은 것도 생성되는 비타민 D의 양이 부족한 것과 연관이 있다.

차단제의 종류와 역할

자외선에 의한 피부 손상을 막으려면 자외선이 피부에 도달하기 전에 반사시키거나 피부에 자외선을 흡수하는 물질을 바르면 된다. 그 목적으로 자외선 차단 크림을 사용한다. 소위 선크림이라고 부르는 자외선 차단제에는 자외선 A를 차단해 주는 고체인 이산화타이타늄(TiO_2) 혹은 산화아연(ZnO)과 자외선 B를 차단해 주는 유기 화합물이 포함되어 있다.

유리는 자외선을 흡수하는 특징이 있다. 다시 말해서 자외선을 차단할 수 있다. 그러므로 고체 분말의 표면을 얇은 유리막으로 코팅하면 흡수와 반사에 의한 이중 효과를 기대할 수 있다. 유기 화합물로는 아미노벤조산(aminobenzoic acid), 벤조페논(benzophenone) 등이 이용된다. 현재 미국이나 유럽에서 자외선 차단제에 사용되는 유기 화합물로 허가를 받은 것은 약 20종류이다. 이런 종류의 분자들은 자외선 B의 빛을 흡수하는 분자 구조를 가지고 있다.

분자들은 에너지를 흡수하면 들뜬 상태가 된다. 자외선의 흡수도 분자를 들뜬 상태로 만든다. 그런데 에너지를 흡수한 들뜬 상태의 분자는 불안정하여 곧바로 에너지를 흡수하기 이전인 바닥 상태로 되돌아간다. 바닥 상태로 되돌아가면서 에너지는 열 혹은 빛의 형태로 방출된다. 선크림을 바른 후에 햇빛을 쪼이면 열이 나는 느낌을 받는 것도 들뜬 상태의 분자들이 바닥 상태로 돌아가면서 열을 내놓기 때문이다.

에너지의 방출이 빛으로 되는 경우도 있다. 예를 들어 네온사인의 빨간 빛은 이런 과정을 거쳐서 방출된 것이다. 즉 네온등에 갇혀 있는 네온 기체 원자들이 전기 에너지를 흡수하여 들뜬 상태가 되었다가 곧바로 바닥 상태로 되돌아가면서 빨간 빛을 방출하는 것이다. 빛의 색깔은 등 안에 있는 원자의 종류에 의존하여 변하므로, 이를 이용하면 여러 색의 등을 만들 수 있다. 선크림을 바르고 나서 피부가 번들거리는 것은 선크림에 포함된 오일(기름) 때문이다. 오일이 들어 있어야 피부에서 흘리는 땀

: 자외선 차단 효과가 있는 선크림

혹은 피부가 물과 접촉될 때 선크림이 쉽게 물로 씻겨 없어지는 것을 방지할 수 있다.

SPF 지수와 효과

선크림에는 영어로 SPF와 SPF 다음에 숫자가 표시(SPF 20)되어 있다. SPF는 'sun protection factor'의 약자로 태양 방어 지수라고 해석할 수 있다. 그 뒤의 숫자는 자외선이 방어되는 정도를 정량적으로 표시한 것이다. 숫자가 클수록 자외선 차단 효과가 크다. 그렇다고 숫자에 정비례해서 자외선 차단 효과가 있는 것은 아니다.

: SPF 지수가 표시되어 있는 선크림

예를 들어 SPF 2라고 적혀 있는 선크림이 있다고 하자. 이것은 자외선의 50퍼센트는 피부까지 도달한다는 의미이다. SPF 다음의 숫자 2를 분모로 하고, 분자는 1로 계산한 결과이다. 다시 말해서 1/2 = 0.5 = 50퍼센트이다. 그러므로 SPF 10인 선크림은 자외선의 1/10만 피부에 닿게 하며, 나머지 90퍼센트(9/10 =0.9)는 차단되는 것을 의미한다. 예를 들어 SPF 15(93.3퍼센트 차단) 선크림과 SPF 30(96.7퍼센트 차단) 선크림의 자외선 차단 효과의 차이는 단지 3.4퍼센트일 뿐이다. 숫자가 15에서 30으로 증가되었다고 자외선 차단 효과가 2배로 늘어나는 것은 아니다.

따라서 자외선 차단 효과는 숫자와 선형적으로 비례하지 않는다는 것을 기억하면 광고에 현혹되지 않고 현명한 소비자가 될 수 있다.

SPF 표기 외에 PA+, PA++, PA+++를 함께 표시한 선크림도 있다. 이것은 자외선 A의 차단 정도를 나타내는 방법으로, +의 수가 많을수록 효과가 크다고 알려져 있다. 자외선 A는 피부의 진피 하부까지 도달할 수 있어 주름, 색소 침착, 탄력 저하 등의 피부 노화를 일으킨다. 또한 오랜 기간 노출될 경우에는 피부암 발생률이 높아진다고 하므로 주의해야 한다.

합리적인 이용

아무리 방지 효과가 좋은 선크림일지라도 바르는 방법이 중요하다. 너무 얇게 바르거나 바른 후에 시간이 많이 경과하였다면 그 효과가 줄어들 수 있다. 또한 방수가 된다고 광고하는 선크림일지라도 바른 후에 시간이 많이 경과하였다면 피부에 남아 있는 양은 매우 적을 것이다

우리나라의 경우 지구에 도달하는 일사량은 가을보다 봄에 더 많다. 옛말에 "봄볕은 며느리, 가을볕은 딸"이라는 표현이 있는데, 며느리에 비해서 딸이 더 예뻐지기를 바라는 어머니의 심정을 나타낸 표현이다. 그러나 과학적으로 최대의 효과를 발휘할 수 있는 선크림을 사용하는 며느리에게는 더 이상 의미가 없어 보인다. 자외선의 양이 가을보다 봄에 더 많다는 것을 생활에서 터득한 우리 조상들의 지혜가 더욱 신선하게 다가온다.

순수한 물의 제조, 역삼투 정수기

생수

생수는 이제 음료 시장에서 최대 판매 상품의 하나로 꼽힌다. 그 이면에는 수돗물에 대한 막연한 불신도 한몫한다. 생수를 구입하거나 정수기로 수돗물을 걸러 먹는 집도 많다. 종종 관리가 안 된 정수기 물을 생수병에 담아 주점이나 노래방 등에 판매한 사람들이 뉴스에 보도되기도 하는데, 정수기가 제대로 작동을 하였어도 물병의 위생 관리가 엉망이면 그냥 먹는 것이 오히려 더 낫다. 특히 세균의 양이 기준을 넘거나 정수기의 능력 이상으로 물을 통과시켰다면 깨끗한 물이 될 수 없다. '그냥 정수기를 통과한 물'을 판매하는 사람들은 이른바 현대판 봉이 김선달이라고 할 수 있다.

바닷물을 생수로

지구 상에 풍부한 바닷물을 먹는 물로 바꿀 수 있을까? 역삼투 방법을 사용하면 바닷물이 민물로 되어 관개 농업, 공업용수, 동식물의 사육 및 음용수로 이용할 수 있다. 1960년대에 이미 중동에서는 바닷물을 정수하여 물을 공급해 왔으며 1980년부터는 역삼투 방법으로 많은 양의 물을 정수하고 있다. 현재 세계 최대의 역삼투 방법의 물 공장은 이스라엘에 있으며, 2005년에 완공되었다. 그곳의 정수 생산 능력은 1년에 약 1,000억 리터로, 이 양은 약 1,000만 명의 서울 시민이 한 달간 이용할 수 있는 양에 해당한다. 이스라엘에서는 필요한 물의 약 5~6퍼센트를 역삼투 방

: 역삼투 방법을 사용하면 지구 상에 풍부한 바닷물을 먹는 물로 바꿀 수 있다.

법으로 생산하는데, 이것은 다른 방법보다 경제적이고 보다 쉽게 운용할 수 있다는 장점이 있다.

바닷물의 염분 농도는 약 3.5퍼센트이고, 삼투압은 약 30기압이다. 그러므로 역삼투 방법으로 바닷물에서 민물을 생산하려면 바닷물이 담긴 용기에 적어도 30기압 이상의 압력을 가해야 한다. 실제로 약 50기압의 압력을 가하는데, 약 50기압의 압력에도 파괴되지 않고 견디는 인공 반투막의 제조에는 화학자의 역할이 크다. 인공 반투막은 고분자이며, 정수하고자 하는 물(해수, 지하수, 수돗물)의 종류에 따라 사용되는 막의 종류도 달라진다.

삼투압과 삼투 현상

삼투압은 반투막을 사이에 두고 농도가 진한 곳으로 물이 흘러들어와서 발생되는 압력을 말한다. 삼투 현상은 일상생활에서도 쉽게 관찰할 수 있다. 절임 배추를 이용하여 김치를 담글 때 신선한 배추를 소금물에 담가 놓으면 얼마 후에 배추의 숨이 죽은 것을 볼 수 있는데, 이것도 삼투 현상에 의한 것이다.

세포막도 반투막의 한 종류이다. 따라서 세포를 고장액(hypertonic solution)에 담그면 세포막을 통해 세포 안의 물이 세포 바깥으로 빠져나가고, 그 결과 세포 모양이 쭈글쭈글해진다. 반대로 세포를 저장액(hypotonic solution)에 담그면 세포막을 통해 세포 밖의 물이 세포 안으로 흘러들어가서 세포가 탱탱하게 부풀어 오른다. 이때 세포막이 약하면 결국에는 세포막이 찢어질 것이다. 즉 세포가 놓인 외부 용액의 농도에 따라 세포 안

: 우리가 즐겨 먹는 김치의 주재료인 배추를 절일 때도 삼투 현상을 이용한다.

의 물이 빠져나거나 혹은 외부 용액의 물이 세포 안으로 들어온다. 그것은 세포막이 반투막이기 때문에 일어날 수 있는 현상이다.

동물 혹은 식물의 원형질 막도 반투막이다. 반투막을 경계로 하여 양쪽 용액의 농도 차이가 있으면 농도가 진한 쪽으로 용매인 물이 이동한다. 다른 이온이나 분자들은 반투막을 통과하지 못하고 물만 가능하기 때문에 이런 현상이 진행되는 것이다. 계란의 딱딱한 겉껍질 내부에 있는 매우 얇은 막도 반투막이다.

삼투압과 총괄성

삼투압의 크기는 총괄성(colligative property)이라고 부르는 특성에 따라 변한다. 총괄성은 용액에 녹아 있는 용질의 종류에는 상관없이 오직 용질의 양에 따라 특정 물리량이 변하는 것을 의미한다. 삼투압의 변화를 비롯하여 증기압 내림, 끓는점 오름, 어는점 내림은 모두 총괄성에 의존한다. 예를 들어 삼투압은 용액에 녹은 염(염화나트륨 혹은 염화칼슘)의 종류에 의존하지 않고, 그것들이 물에 녹아서 용액에 있는 이온의 전체 개수에 의존한다.

한편 혈액에 포함된 각종 용질로 인해 발생되는 삼투압은 약 8기압이다. 환자들에게 혈관으로 투입하는 생리식염수는 약 0.9퍼센트의 염을 녹인 용액으로, 사람의 체온을 37°C로, 혈액의 용질 농도를 0.9퍼센트로 하여 삼투압을 계산하면 약 7.8기압이다. 이와 같이 생리식염수로는 혈액의 이온과 농도가 똑같은 등장액(isotonic solution)을 사용해야 된다. 만약에 혈액의 이온 농도와 다른 이온 농도의 식염수를 혈액에 주입하면 적혈구를 비롯한 혈액 내의 각종 세포들이 수축 혹은 팽창되어 목숨이 위태로워질 수 있다.

역삼투 방법의 원리

용액은 용매에 용질이 녹은 것을 말한다. 소금물(용액)은 물(용매)에 소금(용질)이 녹아 있는 용액이다. 반투막 안에 소금물을 넣고, 반투막 밖에 순수한 물을 넣으면 반투막 밖의 물이 반투막을 통과하여 반투막 안으로 들어간다. 즉 소금물이 들어 있는 반투막 안의 압력(삼투압)이 높아진다. 이때 삼투압의 크기는 반투막 안의 소금물의 농도에 비례하여 커진다. 만약에 물이 반투막 안으로 들어가는 것을 막으려면 소금물이 있는 반투막 안에 적어도 삼투압을 극복할 수 있는 보다 더 큰 압력을 가해야 된다. 삼투압 이상의 압력이 반투막 안의 소금물에 가해지면 물은 오히려 반투막을 통과하여 반투막 밖으로 빠져나올 것이다. 그렇지만 소금을 구성하는 나트륨 이온과 염화 이온은 반투막을 빠져나가지 못하고, 그 내부에 남아 있게 된다. 역삼투(reverse osmosis)를 이용한 정수는 반투막 안의 용액에 삼투압보다 더 큰 압력을 가하여 반투막 밖으로 물이 빠져나가면서 순수한 물이 생성되는 것을 이용한 것이다.

역삼투 정수기 사용과 문제들

가정용 역삼투 정수기는 여러 단계의 필터를 사용하여 물을 정화한다. 제품에 표시된 RO는 역삼투를 의미하는 것이다. 물에 떠다니는 고체 입자도 걸러 내야 하고, 반투막을 이용해서 녹아 있는 이온들도 제거해야 된다. 탄소가 주성분이며 이 물질들을 흡착하는 탄소 필터, 세라믹 필터 등이 별도로 부착된 제품도 있다. 가정에서 정수기를 사용할 때 반드시 필요한 것이 반투막, 필터 등의 정기적인 점검과 관리이다. 만약에 제대로 관리를 하지 않고 정수기를 사용하면 오히려 농축된 오염 물질이 다량 포함된 생수를 마실 수도 있으니 주의해야 한다.

역삼투 방법은 매우 뛰어난 정수 방법이지만 너무 효과가 좋아서 그 물을 지속적으로 마신다면 다른 문제가 발생할 수도 있다. 물에 녹은 다양한 종류의 무기질 이온(철, 마그네슘 이온 등)들이 완벽하게 걸러진다면 그 이온들을 별도로 섭취해야 건강을 유지할 수 있기 때문이다. 과거 봉이 김선달이 팔았던 대동강 물은 마시기에 적합한 물이었을지 궁금하다.

휴대용 전기, 전지

오늘날에는 휴대전화, TV 리모컨, 디지털 카메라를 비롯하여 노트북 컴퓨터에 이르기까지 전지가 없는 전자 제품은 상상조차 할 수 없다. 노트북 컴퓨터 사용 중에 전지가 완전히 방전되어 작업 중인 자료를 저장도 못하고 날려 보낸 씁쓸한 경험을 한 적도 있을 것이다.

현대인의 필수품 전지, 그 원리는?

전지는 기본적으로 두 개의 전극과 전해질로 구성되어 있다. 두 개의 전극은 전해질과 접촉되어 있으며, 전극끼리는 직접 접촉이 안 되도록 되어 있다. 그래서 두 전극 사이에 격리판을 끼워 넣는다. 전지는 한마디로 화학 반응 결과 발생되는 에너지를 전기 에너지로 이용하는 도구이다. 전지를 장치에 연결하면 2개의 전극에서 각각 산화 반응과 환원 반응이 자발적으로 진행된다. 각각의 산화 반응과 환원 반응을 반쪽 반응(half reaction)이라고 한다.

화학 반응 중에서 자발적으로 진행되는 산화 · 환원 반쪽 반응은 상당히 많다. 예를 들어 금속 리튬은 공기 중에서 자발적인 산화 · 환원 반응을 거쳐 자연스럽게 산화리튬으로 변한다. 금속 리튬은 전자를 잃어버려 리튬 이온이 되며(산화 반쪽 반응), 공기 중의 산소(O_2)는 전자를 얻어 산소 음이온이 되는(환원 반쪽 반응) 것이다. 만약에 산화 반쪽 반응과 환원 반쪽 반응이 동시에 진행되지 않고, 개별적으로 진행되도록 설계하면 하나의 전지를 만들 수 있다. 그러나 단순히 산화리튬이 형성되는 화학 반응에서는 많은 열이 발생한다. 그러므로 무수히 많은 종류의 반쪽 반응 중에서 2개를 고르면 수많은 종류의 전지를 만들 수 있을 것 같지만, 실제로 전지에 사용할 수 있는 산화 반쪽 반응과 환원 반쪽 반응은 많지 않다.

: 현대인에게 전지는 필수품 중의 하나이다.

전지의 한 전극에서 자발적인 산화 반응이 진행된 결과로 생성되는 전자들은 외부 회로를 통해서 각종 장치나 기기로 흐른다. 이 전자들은 궁극적으로 전지의 다른 전극으로 흘러들어가 전지 내부에서 환원 반응이 진행된다. 이 과정을 거쳐야 비로소 화학 에너지가 전기 에너지로 이용되는 것이다. 만약 자발적인 산화 · 환원 반쪽 반응이 분리되지 않고 진행되면 화학 반응에서 발생하는 에너지는 열이나 빛으로 변한다. 전지가 완전히 방전되었다는 것은 전지 내부에서 자발적인 산화 · 환원 화학 반응을 할 수 있는 화학 물질이 모두 소모되었다는 것을 의미한다.

전지에는 한 번 사용한 후에는 폐기하는 1차 전지와 여러 번 반복해서 사용 가능한 2차 전지가 있다.

한 번 사용하고 버리는 1차 전지(알칼리 전지)

한 번 사용하고 폐기하는 1차 전지에는 알칼리 전지, 수은 전지, 리튬 1차 전지 등 여러 가지가 있다. 그 중에서 가장 흔히 사용되는 것이 알칼리 전지로, 많은 사람들이 사용한 경험이 있을 것이다. 알칼리 1차 전지의 원리는 다음과 같다(알칼리 전지 중에도 여러 번 반복 사용 가능한 2차 전지가 있다.).

알칼리 전지의 마이너스(-) 극이라고 표기되어 있는 평평한 곳은 내부적으로 아연(Zn) 분말 전극이 연결되어 있다. 전지에서 볼록 튀어나온 플러스(+) 극에는 이산화망가니즈(MnO_2) 전극이 연결되어 있다. 이런 전극들은 내부에 있으며 외부에 노출된 것은 전기가 통하는 금속 물질이다. 전해질은 알칼리인 수산화포타슘(KOH)을 사용한다. 알칼리 전지라고 불

: 한 번 쓰고 나면 버리는 알칼리 1차 전지

리는 것도 그 때문이다. 전지를 기기나 도구에 연결하면 전지 내부에서 자발적인 산화 · 환원 반응이 진행된다. 아연 전극에서는 산화아연(ZnO) 전극으로 변하는 산화 반응(금속 아연이 전자 2개를 잃고 아연 이온(Zn^{2+})이 되면서 산소와 결합하면 산화아연이 된다.)이 일어나며, 이산화망가니즈 전극에서는 삼산화이망가니즈(Mn_2O_3) 전극으로 변하는 환원 반응(이산화망가니즈의 4가 망가니즈 이온(Mn^{4+})이 전자를 받으면 삼산화이망가니즈의 3가 망가니즈 이온(Mn^{3+})이 된다.)이 일어난다. 전극이 다 소모되어 더 이상 산화 · 환원 반응이 진행되지 못하는 것은 반응할 수 있는 화학 물질인 아연이나 이산화망가니즈가 다 소모되었거나 전해질이 고갈된 상태를 말한다. 만약 1차 전지를 재사용하기 위해서 충전기를 사용하여 역반응을 진행시키면 기체와 같은 부산물이 발생하면서 내부 압력이 증가하여 전지가 폭발할 가능성이 높아 위험하다.

반복 사용하는 2차 전지(납 축전지)

충전을 해서 반복 사용하는 2차 전지에는 납 축전지, 니켈-카드뮴 전지, 니켈-수소 전지, 리튬 이온 전지 등이 있다. 요즈음에는 휴대전화에 리튬 이온 2차 전지가 많이 사용되고 있다. 충전은 자발적인 산화 · 환원 반응이 진행되어 전지 내부에 축적된 생성물을 본래의 반응물로 되돌리는 작업이다. 충전기를 통해서 역 반응에 필요한 전기 에너지를 넣어 주면, 전지는 다시 한 번 자발적인 산화 · 환원 반응이 진행되기에 충분한 조건을 갖추는 셈이다. 전통적으로 가장 많이 사용되었던 2차 전지인 자동차용 납 축전지(Lead acid battery)의 예를 들어 원리를 알아보자.

납 축전지 역시 2개의 전극으로 구성되어 있다. 전지 한쪽 단자에 마이너스 극이라고 표시된 곳에는 납(Pb) 전극이, 플러스 극이라고 표시된 곳에는 이산화납(PbO_2) 전극이 연결되어 있다. 전해질로는 진한 황산(약 6 M

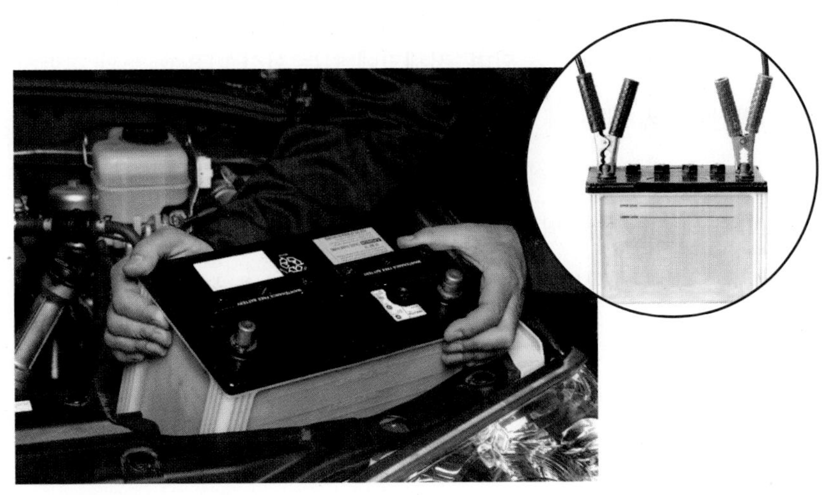

: 자동차용 납 축전지

H_2SO_4, 부피비로 약 35퍼센트)을 사용한다. 네모형 납 격자(grid)에 납 가루와 결합제(binder)를 섞은 젤 형태의 반죽으로 격자를 채우고 굳혀 전극 판을 만든다. 두 개의 전극 판을 전해질에 담그고 한 판에는 외부 전원의 마이너스 극을, 다른 판에는 플러스 극을 연결하여 환원 · 산화 반응이 일어나도록 한다. 그러면 마이너스 극에 연결하였던 전극 판은 납 전극으로, 플러스 극에 연결하였던 전극 판은 이산화납 전극으로 변한다. 그런 후에 전극과 전해질을 이용하여 전지를 조립하면 된다. 한편 동일한 원료를 사용하여 만든 전지라고 할지라도 전지의 성능은 회사마다 조금씩 다르다.

납 축전지의 방전 화학 반응

충전된 상태에 있는 전지를 기구나 장치에 연결하면 전지 내부에서는 산화 · 환원 반응이 자발적으로 진행된다. 즉 전지를 사용하는 과정(방전)에서 납(Pb) 전극은 황산납($PbSO_4$) 전극으로 산화된다. 금속 납은 전자를 2개 잃고 납 이온(Pb^{2+})이 되며, 전해질에 있는 황산 이온(SO_4^{2-})과 결합하여 황산납(고체)이 된다. 반면에 이산화납(PbO_2) 전극은 황산납($PbSO_4$)으로 환원된다. 이산화납에 있는 납 이온(Pb^{4+})은 전자 2개를 받아서 황산납의 납 이온(Pb^{2+})이 된다. 그러므로 완전히 방전된 상태의 납 축전지의 두 전극은 모두 황산납 전극인 셈이다. 방전 과정에서 황산 이온이 소모되므로 전해질인 황산 용액의 비중(specific gravity)을 측정하여 전지의 방전 상태를 파악할 수 있다. 자동차 수리점에서 비중계를 사용하여 전해질의 비중을 측정하는 일은 곧 전지의 충전과 방전 상태를 파악하기 위한 것이다.

납 축전지의 충전 화학 반응

납 축전지의 충전 과정은 방전 과정의 역으로 화학 반응이 진행된다. 즉 방전할 때는 마이너스 극에서 산화 반응(Pb가 $PbSO_4$로 산화)이 진행되었지만, 충전할 때는 마이너스 극에서 환원 반응($PbSO_4$가 Pb로 환원)이 진행된다. 반면에 플러스 극에서는 방전할 때 환원 반응(PbO_2가 $PbSO_4$로 환원)이, 충전할 때 산화 반응($PbSO_4$가 PbO_2로 산화)이 진행된다. 그런데 충전 과정의 산화 · 환원 반응은 자발적으로 일어나지 않으므로 반응을 진행시키려면 전기 에너지를 가해야 한다. 납 축전지에 이용하는 한 쌍의 전극으로 약 2볼트의 전압을 얻을 수 있다. 따라서 자동차에 사용되는 약 12볼트의 전지에는 내부적으로 6쌍의 전지가 직렬로 연결되어 있다. 일반적으로 상용화된 2차 전지는 보통 수백 회 이상 방전과 충전을 반복해서 사용할 수 있도록 선택된 전극 재료와 전해질로 만들어져 있다.

전지의 용량 표기와 그것의 의미

전지 용량은 Ah(암페어×시간)로 나타낸다. 보통 사용되는 알칼리 전지의 용량은 약 1,700~3,000 mAh(혹은 1.7~3.0 Ah, 1A = 1,000 mA)이다. 그러므로 3,000 mAh 용량의 전지는 이론적으로 1,000 mA의 전류로 3시간(3h) 동안 사용할 수 있다. 자동차용 납 축전지의 용량은 약 40~200 Ah이다. 자동차의 엔진 크기에 따라 필요한 전지 용량도 다르며, 일반적으로는 약 20시간 사용할 것을 예상하여 제조한다. 따라서 40 Ah 전지는 이론적으로 2A의 전류로 20시간 사용할 수 있다. 그러나 실제 사용 가능한 시간은 사용 조건에 따라 다르다. 전지를 사용할 때 큰 전류로 사용할 때보다는 작은 전류로 사용할 때 전지의 용량을 최대로 활용할 수 있다. 전지의 용량은 일정한 부피의 용기에 있는 물의 전체 양으로 이해하면 된다. 일정 부피의 물통에 있는 물은 조금씩 마시면 오래 마실 수 있다. 그러나 한번 마실 때마다 많은 양을 마시면 매우 짧은 시간에 다 마셔버릴 것이다. 이처럼 전지를 어떻게 사용하느냐에 따라 사용 시간도 달라진다. 한편 전지의 용량은 전지의 전압(V)과 Wh로 나타내기도 한다. 그런데 Wh의 물리적인 양은 A×V×h와 같으며, Wh는 에너지 단위이다. 전지에 표시된 Wh 값을 전지의 전압으로 나누면 결국 전지의 용량인 Ah가 된다.

매일 화학 반응을 하는 현대인

전지를 사용할 때(방전)는 전지 내부에서 자발적인 화학 반응이 진행되고, 그 결과 사용할 수 있는 전기 에너지가 나온다. 반면에 전지를 충전할 때는 자발적인 화학 반응의 역반응이 진행되도록 전지 내부에 전기 에너지를 가한다. 이와 같이 전지를 사용하는 우리들은 화학 반응을 늘 경험하고 있다. 마치 2차 전지를 충전과 방전을 반복해서 사용하는 것처럼 우리도 생활에 필요한 에너지를 몸에 충전하고, 필요한 곳과 때에 맞추어 방전하고 있다. 몸에 에너지를 충전하는 일은 음식을 먹고 호흡하는 일이며, 방전하는 일은 에너지를 사용하는 모든 일이 될 것이다. 생활에서 편리함을 추구할수록 더 좋은 성능의 전지가 필요할 것이다. 따라서 전지의 역할이 더욱 확대되고 중요해질 것이 틀림없어 보인다.

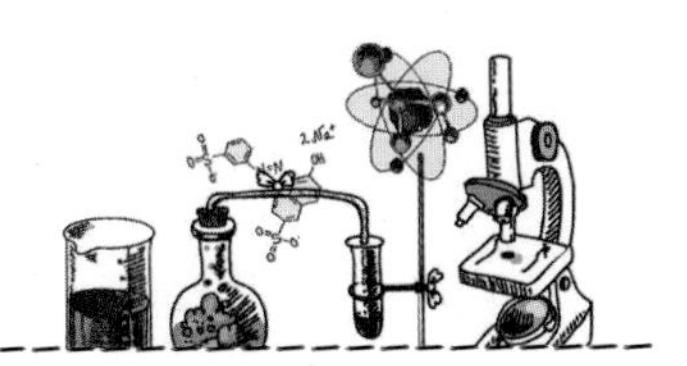

염소계 표백제, 클로락스

여성이 전담하였던 가정 일을 분담하는 남성들의 수가 늘고 있다. 이제는 청소와 세탁은 물론 육아도 공동 책임의 영역에 포함되어 있다. 청소에 사용되는 세제는 종류도 많고, 사용법도 제품마다 달라 제대로 사용하지 않으면 문제가 생긴다. 세탁을 잘못해서 옷을 망가트리거나 세제를 잘못 사용하여 병원신세를 지는 경우도 종종 있다.

: 청소와 세탁에 사용하는 세제가 다양한 만큼 사용법에 맞게 제대로 사용하는 것이 중요하다.

염소계 표백제

청결을 유지하려면 박테리아, 바이러스, 곰팡이 등을 제거해야 된다. 소독제 중에서 염소계 표백제가 대표적이며, 그 중에서도 클로락스(chlorax)가 으뜸이다. 염소계 표백제라는 이름을 갖고 있다고 해서 실제로 염소(Cl_2)를 포함하고 있는 것은 아니다. 염소 자체는 매우 강력한 산화력을 가진 녹황색 기체로, 공기 중에 약 1,000 ppm만 있어도 매우 치명적인 독가스이다. 염소 기체는 제1차 세계대전에서 독일군이 독가스로 사용하기도 하였다.

염소는 상온에서 물 1리터에 약 2.5리터 녹는데, 염소가 이처럼 물에 많이 녹는 것은 물과 반응하여 염산(HCl)과 하이포염소산을 생성하기 때문이다. 하이포염소산의 분자식은 HClO 혹은 HOCl로 표기한다. 후자는 분자 내의 원자 배열을 강조한 분자식이다. 앞에서 이야기하였듯이 극성 물질(용질)은 극성인 물에 잘 녹고 비극성 물질은 물에 잘 녹지 않는다. 염소는 극성을 띠지 않아 원칙적으로 매우 물에 녹기 힘들 것으로 예상되지만 물과 화학 반응을 일으키며 분해되기 때문에 물에 많이 녹는 것이다. 염소와 물이 반응하여 산을 생성하므로 염소는 염기성인 수산화나트륨 용액에 더 많이 녹는다. 일반적으로 산성 물질은 염기성 용액에 더 잘 녹으며, 마찬가지로 염기성 물질은 산성 용액에 더 잘 녹는다.

하이포염소산, 그것의 염의 생성과 농도

염소를 수산화나트륨 수용액에 녹이면 하이포염소산나트륨이 생성되는데 하이포염소산나트륨은 살균력이 강한 표백제이다. 소금물(NaCl 용액)을 전기분해하면 한 전극에서 염소 기체가 발생하고, 다른 전극에서는 수산화나트륨이 생성된다. 따라서 두 전극을 서로 분리하지 않은 상태에서 전기분해를 하면 자연스럽게 하이포염소산나트륨을 얻을 수 있다. 소금물에 2개의 전극을 담그고 전기 에너지를 보내면 (보통 전극으로 전류를 흘린다.) 전기분해가 진행된다.

가정용 옷 세제에 들어 있는 하이포염소산나트륨의 농도는 약 5퍼센트이다. 물 소독 약품에는 약 12퍼센트, 수영장 소독약에는 약 30퍼센트가 포함되어 있다. 하이포염소산나트륨은 물에 하이포염소산 음이온(OCl^-)과 나트륨 이온 상태로 있다. 음이온 자체는 산화력도 크지 않고, 살균 작용도 효과적이지 않다. 그러나 물과 천천히 반응하면서 생성된 하이드

: 하이포염소산나트륨이 포함된 가정용 세탁 세제

록시 라디칼의 산화력은 과망가니즈산포타슘(potassium permanganate) 혹은 과산화수소보다 크다.

박테리아 혹은 바이러스의 외부 세포막은 음전하를 띤 지질막이다. 그러므로 하이포염소산 음이온은 전기적인 반발 때문에 세포막 침투가 어렵다. 그러나 하이포염소산은 전기적으로 중성이기 때문에 음이온보다 지질막으로 접근이 더 쉽고, 크기가 작아 지질막을 교란시키는 데 보다 효과적이다. 따라서 침투한 하이포염소산은 박테리아 혹은 바이러스의 내부 구성 물질에 변화를 가져와 결국에는 균이 살 수 없는 환경을 만들어 버린다. 또한 침투한 하이포염소산은 세포막의 전위를 변화시키고, 결국 박테리아의 생존에 필요한 당을 소화하는 효소의 기능을 억제하여 박테리아를 죽게 만든다.

하이포염소산의 특징과 취급 주의점

하이포염소산나트륨 세제는 산화력이 매우 강해서 조심해서 다뤄야 한다. 특히 수영장 소독에 사용되는 농도가 진한 하이포염소산나트륨 등은 절대로 손으로 만지지 말아야 하며, 용액이 눈에 들어갔을 경우에는 즉시 물로 씻어 내야 한다. 심할 경우에 피부 화상을 입을 수도 있으며, 유기 물질이 포함된 오염된 물에서 하이포염소산나트륨과 유기 물질이 반응하면 암 유발을 촉진할 수 있는 클로로폼(chloroform)이 생성될 수도 있다.

또한 청소용 세제들과 하이포염소산나트륨을 섞어서 사용하면 절대로 안 된다. 하이포염소산나트륨은 산이 포함된 세제와 반응하여 염소 가스를 발생시키기 때문이다. 염소 기체의 농도가 약 3 ppm만 되어도 눈이 따갑고, 질식할 것 같은 상황이 된다. 하이포염소산나트륨으로 화장실의 오줌 흔적을 닦아 내는 일도 하지 않는 것이 좋다. 오줌의 암모니아가 하이포염소산나트륨과 반응하면 염소가 결합된 독성이 강한 아민 화합물이 생성될 수 있다. 또한 그런 화합물(염화아민)이 포함된 공기에 오랫동안 노출된 근로자는 천식 증세가 나타난다는 보고도 있다. 세제를 구입하고 나서 오랫동안 사용하지 않으면 세제의 효력이 떨어지는데, 그것은 하이포염소산나트륨이 분해되어 염소산나트륨과 산소로 변질되었기 때문이다. 변질(분해)은 빛에 의해 촉진되기 때문에 불투명한 플라스틱 병에 담겨 판매되는 것이 보통이다.

자연산 하이포염소산 이온의 역할

하이포염소산 이온은 인간이 만든 인공합성 화학 물질이 아니다. 이것은 백혈구 세포에서 생성되어 침투하는 세균을 죽이는 물질이다. 효소(haloperoxidase)가 몸속의 염화 이온과 과산화수소를 반응시켜 하이포염소산 이온으로 변환시켜 준다. 외부 침입자들을 물리치는 무기를 인간 스스로 만들어 내는 것이다. 인체가 균에 감염되면 또 다른 효소(myeloperoxidase)로 하이포염소산 이온을 생성하여 병원균을 물리쳐 준다. 인간들이 세계에서 처음으로 만들었다고 자랑하는, 현재 사용하고 있는 화학 물질들도 세상에 이미 존재하고 있는 자연물질이 아닐까 싶다. 자연은 매우 정교하고 치밀한 원리가 지배하는 과학 마당이다. 더구나 생존과 생활에서 느낄 수 있는 화학 물질의 작동 메커니즘은 신비롭기까지 하다.

머리카락에 힘주기, 파마

머리카락에 변화를 주어 멋을 내거나 기분 전환을 위해 파마(permanent)를 많이 하는데, 요즘에는 머리카락의 색을 변화시키고, 다양한 모양으로 만드는 기술도 더욱 발달해 있다. 파마를 한다는 것을 화학적으로 이야기하면, 머리카락의 구조를 변화시켜 원하는 모습으로 머리카락 외형을 바꾸는 화학 반응을 한다는 것을 뜻한다. 파마가 잘 된 것은 실험 조건을 잘 맞추어 원하는 머리카락의 모습이 된 것이다. 따라서 실험 조건을 잘 못맞추거나 실험하는 동안 주의를 기울이지 않으면 원하는 모습을 만들 수 없다. 그래서 파마에 능숙한 헤어 전문가라도 매번 파마가 쉽지는 않을 것이다.

머리카락의 성분, 단백질과 아미노산 그리고 이황화 결합

머리카락의 주성분은 케라틴(keratin)이라고 부르는 단백질이다. 손톱과 발톱은 물론 동물 뿔의 주성분도 케라틴이다. 단백질은 수많은 아미노산(amino acid), 즉 자연에 존재하는 20종류나 되는 아미노산들이 펩타이드 결합을 통해서 만들어진 고분자이다.

케라틴은 아미노산의 아미노기(-NH_2)와 카복실기(-COOH)를 갖는 분자이다. 약 20종류의 아미노산 중 8종류는 몸에서 자체 형성되지 않지만 반드시 필요한 것으로, 이를 필수 아미노산이라고 한다. 아미노산 분자의 카복실기와 또 다른 아미노산의 아미노기가 화학 반응을 하면 두 아미노산 분자 사이에 결합이 형성되면서 물이 빠져나가는데, 이런 결합을 펩타이드 결합이라고 부른다. 계속해서 아미노산 분자들이 펩타이드 결합을 하면 그 분자는 수많은 아미노산이 결합된 거대 분자가 될 것이다. 보통 2개 이상의 아미노산들이 결합한 단백질을 폴리펩타이드(polypeptide)라고 한다.

케라틴은 아미노산인 시스테인(cysteine)이 약 14~18퍼센트 포함된 단백질이다. 시스테인 분자의 특징은 아미노기와 카복실기 외에도 싸이올기(-SH)가 결합되어 있다는 것이다. 그런데 한 단백질의 시스테인의 싸이올기와 바로 옆에 위치한 또 다른 단백질의 시스테인의 싸이올기는 서로 결합하여 이황화(disulfide) 결합을 이룰 수 있다. 기다란 실 같은 단백질들이 이황화 결합을 통해 서로 결합하는 것이다. 이런 종류의 결합이 많아지면 단백질이 커지고 단단해질 것이다. 그것은 머리카락이 질기고 강도가 센 단백질인 이유이기도 하다.

: 머리카락을 확대한 모습과 머리카락의 주성분인 케라틴의 구조 모델

파마의 화학 반응, 환원과 산화 반응

파마는 이황화 결합을 끊고, 다시 결합하는 화학 반응을 하는 작업이다. 즉 파마 로드로 감아 놓은 머리카락의 이황화 결합을 끊고, 시간이 지난 후에 웨이브 모습의 머리카락의 이황화 결합을 다시 만드는 것이다. '파마 로드'는 미용실에서 파마를 할 때 사용하는 막대로, 'rod'에서 유래된 것으로 짐작된다. 이황화 결합을 끊을 때는 싸이오글라이콜레이트 암모늄(ammonium thioglycollate)이라는 화학 물질을 사용한다. 파마를 할 때 첫 번째 단계에서 머리카락에 바르는 파마약에 이 성분이 포함되어 있다. 이 물질은 피부에 닿아 알레르기 반응을 일으킬 수 있으므로 가급

적 두피에 닿지 않도록 하는 것이 좋다.

머리카락 단백질의 이황화 결합이 1차로 끊어지면 각각의 황 원자에 수소 원자가 결합되어 싸이올기의 형태로 변한다. 분자에 수소가 첨가되거나 전자를 얻거나 산소를 잃는 화학 반응을 환원이라고 하므로 수소가 첨가된 파마의 1단계 공정은 환원이 진행된 화학 반응이다. 약 10~15분이면 반응이 완결된다. 파마약을 바른 후에 일정한 시간이 지나면 파마 로드로 묶인 일부 머리카락을 풀어 보고 웨이브 정도를 판단한다. 원하는 웨이브가 되었다면 첫 번째 물질을 완전히 씻어 내고 머리카락의 물기도 제거한다. 화학 반응이 제대로 이루어지려면 농도가 정확하게 맞아야 하는데, 물기가 남아 있으면 두 번째 단계에서 사용하는 물질의 농도가 묽어질 수 있기 때문이다.

보통 중화제라고 부르는 두 번째 단계에서 사용하는 물질은 과산화수

: 파마약을 바르고 있는 모습과 파마 로드

소가 주성분이다. 그런데 상품에 따라 과산화수소의 농도에 차이가 있을 수 있다. 그러므로 두 번째 단계의 화학 반응에 필요한 시간도 다를 수밖에 없다. 과산화수소의 역할은 서로 이웃하고 있는 단백질의 싸이올기들이 서로 결합하도록 하는 것이다. 이때 형성되는 이황화 결합의 위치는 최초의 이황화 결합이 있었던 위치와 다르다. 1단계에서 이미 머리카락이 휘어지고 감아져 있었으므로 본래 끊어졌던 싸이올기의 재결합이 아니라는 말이다.

새로운 이황화 결합은 머리카락이 감긴 상태에서 이루어진다. 파마 로드로 머리카락의 모양에 변형을 주었기 때문에 처음에 끊어졌던 황 원자들이 재결합하는 일은 매우 드물다. 분자에서 수소를 제거하거나, 전자

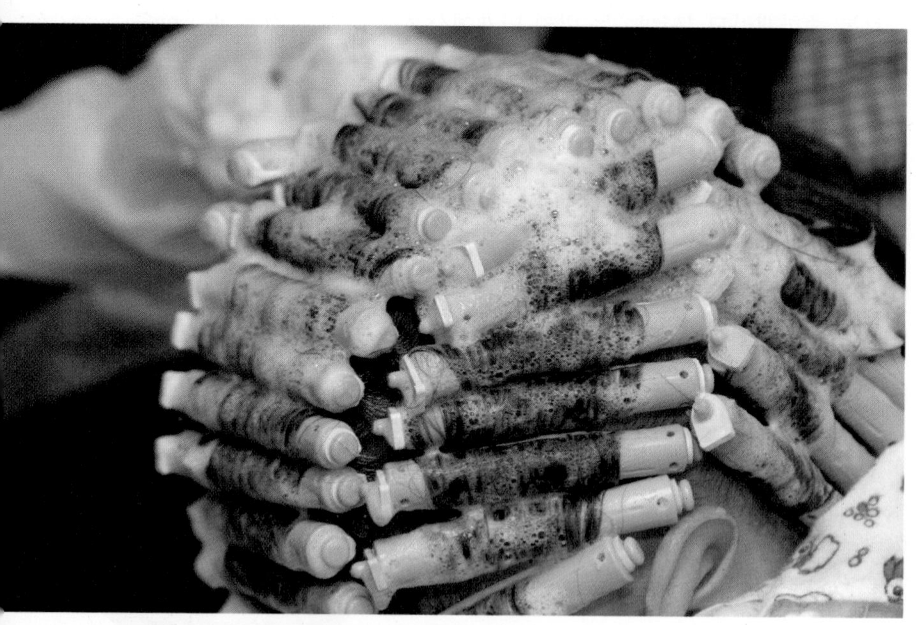

: 파마의 두 번째 단계인 중화제를 뿌린 모습

를 잃거나 혹은 산소가 첨가되는 화학 반응을 산화라고 하는데, 수소를 제거하는 파마의 2단계 공정은 산화가 진행된 화학 반응이다. 이러한 과정을 통해 원하는 형태로 머리 모양이 고정될 수 있는 것이다.

황 화합물의 냄새와 분자 구조

파마의 1단계에 사용하는 싸이오글라이콜레이트 암모늄은 냄새가 좋지 않다. 보통 싸이올기가 결합된 분자는 지독한 냄새를 풍긴다. 예를 들어 양파 냄새는 알릴싸이올(allyl thiol), 스컹크 냄새는 뷰테인싸이올(butanethiol)이 주원인이다. 모두 싸이올기가 결합된 분자라는 공통점이 있다. 지독한 냄새를 잘 활용하는 곳도 있다. 소량의 뷰테인싸이올(스컹크 냄새의 뷰테인싸이올과는 구조가 다른 분자)을 섞어 공급된 천연가스는 누출이 되면 곧바로 감지할 수 있다.

또한 한동안 비행 청소년의 애용품이었던 휴대용 뷰테인 가스에도 싸이올기를 섞어 판매하면 가스가 본래의 목적 외에 사용되는 것을 막을 수 있을 것이다. 지독한 입 냄새는 음식에 포함된 아미노산인 시스테인(cysteine)과 메싸이오닌(methionine)처럼 싸이올기를 포함한 분자들의 분해로 인한 것이다. 냄새가 나는 메테인싸이올(methanethiol)이 형성되어 금방 알아차릴 수 있는 것이다.

인간의 후각 능력은 메테인싸이올 분자의 양이 ppb(10억 분의 1) 수준만 되어도 감지할 수 있을 정도로 민감하다. 지독한 냄새를 감수할 수 있다면 파마의 첫 번째 단계에서 메테인싸이올과 암모니아를 섞은 용액을 사용할 수도 있다. 또한 두 번째 단계에서 과산화수소 소독약을 사용할 수도 있다. 그러나 파마는 화학 반응을 하는 일이므로 화학 물질의 농도, 반응 조건을 정확히 알고 있는 전문가에게 맡기는 편이 좋다. 파마 전문가들은 경험적으로 파마를 완성하기 위한 실험 조건을 잘 알고 있으므로 산화 환원 반응을 통한 반복 실험으로 돈을 벌고 있는 화학 기술자들이라고도 말할 수 있을 것이다.

매끄러운 운전, 무연휘발유와 옥테인값

자동차를 운전하는 사람들은 간접적으로 많은 세금을 납부하고 있다. 휘발유를 넣고 지불하는 금액의 40퍼센트 이상이 세금이기 때문이다. 국내 자동차 수가 2,000만 대에 육박하고 있으니 소모되는 연료의 양도 실로 엄청날 것이다. 국내에서는 원유(Petroleum)가 한 방울도 생산되지 않지만 잘 갖추어진 원유 정제시설 덕분에 수요에 맞추어 안정된 휘발유 공급체계를 갖추고 있다.

원유의 증류

원유는 수많은 종류의 탄화수소는 물론 다양한 종류의 유기 화합물을 포함하고 있다. 탄화수소는 유기 화합물 중에서도 분자가 탄소 원자와 수소 원자로만 구성된 것을 말한다. 예를 들어 천연가스의 주성분인 메테인은 가장 간단한 탄화수소로, 탄소 원자 1개에 수소 원자 4개가 결합된 유기 화합물이다.

원유를 가열하면 끓는점이 낮은 분자가 먼저 증발한다. 증발된 기체 분자를 식히면 액체가 되는데, 이런 과정을 증류라고 한다. 증류는 일상에서도 쉽게 관찰할 수 있다. 냄비에 물을 붓고 가열하면 얼마 지나지 않아서 냄비 뚜껑 안쪽에 물이 맺히는 것을 볼 수 있다. 에너지를 받아서 증발된 기체 물 분자가 상대적으로 차가운 냄비 뚜껑에 닿으면서 액체로 변환되기 때문이다.

증류를 이용하면 원유처럼 여러 종류의 유기 화합물이 혼합된 액체에서 순수한 유기 화합물을 뽑아낼 수 있다. 유기 혼합물 액체를 가열하면 끓는점이 낮은 탄화수소 혹은 유기 화합물이 먼저 증발된다. 그 증기

: 원유 채굴장비

를 모아서 식히면 액체가 된다. 이와 같이 일정한 온도에서 증발되는 기체들만 모아서 액화(온도를 낮추어 기체를 액체로 만드는 것)를 하면 일정한 성분의 액체를 얻을 수 있다. 그러므로 온도를 달리해서 증류를 한다면 혼합물로부터 비교적 순수한 물질을 얻을 수 있다. 원유를 증류할 때 끓는점이 높은 유기 화합물은 증발되지 못하고 용기 바닥에 남아 있게 된다. 그 찌꺼기를 타르(tar)라고도 하며, 이것은 도로 포장에 사용되는 아스팔트의 재료가 된다. 일반적으로 탄화수소의 탄소 원자의 수가 증가할수록 끓는점이 높아지는 경향이 있다. 예를 들어서 가정용 뷰테인(butane)의 끓는점은 -1℃ 정도이므로 상온에서 기체일 수밖에 없다. 뷰테인은 탄소 원자 4개가 단일 결합으로 묶여 있으며, 탄소 원자 간의 단일 결합을 제외한 탄소의 결합자리에는 모두 수소 원자가 결합되어 있다. 이는 탄소 원자가 최대 4개의 결합자리를 갖고 있기 때문이다.

: 도로 포장용 아스팔트의 재료가 되는 타르

휘발유

자동차의 연료인 휘발유는 원유를 정제해서 만든다. 원유를 증류해서 만든 휘발유 역시 수많은 성분의 탄화수소 및 유기 화합물의 혼합물이다. 증류를 하였기 때문에 휘발유에는 유기 화합물의 종류가 원유보다 적을 뿐이다. 휘발유는 대략 탄소 원자의 수가 약 5~12개로 구성된 혼합물로, 비교적 끓는점이 낮다. 대략 200℃ 이하의 온도에서 증류하며 실온에서 액체이다. 일부 휘발성이 매우 큰 분자들도 있는데, 주유소에서 맡게 되는 휘발유 특유의 냄새는 쉽게 증발된 여러 종류의 분자들이 우리의 감각기관에 닿고, 이를 뇌가 인식한 결과이다.

: 자동차에 휘발유를 넣고 있는 모습

옥테인값(octane rating)과 첨가제의 특성

자동차는 엔진이 점화되는 순간에 휘발유가 모두 연소되어야 제대로 힘을 발휘할 수 있다. 연소의 매끄러움 정도는 자동차 운행에 매우 중요하다. 만약에 점화되기 전에 미리 연소되면 엔진에서 이상한 소리가 나는데, 이것을 노킹(knocking)이라고 한다. 이런 현상은 휘발유를 구성하는 분자들의 종류 및 특성과 관련되어 있다.

유기 화합물인 아이소옥테인(isooctane 혹은 2,2,4-trimethylpentane)을 휘발유로 사용하면 엔진의 회전이 매끄럽고, 노킹이 거의 발생하지 않는다. 아이소옥테인은 옥테인(octane)의 한 종류로, 탄화수소이다. 옥테인은 탄소 원자 8개가 단일 결합으로 이루어진 탄화수소를 말한다. 탄소 원자 8개를 결합하여 분자가 형성될 경우에 탄소 원자의 배열 및 결합의 종류는 여러 가지가 가능할 것이다. 아이소옥테인의 탄소 원자 5개는 일렬로 결합되어 마치 일직선을 이룬 것처럼 보인다. 5개의 탄소 원자 중에서 2번째 탄소 원자에는 탄소 원자 2개가 결합하고, 4번째 탄소 원자에는 탄소 원자 1개가 결합한 분자가 아이소옥테인이다.

또 다른 종류의 유기 화합물인 노르말헵테인(normal heptane)을 휘발유로 사용하면 노킹 현상이 매우 심하다. 노르말헵테인은 탄소 원자 7개가 결합되어 일렬로 연결된 분자이다. 탄소 원자와 탄소 원자 간의 단일 결합을 제외하고, 모든 탄소 원자의 결합자리에는 수소 원자가 결합되어 있다. 역시 탄화수소의 한 종류인 것이다.

휘발유의 옥테인값을 정하는 기준으로 아이소옥테인과 노르말헵테인을 사용하고 있는데, 아이소옥테인의 옥테인값을 100, 노르말헵테인의 옥테인값을 0으로 정하였다. 예를 들어 특정 휘발유를 사용하여 엔진의 노킹 정도를 측정한 결과가 마치 아이소옥테인 90퍼센트와 노르말헵테인 10퍼센트를 혼합한 연료의 노킹 정도와 같을 때, 그 휘발유의 옥테인값을 90이라고 정한 것이다. 시중에 판매되는 보통 휘발유의 옥테인값은 약 87이며, 고급휘발유의 옥테인값은 약 93이다. 옥테인값이 100인 휘발유는 엔진 노킹이 거의 발생하지 않고, 자동차가 매끄럽게 작동할 수 있다는 것을 의미한다. 시판되는 휘발유는 그 종류가 매우 다양하며, 여러 가지 탄화수소와 유기 화합물, 각종 첨가제가 혼합되어 있다. 휘발유의 옥테인값도 회사마다 천차만별이다. 첨가제의 기능은 엔진 부식 방지, 점화 조절, 연소 촉진 등 매우 다양하다. 첨가제의 양과 종류에 따라서 결국 옥테인값도 영향을 받을 수 있다.

옥테인값을 높이는 물질들

옥테인값을 높이기 위해 휘발유에 여러 가지 첨가 물질들을 넣는다. 옥테인값을 높이는 화합물 중에는 납 원자 1개에 에틸(CH_3CH_2-) 작용기가 4개 결합된 테트라에틸납(tetraethyl lead)이 있다. 이것은 휘발유의 약 0.1퍼센트만 첨가해도 옥테인값이 10~15 정도 높아지는 유기 금속 화합물이다. 그런데 문제는 테트라에틸납이 첨가된 휘발유를 연소하고 나면 대기 중에 납의 농도가 증가한다는 것이다. 이 때문에 현재는 대부분의 나라에서 테트라에틸납의 사용을 법으로 금지하고 있다. 아무리 옥테인값을 높여 준다고 해도 인체에 해로운 납을 공기로 뿜어내는 것을 허락하는 나라는 없을 것이다. 이에 따라 테트라에틸납을 첨가하지 않은 무연휘

발유의 보급이 크게 확산되고 있다.

옥테인값을 높이기 위해 개발된 것으로 납이 포함되지 않은 유기 화합물(MTBE, methyl tertiary butyl ether)도 있다. 이것도 인체와 환경에 나쁜 영향을 줄 수 있는 유기 화합물이다. 이 때문에 미국의 일부 주에서는 이것의 사용을 금지하기 시작하였다. 결과적으로 휘발유에 포함된 유기 화합물은 거의 모두 인체와 환경에 우호적이지 않다고 보면 된다. 또한 허가된 휘발유라고 할지라도 소량의 벤젠이 섞여 있다. 유기 화합물이 완전히 연소되어 이산화탄소와 물로 변환된다면 별 문제가 되지 않을 것이다. 그러나 불완전 연소되면 해로운 화합물이 공기 중에 뿌려지는 셈이다.

유사 휘발유

은밀하게 팔리는 '가짜 휘발유'는 세금을 면제 받은 유기 용매를 섞어서 제조하기 때문에 그만큼 판매 가격이 싸다. 이 때문에 정식 휘발유에 비해서 당연히 가격 경쟁력이 있을 수밖에 없다. 하지만 가짜 휘발유에는 엔진 보호, 엔진 효율을 높이는 첨가제가 없고, 심할 경우에는 엔진이 망가질 수도 있으므로 사용하지 말아야 한다.

비정상적으로 유통되는 휘발유를 가짜 휘발유라고 부르는 것보다 유사 휘발유라고 부르는 것이 이치에 맞다. 정식 휘발유를 구입해야 세금을 많이 내는 애국자 소리라도 듣는다. 또한 정식 휘발유를 사용해야 자동차 엔진에도 무리가 가지 않을 것이다.

2장

식품

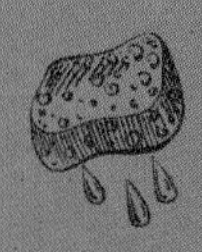

퀴리부인은 무슨 비누를 썼을까?
2.0

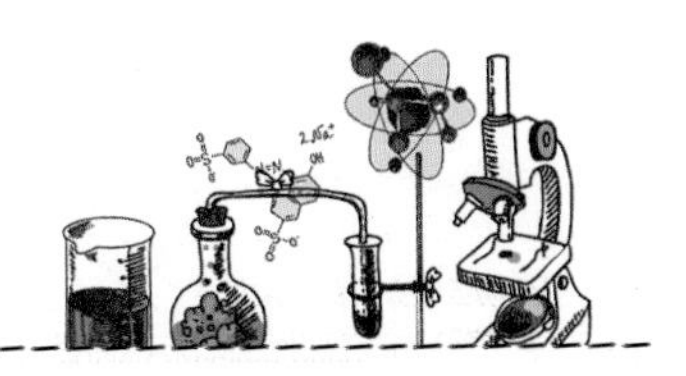

심심할 때, 껌

입안에서 나는 심한 악취로 불편을 겪는 사람들이 있다. 입 냄새의 원인은 입안에 있는 균들이 음식물 찌꺼기를 분해한 결과 생성된 냄새 나는 분자들 때문이다. 치간 칫솔 혹은 실을 이용하여 이 사이에 낀 음식 잔해까지 모두 제거하면 입 냄새가 줄어드는데, 급한 경우에는 구강 청정 용액으로 씻어 내거나 껌을 씹어서 일시적으로 입안 청소를 하면 입 냄새를 완화시킬 수 있다.

껌의 원료

껌은 사포딜라 나무(sapodilla tree, 중남미에서 자라는 상록수)의 수액에서 나온 치클(chicle)을 이용해서 처음으로 만들었다고 한다. 나무에 깊은 상처를

: 사포딜라 나무

내고, 그 상처에서 나오는 수액을 모아서 만든 것이다. 수액을 가열하면 끈적끈적한 성질을 지닌 고분자 물질이 형성되는데 그것이 치클이다. 멕시코 군인이었던 로페즈(Antonio Lopez)는 치클을 고무 대용으로 사용할 수 있는지 알아보려고 미국에 소개하였는데, 당시 미국에서는 치클이 고무를 대신할 수 없다고 결론 내려졌다. 이후 치클을 이용해서 껌을 제조 및 판매하여 높은 인기를 얻었다. 오늘날 판매되는 대부분의 껌은 합성 고분자 물질을 기본으로 만들지만 초기의 껌들은 치클을 기본으로 하여 만들었다.

탄화수소와 고분자

나무에서 생성되는 유기 화합물은 탄화수소를 포함해서 약 5,000종이 넘을 정도로 그 종류가 매우 다양하다. 아이소프렌(isoprene)은 나무에서 생성되는 간단한 탄화수소의 일종으로, 휘발성이다. 탄화수소의 화학식은 CxHy라고 적으며, 여기에서 x와 y는 정수이다. 아이소프렌은 끓는점이 약 34℃이다. 아이소프렌의 5개 탄소 원자 중에서 4개의 탄소 원자는 일렬로 배열되어 있으며, 양쪽 끝에 있는 탄소 원자와 그 안쪽에 위치한 탄소 원자는 이중 결합을 하고 있다. 4개의 원자가 결합하여 3개의 결합이 이루어지므로 이중 결합 – 단일 결합 – 이중 결합 형식을 하고 있다. 나머지 1개의 탄소 원자는 메틸기(CH_3-)로서 단일 결합으로 묶여 있는 2개의 탄소 중에서 어느 한 탄소 원자와 결합하고 있다. 이중 결합을 포함하고 있는 단위체(monomer)들은 촉매를 사용하면 비교적 쉽게 결합시킬 수 있다. 이렇게 해서 수많은 단위체들이 결합을 이루면 고분자(polymer)가 되는 것이다.

자연산 vs. 합성 고분자

나무에서 얻은 수액으로 껌의 기본이 되는 고분자를 만들면 수액에 포함된 다양한 종류의 분자들도 섞이게 될 것이다. 따라서 이렇게 제조된 고분자는 균일한 특성을 유지하기 어려울 것이다. 반면 순수한 아이소프렌 단위체를 사용하여 만든 고분자는 비교적 일정한 물성을 지니고 있을 것이다. 그렇게 되면 고분자의 물성을 합성 단계에서 변화시켜서 질감도 조절할 수 있게 되고, 원하는 향과 기타 첨가 물질로 소비자의 입맛을 사로잡을 껌을 생산할 수도 있을 것이다. 따라서 껌 제조업자의 입장에서 보면 합성 고분자가 천연 치클보다 더 좋은 껌 재료라고 생각할 수 있다. 소비자의 입장에서도 자연산 치클에 포함된 원하지 않는 분자들을 상대

: 다양한 색깔의 껌

하지 않게 되는 좋은 일이다.

오늘날 껌의 기본 성분으로 사용되는 탄력성 고분자에는 아이소프렌 외에도 다른 종류의 단위체 분자들, 즉 아이소뷰틸렌(isobutylene), 아세트산바이닐(vinyl acetate), 로르산바이닐(vinyl laurate), 뷰타다이엔(butadiene) 등이 이용된다. 이런 종류의 단위체들의 공통적인 특징은 모두 이중 결합을 가지고 있다는 것이다. 아이소프렌 및 다른 종류의 단위체들은 석유 정제 과정에서 부수적으로 생산될 수도 있고, 실험실에서 간단히 합성할 수도 있다. 액슨모빌(ExxonMobil)과 같은 다국적 석유회사들도 껌 생산에 필요한 단위체 혹은 고분자를 생산하여 판매하고 있다.

충치와 껌

껌에는 기본이 되는 탄력성 고분자, 설탕, 향 성분 등이 들어 있다. 껌에 포함된 설탕은 입자 크기가 200마이크로미터(µm, 1미터의 100만 분의 1) 이하로 매우 작다. 단맛을 내기 위해서 설탕 외에 콘 시럽(corn syrup)을 사용하기도 한다. 설탕과 콘 시럽은 입안에 살고 있는 박테리아인 뮤탄스균(S. mutans)에 의해서 소화되어 산성 물질로 변한다. 이 산성 물질은 이의 표면을 구성하는 아교질과 반응하여 아교질을 부식시키고, 부식이 지속적으로 이루어지면 이에 구멍이 나서 충치가 된다.

따라서 박테리아가 소화할 수 없는 인공 감미료를 첨가하여 만든 껌이 만들어졌는데, 한때 선풍적인 인기를 끌었던 자일리톨 껌이 대표적이다. 자일리톨 껌에는 말 그대로 자일리톨(xylitol)이 들어 있는데, 자일리톨은 뮤탄스 균이 소화시킬 수 없는 물질이다. 박테리아가 소화를 하지 못하면 산성 물질을 배출할 수 없기 때문에 껌을 씹어도 충치로 이어지지 않게 되는 것이다. 자일리톨로 단맛을 낸 껌이 충치 예방에 도움이 된다고 선전하는 데에는 바로 이러한 과학적 원리가 숨어 있다. 더구나 자일리톨은 자작나무 설탕이라고 부를

: 자일리톨

정도로 달아서 설탕 대용으로 사용하기에 적절하다. 소화시킬 것이 줄어든 박테리아에게는 불행한 일이겠지만 인간에게는 매우 좋은 일이다.

껌의 향을 내는 분자

: 가장 널리 쓰이는 민트는 페퍼민트와 스페어민트로, 껌, 피클류, 방향제 등에 쓰인다.

껌의 향은 전체 내용물에서 1퍼센트 정도밖에 안 되는 적은 양이지만 취향을 결정하는 중요한 요소이다. 한때 스페어민트(spearmint) 껌이 껌의 대명사처럼 유행한 적이 있다. 스페어민트는 테르페노이드의 한 종류인 카르본(carvone) 분자가 내는 향이다. 카르본은 광학이성질 현상을 나타내는 분자이다. 광학이성질 현상을 나타내는 2개의 분자들은 매우 독특한 특징이 있다. 2개 분자는 원자의 개수, 배열 위치도 모두 같으며, 심지어 끓는점과 같은 특성도 같다. 그런데 2개 분자는 서로 거울에 비친 구조(거울상)를 갖고 있고, 3차원 공간에서 서로 겹쳐지지 않는 특징을 지닌다. 마치 3차원 공간상에서는 왼손과 오른손이 서로 포개질 수 없지만 거울 면을 중심으로 보면 서로 대칭인 모습이 되는 것과 같다. 이런 특성을 지닌 분자들을 카이랄 화합물(chiral compound)이라고 한다.

광학이성질 현상과 평면 편광

광학이성질 현상을 나타내는 2개의 분자들은 앞서 설명한 것처럼 분자량을 비롯하여 거의 모든 물리화학적 특성이 같아서 일반적인 방법으로는 구별하기 힘들다. 그러나 2개의 분자는 평면 편광(plane-polarized light)에 다른 반응을 보인다. 예를 들어서 어느 한 종류의 분자만 포함된 용액을 통과한 평면 편광이 왼쪽으로 회전한다면, 다른 한 종류의 분자만 포함된 용액을 통과한 평면 편광은 오른쪽으로 회전한다. 비교되는 두 용액을 통과한 편광은 회전 정도를 표시하는 회전 각도는 같고, 회전 방향은 서로 반대이다. 이와 같이 평면 편광에 대해서 서로 다른 방향으로 같은 각도만큼 회전하는 2개의 분자를 광학이성질체(enantiomer)라고 한다. 만약에 동일한 양의 2개의 분자가 포함된 용액을 만들고, 그 용액에 평면 편광을 비추면 편광은 회전을 하지 않고 그대로 통과한다. 이런 용액을 라세미(racemic) 혼합물이라고 한다.

광학이성질 현상을 관찰하기 위해 사용되는 평면 편광은 빛을 조절하여 만든다. 평면 편광을 설명하기 위해서 빛의 전기장을 눈으로 관찰할 수 있다고 가정하자. 빛이 진행하는 방향에 맞서서 빛의 전기장을 본다면 그 빛의 전기장은 모든 방위로 진동한다. 전기장은 마치 부챗살이 360도 방향으로 퍼져 있는 것처럼 느껴질 것이다. 그런데 이 빛에 특수한 물질을 사용하면 어느 한 방향으로 진동하는 전기장만을 투과시키고, 나머지 방향의 전기장은 투과시키지 않는다. 이러한 특수한 물질을 통과한 빛을 이번에는 빛이 진행하는 방향과 수직 방향에서 관찰해 보자. 그런 빛의 전기장은 마치 하나의 평면에서만 진동하면서 진행하는 빛으로 보일 것이다. 그러한 빛을 평면 편광이라고 한다.

광학이성질 현상을 나타내는 2개의 카르본 중 하나(R-(-)-carvone)는 스페어민트 향이, 다른 하나(S-(+)-carvone)는 캐러웨이 향이 난다. 인체의 후각 기관은 광학이성질 분자를 구분할 수 있는 수용체를 가지고 있어 아주 미세한 차이만 나는 분자들도 구분할 수 있다. 약으로 사용되는 많은 분자들이 광학이성질 현상을 나타낸다. 특이한 점은 한 개의 광학이성질체는 약으로 사용되지만, 또 다른 한 개의 광학이성질체는 전혀 약의 효과가 없고 심지어 독으로 작용하는 경우도 있다. 물론 경우에 따라서는 두 개의 광학이성질체 모두 약으로 사용되는 경우도 있다.

페퍼민트(peppermint) 껌의 향기는 멘톨(menthol)이 주 요인이다. 멘톨도 역시 광학이성질 현상을 나타내는 분자의 하나이다. 멘톨은 가벼운 목감기의 약, 갈라진 입술에 바르는 연고, 근육통에 사용되는 파스에도 포함되어 있어서 우리에게 친숙한 향이다. 심지어 멘톨 향이 첨가된 담배도 있다. 담배에 포함된 멘톨은 향과 동시에 목의 자극을 완화시켜 주는 역할을 한다.

각종 기능성 껌들

풍선껌은 껌의 기본이 되는 고분자의 탄력성을 많이 향상시킨 재료(styrene-butadiene rubber, butyl rubber)를 사용하여 만들었다. 풍선껌을 씹으면서 입 모양을 오므려서 풍선을 만드는 재미는 어린이들에게는 좋은 추억이 된다.

최근에는 다양한 기능을 갖춘 껌들도 등장하고 있다. 뮤탄스 균의 대사작용으로 생기는 산을 중화시키기 위해서 껌에 염기인 중탄산나트륨($NaHCO_3$)을 첨가한 껌이 있는데, 이것은 치석을 상당량 감소시키는 효과가 있다고 한다. 멀미를 완화시켜 주는 물질이 포함된 껌, 비아그라 약 성분(sildenafil citrate)이 포함된 껌도 이미 특허를 받았다. 미래에는 약 성분이 서서히 방출되는 껌도 등장할 것이다. 단순히 껌을 씹는 것만으로 치료효과를 가져올 수 있는 껌도 등장할 것이라고 충분히 예상할 수 있다.

껌이 귀하였던 저자의 어린 시절에 흔히 있었던 껌 이야기는 요즈음 어린이들은 상상조차 하기 힘들 것 같다. 어렵게 구한 껌은 단물이 다 빠져도 버리지 않았다. 한 쪽 방 벽에 붙여 두었다가 다음날도 그 다음날도 며칠이고 반복해서 씹었던 기억이 있다. 또한 어린 시절에 국민(초등)학교 운동장에 있던 나무 잎사귀를 한참 씹고 있으면 한참 뒤에는 제법 껌을 씹는 기분을 느낄 수 있었다. 아마도 나뭇잎에 포함된 단위체 분자들이 적절한 수분(침)과 온도(체온)를 갖춘 용기(입)에서 에너지(씹는 일)를 받아서 고분자로 변한 것을 씹었던 것으로 추정할 수 있다. 어린 친구들이 많이 모여서 알지도 못하는 화학 반응을 하였던 모습을 상상하면 지금도 즐겁다. 그 나뭇잎의 독성이 없었다는 것이 천만다행이다.

마법의 물질, 물 I

물은 지구 상에서 가장 중요한 화학 물질의 하나라고 할 수 있다. 지구 표면의 70% 이상이 물로 덮여 있으며, 우리 몸무게의 70퍼센트 정도가 물이라고 하니 그것의 중요성은 두말할 필요도 없다. 없어도 문제가 되지만 넘쳐도 문제가 되는 것은 물이라고 예외가 아니다.

물이 없으면, 또 물의 성질이 현재와 같지 않다는 가정을 해 보면 정말 끔찍한 일들이 상상된다. 물은 왜 그렇게 독특한 성질을 띠며, 그 독특한 성질을 우리가 어떻게 경험할 수 있는지 알아보자.

극성 용매

물은 여러 가지 물질을 녹일 수 있는 용매이다. 한 개의 물 분자는 수소 원자 2개, 산소 원자 1개로 이루어져 있다. 우리가 늘 마주하는 물은 수많은 물 분자들이 모여 있는 액체이다. 단순히 물 분자 한 개를 놓고 보면 수소 원자들은 부분적으로 양전하를 띠며, 산소 원자는 부분적으로 음전하를 띤다. 왜냐하면 산소 원자는 전자를 잘 끌어당기는 특성이 있어서 상대적으로 산소 원자 주위에 전자가 더 많이 쏠려 있기 때문이다. 물 분자처럼 하나의 분자에 부분적으로 양전하, 음전하를 가진 분자를 극성을 띤 분자라고 말한다. 극성을 띤 물 분자들은 서로 이웃하고 있는 분자들끼리 서로 끌어당기는 성질이 있다. 부분적으로 음전하를 지닌 산소 원자 주위에 부분적으로 양전하를 띤 다른 물 분자의 수소 원자가 공간적으로 배치되면 두 분자는 잘 끌릴 것이다. 그러므로 3차원 공간으로 이러한 끌림이 확대되면 물 분자끼리 여러 개 뭉쳐지고, 결국에는 응집이 되어 액체 상태의 물이 된다. 물은 극성을 띠고 있으므로 극성을 띠고 있는 이온 혹은 분자들은 물에 잘 녹는다. 그러나 극성이 매우 약하거나 없는 분자들은 물에 녹지 않는다. 예를 들어서 기름 분자들은 극성이 없어서 극성 용매인 물에는 잘 녹지 않는다. 대신 기름 분자들은 극성이 약하거나 없는 유기 용매에는 잘 녹는다.

수소 결합과 표면장력

물 분자는 수소 결합이라는 독특한 결합 방식을 통해서 다른 극성의

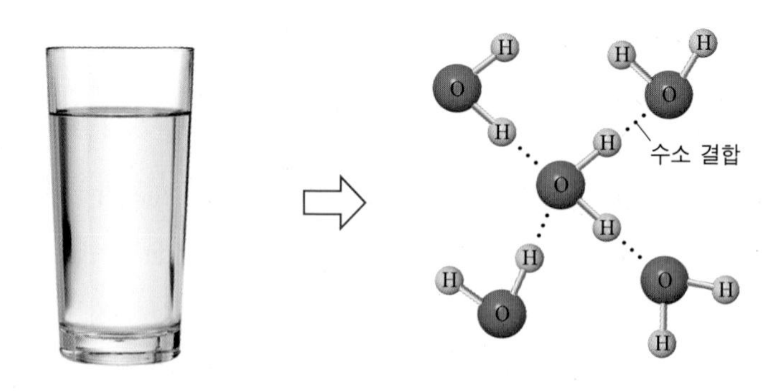

: 물은 물 분자 사이의 수소 결합이 매우 강해 상온에서 액체로 존재한다.

분자들보다 더 잘 뭉친다. 다른 원자에 비해서 상대적으로 전자를 잘 끌어당기는 특성을 가진 산소(O), 질소(N), 플루오린(F) 원자들이 수소(H) 원자와 결합하여 형성된 분자들은 수소 결합을 하고 있다. 그러므로 물에도 수소 결합이 존재한다. 예를 들어서 한 개의 물 분자에 포함된 산소 원자는 분자 자체 내의 수소 원자로부터 전자를 끌어당기기도 하지만, 이웃에 있는 다른 물 분자의 수소 원자까지도 끌어당겨 약한 결합을 하고 있다. 이렇게 물 분자들 사이에 형성되는 약한 결합이 수소 결합이다. 그러므로 물 분자끼리 모여 있으면 자연스럽게 수소 결합이 형성된다.

수소 결합으로 인해서 물은 독특한 성질을 가진다. 한 예로 물의 끓는점은 동일한 분자량을 가진 분자들로 구성된 액체의 끓는점에 비해서 월등히 높다. 일반적으로 액체의 끓는점은 분자량이 비슷한 액체끼리는 거의 같다. 그러나 물은 수소 결합을 하고 있어서 다른 액체에 비해서도 끓는점이 상당히 높은 것이다. 많은 액체는 고체가 되면 부피가 줄어든다. 그러나 물은 액체에서 고체가 될 때 오히려 부피가 늘어난다. 겨울철에 외부에 노출된 수도관의 물이 얼어버리면 수도관이 파열되는데, 이때 수도관마저 찢겨 버리는 것을 보면 부피가 늘어나면서 주위를 밀치는 힘이 엄청나게 큰 것을 볼 수 있다. 수소 결합을 하고 있는 물은 표면장력도 다른 액체에 비해서 유난히 크다. 물보다 밀도가 큰 물체들도 물의 커다란 표면장력이 있기에 떠 있을 수 있다. 컵에 물을 가득 채우고 조심스럽게 페이퍼 클립을 올려놓으면 페이퍼 클립이 가라앉지 않고 물 위에 둥둥 떠 있는 재미난 현상을 관찰할 수 있다. 연못에서 소금쟁이가 물 위를 걸어 다닐 수 있는 것도 물이 표면장력이 큰 액체이기 때문에 가능한 것이다.

: 소금쟁이가 물 위를 걸어다닐 수 있는 것은 물의 표면장력이 크기 때문이다.

수소 결합의 영향: 물의 열용량, 비열, 증발열

물보다 열용량이 큰 물질을 찾기 힘들 정도로 물의 열용량(heat capacity)은 매우 크다. 열용량은 물질의 온도를 1°C 올리는 데 필요한 열이며, 그 물질의 양에 의존한다. 그러므로 열용량의 차이가 있는 두 종류의 일정한 양의 물질에 동일한 크기의 열을 가하면, 열용량이 큰 물질의 온도 변화는 작지만 열용량이 작은 물질의 온도 변화는 크다.

예를 들어 여름철에 햇볕을 받은 모래나 자갈은 뜨거워서 발을 디디기가 어렵다. 그러나 물의 온도는 그렇게까지 많이 올라가지 않는다. 모래와 물의 양(무게 혹은 부피)이 다르므로 비열(specific heat capacity)을 사용하여 비교해 보면 좀 더 이해하기 쉬울 것이다. 비열은 물질 1그램의 온도를 1°C 올리는 데 필요한 열(에너지)이다. 물의 비열은 4.18 joule/g °C이며, 모래의 주성분이 되는 실리콘 산화물의 비열은 0.7~0.84 joule/g °C이다. 이것이 의미하는 것은 물 1그램을 1°C 올리려면 4,18 joule의 에너지가 필요하고, 모래 1그램을 1°C 올리려면 0.7~0.84 joule의 에너지가 필요하다는 말이다. 그러므로 같은 양의 열을 받았을 때 물의 온도가 왜 덜 올라가는지 이해할 수 있을 것이다. 반대로 물의 온도를 1°C 낮추려면 더 많은 열을 물로부터 빼앗아야 한다. 추운 겨울날 물속이 따뜻하게 느껴지는 것도 주위의 물질에 비해 물의 온도가 상대적으로 덜 내려갔기 때문이다. 한편 식용유의 비열은 약 1.5~2.0 joule/g °C로 물보다 작다. 그러므로 프라이팬에서 음식을 조리할 때 기름을 사용하면 물보다 신속하게 온도를 높이는 효과를 볼 수 있다.

우리 몸의 체중의 70퍼센트가 물이라는 사실과 물의 비열이 큰 것은 인간에게는 축복이나 다름없다. 인체는 비열이 큰 물이 주성분인 체액 및 혈액으로 채워져 있어서 한여름의 뜨거운 햇볕에도 체온을 유지할 수 있으며, 추운 겨울의 한파에도 몸이 얼지 않고 버틸 수 있는 것이다. 혈액이나 체액의 주성분이 비열이 작은 액체였다면 인간은 사막이나 극지방에서는 도저히 생존할 수 없었을 것이며, 지구의 기후 변화에 적응하지 못하고 전멸하였을 것이다.

물은 수소 결합으로 인해서 다른 어떤 물질보다 증발열(heat of vaporization)이 크다. 액체 물이 증발하여 기체가 되려면 물 분자 간에 이루어진 수소 결합이 끊어져야 하기 때문에 수소 결합을 하지 않은 비슷한 분자에 비해 열이 더 필요하다. 그러므로 물의 끓는점 역시 100°C로 다른 물질에 비해서 상당히 높다. 수소 결합을 하지 않는 황화수소(H_2S, 물 분자의 O 대신 S가 결합되어 있다.)의 끓는점이 약 -60°C인 것을 생각해 보면 물의 끓는점이 어느 정도 높은지 알 수 있다.

마시는 물

마시는 물에는 다양한 화학 물질이 녹아 있다. 즉 구리, 철, 칼슘을 포함하는 염 혹은 산화물이 물에 녹아 금속 이온이 생성된다. 이러한 무기 금속 이온들이 포함된 물은 맨눈으로 쉽게 구별되지 않고 냄새도 나지 않는다. 또한 물에는 공기 중에 있는 산소와 이산화탄소 같은 기체들도 녹아 있다. 공기 중에 있는 기체들이 물에 녹고, 지각에 포함된 여러 종류의 원소들이 자연스럽게 물에 포함되어 있기 때문이다. 그 중에서 중금속과 유해 유기물들은 정수 과정에서 걸러진다.

: 우리들이 마시는 물

한편 마시는 물은 고형 성분이 눈에 보이지 않아야 된다. 마시는 물에 무언가 떠다닌다면 왠지 꺼림칙할 것이다. 물에 녹지 않은 입자들은 빛을 산란시키기 때문에 빛의 산란 정도를 측정하면 입자들의 양을 측정할 수 있다. 따라서 빛의 산란 정도를 측정하여 마시는 물의 혼탁도 기준을 정한다. 물에 빛을 비추고, 빛을 비추는 방향과 직각인 방향에서 물로부터 산란되는 빛의 양을 측정하면 고형 성분인 입자의 양을 알아낼 수 있다.

만약에 물 안에 빛을 산란시킬 수 있는 고체 입자들이 없다면 빛의 산란은 일어나지 않을 것이다. 그러나 고체 입자들이 있다면 그것의 양에 비례해서 산란되는 빛의 양이 증가할 것이다. 혼탁도를 측정하는 기기를 네펠로메터(nephelometer)라고 하는데, 우리나라에서는 측정된 혼탁도가 0.5 NTU(nephelometric turbidity unit) 이하인 물을 수돗물로 공급하도록 규정하고 있다.

경수와 연수

물에는 흔히 칼슘 이온과 마그네슘 이온이 녹아 있다. 물에 녹아 있는 두 이온의 총 농도를 측정하여 270 ppm(mg/L)을 초과하면 경수라고 하고, 60 ppm 이하가 되는 물은 연수라고 한다. 마시는 물의 기준은 약 300 ppm 이하이다. 우리나라에서 시판되는 생수병에 부착된 물 분석표에는 연수 기준보다 더 작은 농도의 칼슘과 마그네슘 이온이 포함되어 있다. 유럽과 같이 석회암 지대에서 생산되는 물은 이런 금속 이온 농도가 높은 것이 일반적이다.

물의 유해성을 따져볼 때 물에 녹아 있는 화학 물질의 성분도 중요하지만, 더욱 걱정해야 될 것은 병원균의 존재 여부이다. 화학 물질로 오염된 물을 마시면 대개는 오랜 세월이 흐른 후에야 몸에 그 영향이 나타난다. 그러나 박테리아를 비롯한 병원성 세균에 의해 오염된 물을 마시면 즉각적인 위협이 되고, 경우에 따라서는 목숨을 잃는 치명적인 위협이 될 수도 있다. 물론 독성이 강한 화학 물질로 오염된 물을 마시는 경우에도 즉각적인 반응이 올 것이다.

물 = DHMO

물 분자는 수소 2개, 산소 1개로 되어 있으므로, 이를 영어로 적어 보면 'dihydrogen monoxide'가 된다. 약어를 많이 사용하는 추세에 맞추어 앞의 글자만 따서 대문자로 표시하면 DHMO라고 적을 수 있다. 물은 'DHMO'인 셈이다.

2004년에 미국 캘리포니아 주의 어느 마을에서 스티로폼 컵(styrofoam cup)을 없애자는 서명 운동이 있었다. 그 이유는 컵을 만드는 데 유해한 화학 물질 DHMO를 많이 사용하기 때문이라고 하였다. 화학 혹은 화학 물질에 대해서 잘 모르는 일반인에게 물을 DHMO로, 더구나 그 앞에 유해한 화학 물질이라는 형용사를 붙여서 독성 물질로 취급해 버렸다. 일반인들은 내용을 모르므로 DHMO가 마치 대단히 해로운 화학 물질로 오해할 수 있다. 일회용 컵을 없애고 환경운동을 하는 것은 좋은 일이라고 생각하지만, 죄 없는 물을 왜 끌어들였는지 이해할 수 없다. 홍수와 해일로 많은 사람들이 목숨을 잃지만 그렇다고 물을 없애자고 할 수는 없는 노릇 아닌가?

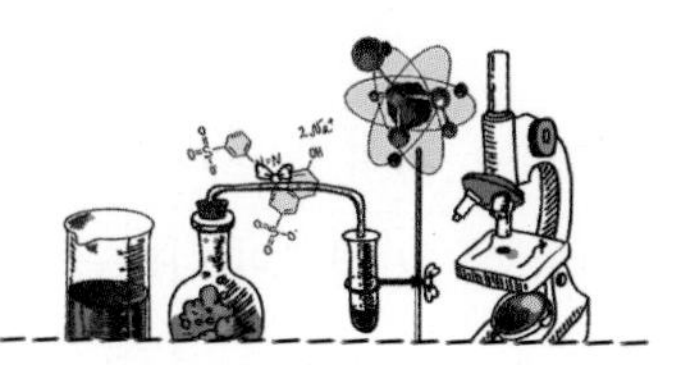

생명의 물질, 물 II

화학자들은 산소 원자 1개와 수소 원자 2개가 결합한 분자인 물을 H_2O라고 적는다. 이 경이로운 물질은 인류와 생명체를 지배하는 물질이라고 해도 과언이 아니다. 아마 물이 없었다면 지구 자체가 없었을 것이다.

물의 양과 순환

지구에 있는 물은 대략 1.36×10^{21}리터로 알려져 있다. 그 중에서 바닷물이 약 97퍼센트로 대부분을 차지한다. 이 밖에 만년설이나 빙하가 약 1.8퍼센트, 지하수가 약 0.9퍼센트, 호수나 강이 약 0.02퍼센트, 구름이나 수증기가 약 0.001퍼센트이다.

: 물은 끊임없이 순환 과정을 반복한다.

물은 끊임없이 순환된다. 물은 증발되어 수증기가 되고 많이 모이면 구름이 된다. 구름이 비가 되어 바닥으로 떨어지면 강이나 바다로 흘러가기도 하고, 땅속으로 스며들기도 한다. 일부는 곧바로 증발이 되며, 일부는 인간과 자연이 이용한 후에 다시 순환 과정을 반복한다.

물의 얼굴; 수증기, 물, 얼음

물은 온도와 압력에 따라서 세 종류의 물리적 형태를 갖는다. 물질의 상(phase) 변화에 따라 하고 있는 모습이 달라 보이는 것이다. 물은 고체인 얼음, 액체인 물, 기체인 수증기로 이름도 다르고, 모양도 다르다. 그 원인은 온도와 압력이 가장 크다. 그 안에 포함된 물 분자는 변함이 없지

: 물은 고체, 액체, 기체의 세 종류의 형태를 갖는다.

만, 온도에 따라서 집합된 물 분자들이 하고 있는 모습은 다르다. 압력에 따라 액체에서 기체로 되는 온도도 다르다. 보통 1기압에서는 100°C에서 끓어서 기체가 되며, 에베레스트 산 정상의 압력인 약 0.33기압에서는 약 70°C에서 끓어 기체가 된다. 그렇지만 아주 깊은 바다의 밑바닥에서는 높은 압력 때문에 약 400°C에서도 끓지 않고 액체로 있을 수 있다.

일반적으로 물질들은 고체에서 액체로, 액체에서 기체로 변하면 부피가 엄청나게 늘어난다. 그 결과 밀도가 작아진다. 밀도는 물질의 중요한 특성 중 하나로, 물질의 단위부피당 무게(g/cm^3)이다. 반대로 기체가 액체로, 액체가 고체로 변하면 밀도는 커진다. 그런데 물은 액체가 고체로 변하면서 밀도는 오히려 작아진다. 일정한 무게의 물이 얼음이 되면 부피가 커진다는 의미이다. 물과 같이 부피가 커지는 특성을 갖는 물질은 갈륨(Ga), 비스무트(Bi), 실리콘(Si), 안티모니(Sb) 등이 있다. 그러므로 이런 특성을 가진 물질들을 낮은 온도에서 보관할 때는 깨지기 쉬운 용기에 보관하는 것을 피해야 한다. 페트병에 생수를 완전히 채우지 않는 것도 다 이유가 있는 셈이다.

물의 밀도, 4°C에서 최대

물의 밀도는 온도에 따라 변하며, 4°C에서 최대로 큰 값을 갖는다. 물의 밀도가 4°C에서 최대가 된다는 사실은 정말 대단하고 놀라운 일이 아닐 수 없다. 예를 들어 25°C의 물이 4°C에 도달할 때까지는 밀도가 커진다. 밀도가 크다는 것은 같은 부피라면 더 무겁다는 말이다. 그러므로 겨울철이 되면서 표면에 노출되어 온도가 낮아진 물은 무거워져서 밑으로 가라앉게 되고, 밑에 있는 아직은 기온이 덜 내려간 밀도가 작은 가벼운 물은 표면으로 올라오게 된다. 기온 변화로 인해서 물의 밀도 차이가 발생하면서 자연적인 대류가 이루어지는 것이다. 그런데 물의 온도가 4°C 이하로 더 낮아지면 물의 밀도는 다시 감소한다. 밀도가 감소하여 가벼워진 물은 더 이상 밑으로 내려가지 못하게 된다. 밑으로 내려가지 못한 표면의 물은 계속해서 온도가 내려가서 0°C에 도달하면 얼기 시작한다. 호수나 강의 물이 표면에서부터 얼음을 형성하는 이유도 이 때문이다.

만약 물의 밀도가 지금처럼 4°C에서 가장 큰 값을 갖지 않고, 온도가 내려갈수록 증가하면 지구 상에 매우 참담한 결과를 초래할 것이다. 왜냐하면 밀도가 큰 차가운 물이 밑바닥에 쌓여서 밑에서부터 얼음이 형성되는 일이 벌어질 것이기 때문이다. 이 경우, 단 한 번이라도 기온이 0°C 이하로 내려간 곳의 모든 호수 혹은 강 전체는 얼음 덩어리로 채워졌을 것이며, 그 안에 있던 모든 생명체들도 얼어 죽었을 것이 분명하다. 겨울철 낚시도 물의 독특한 특성으로 인해서 가능한 것이다. 얼마나 놀랍고 경이적인 일인가? 물의 밀도가 4°C에서 최대로 된다는 사실이 말이다.

: 겨울철 호수의 모습

물의 열 완충 작용

물의 또 다른 중요한 역할은 열을 조절하는 것이다. 액체 상태로 있는 물의 온도를 올릴 때는 열을 가하고, 온도를 낮출 때는 열을 빼앗아야 한다. 그런데 같은 온도에서 상 변화가 일어날 경우에도 열에너지의 출입이 있다. 예를 들어서 0℃의 얼음을 0℃의 물로 변화시키려면 얼음에 열(에너지)을 가해야 되고, 반대로 0℃의 물을 같은 온도의 얼음으로 변화시키려면 물에서 열(에너지)을 빼앗아야 한다. 또한 100℃의 물을 100℃의 수증기로 변화시키려면 열을 가해야 되고, 100℃의 수증기를 100℃의 물로 만들려면 열을 빼앗아야 한다. 이렇게 같은 온도에서 상을 변화시키기 위해서 출입하는 열을 잠열(latent heat)이라고 한다.

지구에 있는 물이 상 변화를 겪으면서 출입하는 열도 적지 않을 것이다. 겨울철 얼음이 녹을 때는 공기에 있는 많은 열이 얼음으로 이동된 것이며, 마찬가지로 얼음이 얼 때는 물에서 공기 중으로 많은 열이 방출된 것이다. 여름철에 뜨거운 햇볕(열)에도 공기의 온도가 급상승하지 않는 것도 물이 있어서 가능하다. 즉 물이 증기로 변화할 때 혹은 얼음이 물로 변화할 때 열(잠열)을 많이 흡수하기 때문에 공기의 온도가 급상승하지 않는 것이다. 반대로 겨울철에는 증기가 물로, 물이 얼음으로 변화할 때 열의 방출이 있어 공기의 온도가 급격히 내려가는 것을 막아 준다. 다시 말해서 물은 대기의 온도 변화에 대한 완충제 역할도 훌륭히 해내고 있는 것이다. 만약에 물이 없다면 계절 변화에 따른 온도 변화도 더욱 심해질 것이 분명하다. 주변에 물이 거의 없는 사막의 낮과 밤의 온도 차이가 매우 큰 것도 이러한 물의 완충작용이 없기 때문이다.

이산화탄소의 녹임

물은 다양한 물질을 녹일 수 있는 용매이다. 그 중에서 대기 중에 있는 기체를 녹일 수 있다. 기체가 액체에 녹을 때에는 압력이 클수록, 온도가 낮을수록 더 많이 녹는다. 예를 들어서 표준 상태(25°C 1바(bar))에서 물에 녹는 산소(O_2)의 양은 약 8.3 ppm(8.3 mg/L)이다. 지구 온난화의 주범으로 지목된 이산화탄소(CO_2)는 약 1,400~1,500 ppm(1.45 g/L)으로 산소보다 훨씬 더 많이 물에 녹는다. 그것은 이산화탄소가 물과 반응하여 탄산을 생성하기 때문이다. 물에 이산화탄소가 많이 녹는다는 것도 지구 환경에 도움이 된다. 자연이 우리의 짐을 덜어 준 셈이다. 또한 극성을 띤 분자들도 물에 잘 녹는다.

: 물은 인간을 비롯해 지구 생명체의 기본이 되는 화학 물질이다.

앞에서도 이야기하였듯이 몸무게의 약 60~70퍼센트는 물의 무게이다. 만약 60킬로그램 몸무게의 성인이라면 약 40킬로그램의 물을 몸에 달고 다니는 셈이다. 그러므로 몸에서 첫 번째로 많은 비중을 차지하고 있는 원소는 산소, 세 번째가 수소로 물 분자의 원자들이다.

물은 길이 막히면 돌아가고, 항상 낮은 곳을 향해서 흐른다. 따라서 몸의 대부분을 구성하는 물처럼 사는 것은 자연의 순리를 따르는 가장 좋은 일일 듯하다. 또한 물의 순환을 생각하면 인간을 포함한 지구의 모든 생물들은 모두 물로 연결되고, 물을 나누며 살고 있는 이웃들인 것이다.

인공감미료의 대명사, 사카린

영양실조라는 말이 흔하던 가난한 시절에는 설탕물 한 잔이 마치 만병통치약처럼 사용된 적도 있다. 그러나 요즘에는 당뇨 환자의 수가 증가하면서 설탕을 기피 물질로 생각하고 있다. 이 때문에 설탕을 대신하여 단맛을 내는 합성 감미료가 많이 사용되고 있다. 과다한 설탕 섭취는 목숨을 위태롭게 하기도 하고, 심지어 죽음에 이르게도 한다. 설탕이라고 얕보아서는 안 되는 것이다. 그런 면에서 세상에 존재하는 모든 물질은 적절한 수준으로, 적절한 시기에, 적절한 곳에 사용하지 않으면 예외 없이 독성을 나타낼 수 있다고 보아도 틀리지 않다. 반면에 독도 잘 활용하면 약이 된다. 따라서 물질 자체가 좋고 나쁘다는 판단은 가급적 삼가야 한다. 물질은 그냥 물질일 뿐이다. 그것을 사용하는 사람들이 목적에 맞게 사용했는지 여부가 더 중요하다는 말이다.

사카린의 발견

사카린(saccharin)은 라틴어로 '설탕'이라는 의미를 갖고 있다. 1960년대에는 설탕이 귀해서 명절에 주고받는 인기 있는 선물 중 하나였다. 값도 비쌌기 때문에 설탕 대용으로 뉴슈가(new sugar)라는 흰색의 분말이 판매되었다. 뉴슈가 분말은 조금만 녹여도 단맛이 무척 강하게 느껴지지만 그 분말을 그냥 입에 털어넣으면 오히려 쌉쌀한 맛이 났다. 그 분말은 다름 아닌 대표적인 합성 감미료인 사카린이었다.

사카린은 가장 오래된 합성 감미료로, 존스홉킨스대학교의 화학과 교수인 램슨(Ira Remsen)과 그의 제자인 팔베르크(Constantin Fahlberg)에 의해 처음 합성되었다. 팔베르크는 미국으로 유학 온 독일인이었다. 그는 타르에 포함된 화학 물질인 톨루엔 설파제(toluene sulfonamides)의 산화 반응을 연구하고 있었는데, 어느 날 실험 후에 손을 씻지 않고 맨손으로 샌드위

: 사카린의 분자 구조. 사카린은 단맛이 나는 대표적인 합성 감미료이다.

치를 먹던 중 강한 단맛을 느꼈다. 특별히 단맛을 내는 물질이 없는데 단맛이 나니 이상한 생각이 들었다. 그의 호기심은 단맛의 정체, 즉 그것이 사카린이라는 것을 밝혀냈다. 그는 이 발견을 1879년에 지도교수와 함께 논문으로 발표하였다. 그리고 설탕 가격이 불안정하였던 시절이므로 설탕을 대신해서 단맛을 내는 물질로서 사카린의 값어치를 알아차리고 독일에서 특허를 출원하였다. 그것도 지도교수의 이름을 빼고 말이다. 이렇게 해서 독일에서 사카린의 대량 생산이 이루어졌다. 팔베르그는 특허료로 많은 돈을 벌었지만 지도교수와는 평생 사이가 멀어졌다.

몬산토의 첫 작품도 사카린

1900년 초부터 미국에서도 사카린의 생산이 시작되었다. 제약회사의 구매담당 직원이었던 퀴니(John F. Queeny)가 부인과 함께 회사를 차려서 사카린을 생산하기 시작한 것이다. 이 회사가 현재 세계적인 다국적 화학회사로 성장한 몬산토(Monsanto)이며, 그 거대 기업의 첫 번째 제품이 사카린이다. 몬산토라는 회사명은 퀴니의 부인의 결혼 전 성에서 따온 것이다.

당시 사카린을 대량 생산할 수 있었음에도 불구하고, 건강한 사람에게 판매할 수 없다는 법이 만들어졌다. 설탕 제조업자의 막강한 로비가 있었고, 설탕 판매가 부진할 경우 관련 세금이 줄어들 것을 우려하였던 정부의 이해가 맞아떨어졌기 때문이었다. 그래서 미국에서는 처음부터 사카린의 판매가 부진하였다.

사카린의 합성과 특성

사카린은 톨루엔(toluene)을 출발물질로 처음 제조되었다. 그러나 수율(yield)이 신통치 않아서 그 후 다른 출발물질을 사용해서 수율을 개선하였다. 수율이란 화학 반응에서 반응물로부터 생성물이 얼마나 형성되는지를 나타내는 지수이다. 그러므로 100퍼센트 수율은 반응물 모두가 생성물로 변환된 것을 의미한다. 그렇지만 여러 단계를 거치는 화학 반응의 특성상 100퍼센트 수율을 달성하는 것은 거의 불가능하다. 각 단계마다 모두 100퍼센트 수율이 되기도 어렵지만, 한 단계라도 반응 수율이 급감하면 전체 수율이 급격히 낮아지기 마련이다.

사카린 자체는 물에 잘 녹지 않지만, 시판되는 사카린은 나트륨 염 형태로 제조되기 때문에 비교적 물에 잘 녹는다. 보통 실온에서 물 100밀리리터(mL)에 약 67그램 녹는데, 같은 부피의 물에 소금이 약 36그램 녹는 것을 보아 사카린이 얼마나 물에 잘 녹는지 알 수 있다. 이러한 특성 때문에 사카린 나트륨 염은 차가운 물에서도 비교적 잘 녹는다. 물에 녹일 필요가 있는 염들을 주로 나트륨 염으로 많이 제조하는 것도 이 때문이다. 특별히 나트륨 이온에 문제가 있는 경우에는 다른 금속 이온으로 대체해서 만든다.

사카린은 설탕을 가급적 피하고 싶은 당뇨 환자에게 좋다. 또한 칼로리가 적기 때문에 체중 감량을 원하는 사람들에게도 좋다. 사카린은 설탕보다 단맛이 약 300~350배 강하다고 알려져 있어 사카린을 사용하면 훨씬 적은 양으로도 같은 수준의 단맛을 낼 수 있다. 또한 사카린은 열에 비교적 안정하고 음식의 다른 성분과 잘 반응하지 않는 장점이 있다. 그러므로 열을 가하면서 조리하는 음식에도 사용될 수 있다.

설탕보다 단맛이 강하다는 것은 개인차를 고려해 보면 주관적인 수치일 수 있다. 또한 많은 특정 물질에서 단맛을 느끼는 정도도 개인별로 다를 것이다. 매운 맛을 비교하는 단위로는 스코빌(scoville)이 있지만 단맛은 별도로 정해진 단위가 없다. 수용액에 녹아 있는 설탕의 양을 재는 척도로 브릭스(Brix, Bx°)라는 단위가 있는데, 1브릭스는 100그램의 용액에 1그램의 설탕이 포함된 것을 의미한다. 용액에 포함된 설탕의 양은 설탕물의 비중을 일정 온도에서 측정하고, 설탕물 표준 용액의 비중과 비교해서 짐작해 볼 수 있다. 또한 설탕물의 굴절률을 측정해서 표준 설탕물의 굴절률과 비교하면 설탕의 양을 짐작할 수 있다.

⁝ 사카린은 칼로리가 적어 당뇨 환자에게 좋다.

또 다른 인공감미료, 아스파테임

또 다른 인공감미료인 아스파테임(aspartame)은 열에 의해 쉽게 분해된다. 이 때문에 열을 가해서 조리하는 음식에는 사용할 수 없다. 아스파테임은 아스파틱산(aspartic acid)과 페닐알라닌(phenylalanine)이라는 2개의 자연산 아미노산이 결합된 다이펩타이드(dipeptide)이다. 우리나라에서는 '화인스위트'라는 상품으로 생산, 판매되고 있다. 이것도 설탕보다 약 200배 달다고 알려져 있다. 칼로리는 설탕과 비슷하지만(4 Kcal/g) 소량으로 원하는 단맛을 낼 수 있어 다이어트용 식품에 많이 사용된다.

아스파테임 역시 사카린과 비슷한 과정을 거쳐서 발견되었다. 슐레이터(James M. Schlatter)는 위염 치료에 필요한 약을 개발하는 연구자였는데,

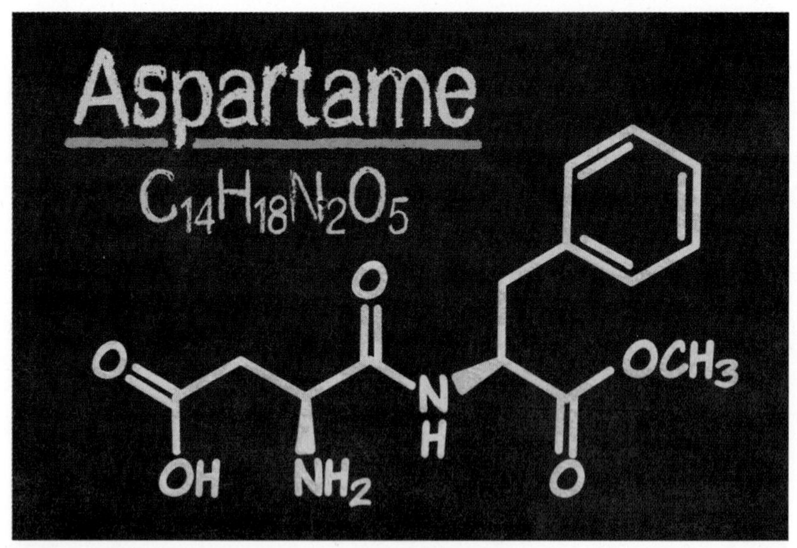

: 아스파테임의 분자식과 분자 구조

유기 합성 실험을 한 후에 손을 잘 씻지 않았고, 그것이 아스파테임을 발견하는 행운으로 연결된 것이다. 그러나 모든 화학실험을 한 후에는 반드시 손을 씻어야 한다. 그렇지 않으면 매우 불행한 상황에 빠질 수 있는 경우가 더 많으니 말이다.

사카린과 암은 무관

사카린이 인체에 영향을 미친다는 논란은 사카린이 처음 나올 때부터 있어 왔다. 캐나다에서 발표된 한 연구결과에 따라 1977년에 캐나다와 미국에서는 사카린을 식품첨가제로써 사용하는 것을 금지하였다. 다만 개인적으로 사용하는 것은 허용하였다. 그런데 연구결과라는 것이 정말 이상하였다. 사카린을 먹인 실험동물(쥐) 집단에서 방광암의 발생이 증가하는 것을 관찰하였다는 것이다. 이 연구는 마치 사카린의 부정적인 면을 부각시키기 위해서 일부러 연구한 의도가 아닐까 싶을 정도로 아주 이상하였다. 이 연구에서는 음료수 약 800개에 들어 있을 분량의 사카린을 매일 실험동물에 투여해서 실험을 하였다는 것이 밝혀졌다. 실험동물에게 어떤 물질이라도 그 정도의 양을 투여하였다면 틀림없이 어떤 병이 생겼을 것이다. 이런 실험을 인간을 대상으로 할 수는 없겠지만, 만약 그런 실험을 인간을 대상으로 하였다면……. 상상만으로도 끔직하다.

국내에서도 허용

그 후 많은 연구결과들이 발표되었고, 사카린이 인체에 미치는 영향이 제한적이라는 것이 밝혀졌다. 결국 미국에서는 사카린 사용을 금지하는 법률을 1991년에 폐기하였다. 그 후 약 10년 뒤인 2000년에는 암을 일으킬 수 있는 발암물질 명단에서도 공식적으로 사라졌다. 현재 사카린이 첨가된 식품에는 주의 문구만 들어 있는 것을 볼 수 있다. 2014년에 우리나라에서도 식품에 첨가할 수 있는 사카린 양의 기준을 정하여 사용을 허가하였다.

사카린은 열량이 거의 없는 합성 감미료의 시조가 되는 물질이다. 사카린 이야기는 순수하게 진행된 대학의 연구결과가 상업화되면서 많은 돈을 벌은 하나의 예이기도 하다. 자기 일에 몰두하여 열심히 일하는 연구자들에게 하늘은 보답을 하는 것 같다. 그것도 설탕보다 진한 단맛으로…….

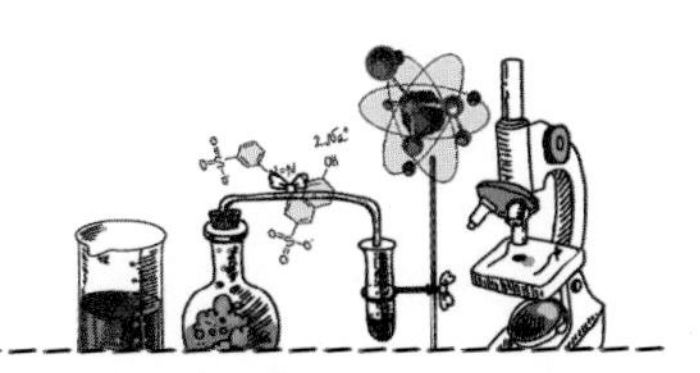

과유불급, 소금

소금을 과량 섭취하면 고혈압에 걸릴 확률이 높다고 한다. 우리나라 사람들의 소금 평균 섭취량은 하루 약 15~20그램으로 미국인의 평균 섭취량 약 10그램, 일본인의 평균 섭취량 12그램보다 많다. 하루 권장 섭취량이 약 6그램 이하이므로 짜게 먹는 것은 틀림없다. 그것은 아마도 김치, 된장국과 같은 우리 전통 음식에 소금이 많이 들어 있는 것도 한 원인이 될 것이다. 특히 국 문화도 한몫하는 것 같다. 싱거운 국일지라도 국물을 남기지 않고 먹는다면 그 안에 녹아 있는 소금을 모두 먹는 것과 같다. 짠 국의 국물을 조금 먹는 것보다 소금 섭취량이 더 많을 수 있다는 말이다.

소금의 어원과 생산

소금은 영어로 'salt' 혹은 'table salt'라고 한다. "군인(soldier)은 소금을 준다."라는 의미를 지닌 라틴어 'sal dare'에서 파생되었다고 하며, '봉급(salary)'이라는 단어도 '소금(sal)'에서 파생되었다고 한다. 세상에서 반드시 필요한 사람을 소금에 비유하는데, 그만큼 소금은 우리 생활에 없어서는 안 될 꼭 필요한 화학 물질인 것이다.

염전에서 바닷물을 증발시키면 소금을 생산할 수 있다. 암염(rock salt, 혹은 halite)을 수확하는 곳도 수백만 년 전에는 바다였다. 바닷물이 증발하

: 사해 바다의 소금

고 남은 것들이 돌덩이처럼 굳어진 것이 암염이다. 그러므로 모든 소금의 고향은 결국 바다라고 할 수 있다. 바닷물에 포함된 염분의 농도는 약 3.5퍼센트이다. 사람의 몸이 둥둥 뜬다고 하는 사해의 농도는 그것보다 약 10배 진하다. 그러나 사해에서 생산된 염의 경우에 순수한 소금(염화나트륨, NaCl)은 약 12~18퍼센트이다. 그러므로 사해에서 얻은 염은 식탁에서 사용하는 소금보다 짠맛이 덜 하고 오히려 쓴맛이 강할 것으로 예상된다. 사해도 물이 계속해서 증발된다면 먼 훗날에 암염을 생산할 수 있는 장소로 둔갑할 것이다. 바닷물을 증발시키고 나면 약간 쓴맛을 지닌 마그네슘과 칼슘의 화합물이 소량 포함된 회색의 결정을 얻을 수 있는데 이것이 소금이다. 거친 소금을 여러 번 정제하면 순수한 소금을 얻을 수 있다. 암염도 물에 녹이고 다시 증발시키는 재결정 과정을 반복하면 순수한 소금이 된다.

용해도

다른 화합물과 마찬가지로 소금도 특정한 온도에서 최대로 녹을 수 있는 농도(포화 농도) 이상은 녹지 않는다. 그러므로 물이 증발하여 포화 농도에 도달하면 용액에서 소금 결정이 석출된다. 결정이 천천히 형성되면 비교적 순수한 결정을 얻을 수 있는데, 이 과정에서 다른 불순물들이 결정에서 제외되는 일이 발생

: 소금은 특정한 온도에서 최대로 녹을 수 있는 농도 이상은 녹지 않는다.

하는 것이다. 즉 같은 크기와 전하를 가진 이온들이 격자(lattice)를 이루어 결정을 형성하려는 경향 때문에 다른 크기와 전하를 지닌 이온들은 자연스럽게 배척된다. 실험실에서 불순물이 포함된 결정은 재결정 과정을 거쳐서 보다 순수하게 만들 수 있는데, 순도가 낮은 결정을 적절한 용매에 완전히 녹인 후에 용매를 서서히 증발시켜 포화 농도에 도달하게 하여 결정을 얻는 것이다. 이때 결정의 순도는 처음 것보다 높다. 이러한 재결정 과정은 염을 비롯한 고체 화합물의 순도를 높이는 수단으로 이용되고 있다.

소금의 용도

부엌에서 소금은 음식의 간을 맞추는 데 이용된다. 간이 맞지 않으면 음식 맛을 제대로 느낄 수 없다. 짠맛은 인간이 느끼는 기본적인 4가지 맛(단맛, 짠맛, 신맛, 쓴맛) 중에서도 가장 기본이 되는 맛이다. 소금은 대체로 쓴맛은 줄여 주고 단맛은 더 증진시켜 준다고 한다. 소금을 구성하는 양이온인 나트륨 이온(Na^+)은 쓴맛을 줄여 주며, 리튬 이온(Li^+)도 같은 기능이 있다는 것이 밝혀졌지만 그 이유는 아직 밝혀내지 못하였다. 팥죽을 먹을 때 소금을 약간 뿌려 먹으면 그냥 먹을 때보다 훨씬 단맛이 나는 것도 이 때문이다. 그러므로 단맛의 대명사처럼 여겨지는 초콜릿에도 소금이 들어 있다는 것이 이상할 리 없다.

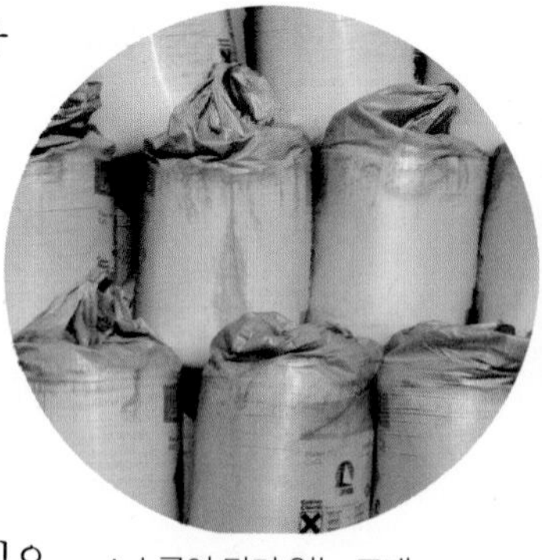

: 소금이 담겨 있는 포대

소금은 인류가 알아낸 최상의 조미료라고 할 수 있으

며, 소금을 빼고 삶을 이야기할 수 없을 정도로 이미 소금은 우리 삶의 필수품이 되었다. 전 세계에서 생산된 소금 중 음식용으로 사용되는 것은 약 18퍼센트이고, 나머지는 산업에 필요한 기초 화학 물질을 생산하는 데 사용된다. 예를 들어서 염소(Cl_2)와 수산화나트륨($NaOH$)과 같이 산업에 필요한 기초 화학 물질은 소금물을 전기분해하여 얻는다.

: 겨울철에 빙판을 제거하기 위해 도로에 공업용 소금을 뿌린다.

겨울철에 빙판을 제거하기 위해서 도로에 소금을 뿌리는 경우도 있다. 공업용 소금의 약 50퍼센트 이상이 도로의 얼음을 제거하는 데 사용된다. 소금이 포함된 물의 어는점은 순수한 물의 어는점(0°C)보다 약 10도 더 낮다. 소금의 농도에 비례해서 물의 어는점이 내려가는데, 기온이 0°C 이하로 내려가는 겨울철에 바닷물이 얼지 않는 것도 이 때문이다. 강물에도 각종 염들이 녹아 있기 때문에 영하의 기온이 한참 동안 지속되어야 얼기 시작하는 것이다.

소금의 특성 및 역할

염(salt)은 일반적으로 양이온과 음이온이 결합된 결정성 화학 물질이다. 소금도 양이온(Na^+)과 음이온(Cl^-)이 결합된 결정이므로 염의 한 종류이다. 실험실에서 염산(HCl, 산)과 수산화나트륨(NaOH, 염기)을 반응시키면 소금(NaCl)과 물(H_2O)이 생성된다. 염화칼슘($CaCl_2$), 염화포타슘(KCl), 황산마그네슘($MgSO_4$) 등의 염도 산과 염기를 반응시켜 얻을 수 있다. 반응으로 생성된 소금이 물에 녹아 있어서 눈에 보이지 않을 뿐이다. 만약에 포화 농도 이상으로 소금이 있다면 석출되어 눈에 보일 것이다. 소금은 실온에서 물 1리터에 약 360그램 녹으며(용해도), 높은 온도에서는 더 많이 녹는다.

불순물을 포함한 소금 결정은 물을 흡수하는 성질이 있다. 그러므로 적절한 수분을 유지하거나 액체의 점도를 맞추기 위해서 음식이나 공산품에 일부러 소금을 첨가하기도 한다. 적절한 점도를 유지하기 위해서 샴푸에도 소금을 첨가한다.

배추를 절일 때 사용하는 소금이나 팝콘 혹은 감자칩에 뿌려진 소금은 모두 같은 성분의 염화나트륨이다. 다만 용도에 따라 결정 크기가 다를 뿐이다. 결정의 크기가 다르면 일정한 부피를 가진 스푼에 담을 수 있는 소금의 무게가 다를 수 있다. 그러므로 스푼당 덜 짠 소금이라고 광고하는 제품은 결정 크기가 다른 것을 이용해서 소비자의 눈속임을 유도하는 것으로 볼 수 있다. 무게가 같은 소금이라면 당연히 거기에 포함된 나트륨 이온의 양도 같을 것이다. 즉 소금(NaCl, 분자량 58.44그램) 10그램 중에 나트륨 이온이 약 3.94그램(약 40퍼센트)인 것은 변하지 않는 사실이다.

염소 이온과 부식

소금의 음이온인 염소 이온은 금속의 부식을 촉진시킨다. 겨울철 소금을 많이 뿌린 도로를 주행하였거나 운행 중에 바닷물에 접촉되었다면 반드시 자동차의 밑부분까지 세차를 하는 것이 좋다. 서해안 섬으로 연결된 육지의 도로변에 세차장이 많은 것도 그런 이유이다. 즉시 세차를 해서 염소 이온을 제거하면 자동차의 철판 부식을 조금이라도 줄일 수 있다. 겨울철 추운 지방에서 많이 운행된 자동차의 부식은 따뜻한 지역에서 운행된 같은 자동차의 부식보다 훨씬 심하다. 그것도 도로에 많이 뿌려진 소금으로 인한 것이다.

이온 농도의 중요성

탈수 증세가 있는 환자의 혈관에 주사하는 생리식염수 혹은 눈을 씻기 위해서 눈에 넣는 인공눈물의 염의 농도는 0.9퍼센트로 모두 혈액의 소금 농도와 같다. 체내에서 신경전달에 관여하는 나트륨 이온, 포타슘 이온, 칼슘 이온 등은 인체에 꼭 필요한 금속 이온들이다. 2007년도 미국에서 열린 물 마시기 대회에서 한꺼번에 너무 많은 물을 마신 사람이 죽었는데, 이 사람은 화장실을 가지 않고 경쟁을 벌이다 몸에 필요한 이온 농도가 너무 낮아져 사망에 이른 것이다. 몸속에 필요한 이온 농도가 적정하게 유지되는 것이 얼마나 중요한지를 일깨워 주는 사건이었다.

체내에 필요한 나트륨 이온은 음식에 포함된 혹은 뿌려진 소금으로 충족된다. 나트륨 이온과 포타슘, 칼슘 이온

: 바나나와 당근은 포타슘 이온이 풍부하여 소금의 나트륨 이온과의 균형을 맞춰 주는 좋은 식품이다.

역시 음식과 함께 몸으로 들어온다. 예를 들어 포타슘 이온은 사과, 바나나, 감자, 당근 등과 같은 과일과 채소에 풍부하게 들어 있다. 특히 바나나는 포타슘 이온이 나트륨 이온보다 약 400배 이상 많이 포함되어 있다. 음식의 간을 맞추려고 소금을 치지만, 포타슘 이온이 많이 들어 있는 음식에 소금을 뿌리면 포타슘 이온과 나트륨 이온의 균형을 맞추는 부수적인 효과도 있다. 그러나 소금을 너무 많이 뿌리면 두 이온 간의 균형이 깨져 건강에도 좋지 않다. 두 이온 간의 불균형이 심해지면 사망할 수도 있다. 한때 사형수를 처형할 때 혈액에 염화포타슘(KCl) 용액을 주사한 적도 있다고 한다.

보존제의 역할

예전부터 식품을 오랫동안 보존 혹은 저장할 때 소금을 사용하였다. 식품을 소금에 절이면 삼투 현상으로 식품 재료에서 물이 빠져나간다.

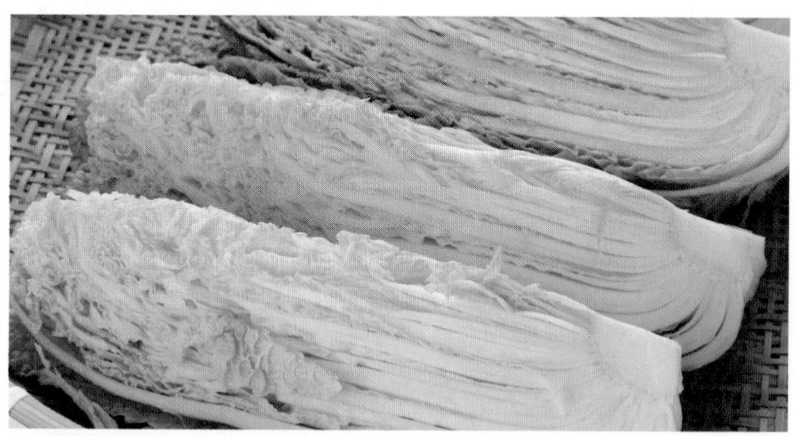

: 배추를 소금물에 절이면 삼투 현상으로 배추에서 물이 빠져나가 숨이 죽는다.

앞에서도 이야기하였듯이 배추를 소금물에 절이면 배추에서 물이 빠져나가 배추의 숨이 죽은 것을 경험해 보았거나 이미 알고 있을 것이다. 마찬가지로 박테리아, 곰팡이와 같은 병원체들도 자기들의 세포 내 전해질 농도보다 진한 농도의 소금물과 접촉되면 세포 내의 물이 빠져나간다. 그 결과 세포 내의 심각한 물 부족으로 더 이상 생존이 불가능해진다. 더구나 주변 환경(식품 재료)마저 물이 부족한 상태가 되므로 그들로 보면 엎친 데 덮친 격이다. 병원체들이 죽어 없어지거나 활동을 못하므로 식품을 상하게 만드는 원인이 제거된 것이다. 이를 이용해 오랫동안 식품 보존을 가능하게 하는 것이다.

식탁용 소금의 첨가 물질들

순수한 상태의 소금 결정은 물을 흡수하는 정도(조해성, deliquenscence, hygroscopic)가 크지 않다. 그렇지만 소금에 포함된 조해성 염($MgCl_2$,$CaCl_2$) 때문에 소금이 뭉쳐지는 일이 일어난다. 그러므로 식탁용 소금에는 소금이 서로 뭉치지 않고 잘 흘러내릴 수 있도록 고화방지제(anti-caking agent)를 첨가하거나 잘 말린 곡식 알갱이를 소금 통에 함께 섞어 놓는다. 그 결과 고화방지제 염($MgCO_3$, $CaCO_3$, $AlNa_{12}SiO_5$)이 섞인 소금은 소금 용기의 작은 구멍으로도 쉽게 빠져나올 수 있다. 고화방지제도 물을 흡수하는 성질이 있지만 물에 녹지 않기 때문에 소금이 건조한 상태로 유지되는 것이다. 즉 자신이 물을 꽉 잡고 있어 주변에 있는 소금이 녹지 못하는 것이다. 소금 통에서 물에 녹는 염과 녹지 않는 염의 차이가 만들어 낸 재미난 현상이다.

소금에 아이오딘화나트륨(NaI), 아이오딘화포타슘(KI)을 첨가하는 이유는 아이오딘을 섭취하기 위한 것이다. 아이오딘은 갑상샘 호르몬인 티록신을 형성할 때 반드시 필요한 화학 물질로 미역이나 다시마 같은 해초에 많이 들어 있다. 우리는 하루에 약 2밀리그램의 아이오딘이 꼭 필요하다. 해초에 알레르기 반응이 있는 사람들 혹은 오지에서 해초를 보기도 힘든 사람들에게 아이오딘이 첨가된 소금은 그야말로 보약인 것이다.

그런데 우리나라에서는 건강에 좋다고 혹은 병을 치료하는 효과가 있다고 죽염에 푹 빠진 사람들이 있다. 죽염은 소금을 대나무에 넣고 높은 온도에서 몇 번씩 가열해서 생산한다. 따라서 대나무에 본래 들어 있던 무기 이온들이 금속 산화물로 소금에 일부 포함될 수는 있을 것이다. 그렇다고 죽염을 계속해서 먹어도 해가 없다거나 혹은 죽염을 마치 만병통치약처럼 말하는 것은 과학상식에 어긋나는 일이다.

소금은 왜 고혈압을 유발할까?

소금을 지나치게 많이 먹으면 고혈압이 된다. 이 때문에 고혈압 환자들은 혈액 내의 나트륨 이온 농도가 높다. 소금을 많이 먹으면 혈액의 일정한 이온 농도를 유지하기 위해 더 많은 물이 혈관으로 유입된다. 이와 동시에 이온 농도가 큰 혈액과 접촉하는 세포로부터 삼투 현상이 일어나 물이 혈관으로 이동한다. 그렇게 되면 혈관이 허용할 수 있는 부피보다 더 많은 양의 액체를 감당해야 되므로 혈관에 부하가 걸리게 된다. 다시 말해서 늘어난 물 부피만큼 혈관벽에 압력이 더 걸리면 고혈압이 되는 것이다. 물론 단순히 소금에게 모든 고혈압의 원인을 덮어씌워 비난을 펴부을 수는 없다. 나트륨 이온을 줄이는 것 못지않게 포타슘 이온과 칼슘 이온의 농도를 증가시키는 것도 중요하다는 연구결과들이 속속 발표되고 있기 때문이다.

지금은 거의 없겠지만, 예전에는 가게에 첫 손님이 들러서 물건도 사지 않고 나가면 가게주인이 곧바로 소금을 뿌리는 경우가 많았다. 아마도 소금을 뿌리면 재수 없는 일을 제거할 수 있다는 미신으로부터 비롯된 것이라 짐작된다. 반면에 서양에서는 소금을 엎지르면 불길한 일이 벌어질 징조라고 여겨왔다. 화학 물질인 소금을 가지고도 해석을 다르게 하는 것은 문화의 영역이지만 소금의 과학적 용도와 역할은 동서양이 다르지 않다.

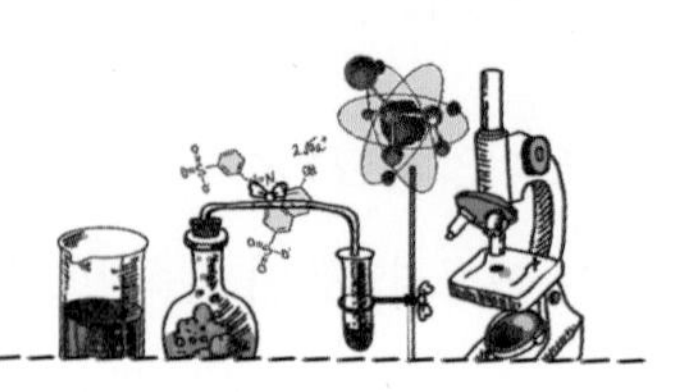

유혹하지 마세요, 초콜릿

매년 2월 14일 밸런타인데이가 돌아오면 동네 빵집은 물론 선물가게들은 초콜릿으로 넘쳐난다. 밸런타인데이는 그리스도교의 성인 발렌티노(Valentinus, 밸런타인은 영어 발음)의 축일로, 오늘날에는 연인들이 카드나 선물을 주고받는 날로 알려져 있다.

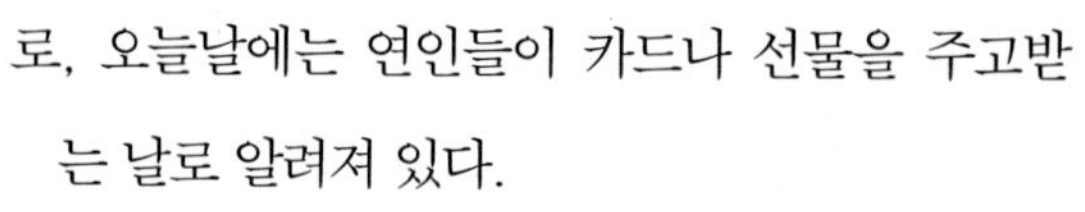

특히 우리나라에서는 여성들이 사랑을 고백하는 날로, 초콜릿을 선물하는 것이 성행하고 있다. 그런데 당시 감옥에 갇혀 있는 밸런타인 신부에게 연인이었던 간수장의 딸이 초콜릿을 선물할 수는 없었을 것 같다. 요즈음에는 밸런타인데이에 벌어지는 초콜릿과 연관된 지나친

: 초콜릿의 원료가 되는 코코아 열매(코코아나무)

상술을 못마땅하게 생각하는 사람들도 많다. 그러나 연인이 있는 젊은이들은 여전히 밸런타인데이가 되면 초콜릿 선물을 기대한다.

초콜릿의 생산지

초콜릿의 원료로 사용되는 코코아(혹은 카카오) 열매는 코코아나무(혹은 카카오나무, Theobroma cacao)에서 얻는다. 코코아나무는 적도를 중심으로 위도 20도 이내 지역에서 재배되며, 15°C 이하에서는 키우기 어렵다. 이 때문에 초콜릿은 주로 브라질, 멕시코, 서부아프리카 등에서 재배된다.

코코아 열매로 만든 음료수는 약간 씁쓸한 맛이 나는데, 원주민의 언어로 초콜릿은 쓴 물이라는 의미를 지닌다. 쓴 물은 처음에는 지배 계급을 위한 음료수로 이용되었으며, 한때는 최음제라고 생각하여 여성이 마시는 것을 금지한 적도 있다.

초콜릿과 비만

초콜릿은 미각, 촉각, 후각을 자극하여 자꾸만 손이 가게 만든다. 초콜릿은 단백질 8퍼센트, 탄수화물 60퍼센트, 지방 30퍼센트로 구성된 이상적인 식품 중 하나이다. 실험실에서 초콜릿을 분석한 결과, 초콜릿에는 약 300여 종류의 화학 물질이 들어 있으며, 3대 영양소로 알려진 단백질, 탄수화물, 지방 외에도 비타민이 일부 들어 있는 것으로 알려져 있다. 그러므로 등산, 하이킹, 테니스와 같이 잠시 에너지 보충이 필요한 운동을 할 때 비상 식품으로 사용하면 좋다. 초콜릿 한두 조각을 먹으면 배는 부

: 초콜릿에 들어 있는 지방의 비중은 약 30퍼센트이다.

르지 않지만, 운동에 필요한 일시적인 에너지를 공급할 수 있을 정도로 흡수도 빠르다.

초콜릿에 포함된 지방의 약 60퍼센트 이상은 포화 지방(saturated fat)이다. 지방(fat)은 흔히 말하는 기름(oil)의 다른 이름으로, 실온에서 액체 혹은 고체 형태이다. 지방은 기본적으로 지방산과 글리세롤이 반응하여 만들어진 분자로, 수많은 지방 분자들이 모이면 지방의 실체가 눈에 보이게 된다. 지방 분자는 탄소, 수소, 산소 원자들을 포함하고 있다.

포화 지방을 구성하는 모든 탄소 원자들은 탄소와의 결합이나 수소와의 결합 모두 단일 결합을 이루고 있다. 포화라는 의미는 탄소 원자가 4개의 결합을 하고 있어서 추가로 결합할 여력이 없다는 뜻이기도 하다. 일반적으로 탄소가 모두 단일 결합으로 이루어진 포화 지방의 녹는점은 불포화 지방의 녹는점보다 높다. 불포화 지방은 탄소 사이의 결합에 적어도 하나 이상의 이중 결합 혹은 삼중 결합이 포함되어 있는 지방을 말한다.

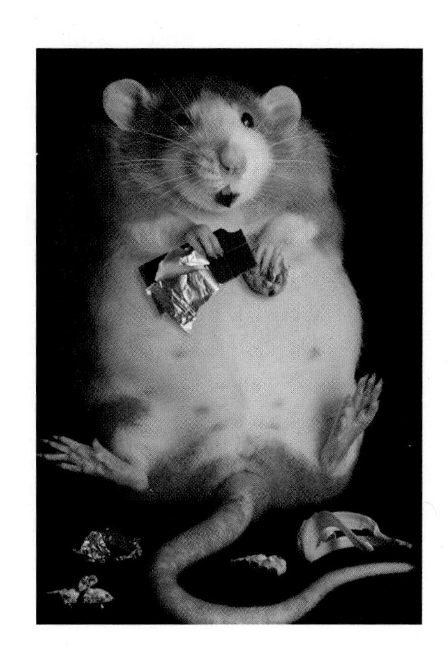

포화 지방과 불포화 지방은 일반적으로 서로 섞여 있는 경우가 많다. 두 종류의 지방이 섞인 비율에 따라 녹는점, 끓는점과 같은 지방의 물성이 달라진다. 그러므로 입에 넣어 살살 녹는 초콜릿의 녹는점은 우리 체온과 같거나 그보다 낮다. 포화 및 불포화 지방의 구성 비율을 잘 조절하면 입에 살살 녹는 초콜릿을 만들 수 있는 것이다.

비만 예방의 규칙

체지방은 우리 몸이 갖추고 있는 비상식량에 해당한다. 초콜릿에도 지방의 비중이 30퍼센트로 작지 않다. 비만 혹은 과체중인 사람들도 초콜릿을 먹고 싶다는 유혹을 물리치기가 쉽지 않아 보인다.

비만은 연령과 키를 고려한 표준 체중보다 약 30퍼센트 더 많이 나가는 경우를 말한다. 우리나라는 현재 성인의 약 35퍼센트가 비만이며, 특히 소아 비만의 비율이 급증하고 있다고 하니 우려가 된다. 과거에 비해서 음식의 질과 양이 개선되기도 하였지만, 열량이 높은 음식을 좋아하는 아이들의 취향도 소아 비만을 증가시키는 한 요인일 것이다. 건강보험의 수지 타산을 맞추기 위해서는 정부가 비만과 전쟁이라도 치러야 될 것 같다.

한편 과학적 시각에서 본 비만은 에너지 균형이 맞지 않아서 생긴 결과이다. 식품을 섭취하여 생산한 에너지를 모두 사용하지 못하면, 남은 에너지가 지방으로 축적되는데, 이러한 과정이 반복되면 비만 혹은 과체중이 된다. 따라서 비만을 피하려면 섭취 식품에 의해 생산된 에너지를 활발한 육체 및 정신적 운동으로 다 소비해 버리든지, 아니면 활동 에너지에 맞는 양만큼 적절한 양의 음식을 섭취하여 몸에 여분의 에너지가 남지 않도록 해야 한다.

달콤한 사랑의 맛? 페닐에틸아민

초콜릿에 포함된 화학 물질 중에 페닐에틸아민(phenylethylamine)이 있다. 그것은 좋아하는 이성에게 사랑하는 감정을 느낄 때 뇌에서 분비되는 물질로, 사람들의 기분을 좋게 만드는 물질로 알려져 있다.

왜 사람들이 초콜릿을 먹고 싶어 하고, 초콜릿이 있으면 자꾸 손이 가는지 이해가 된다. 초콜릿 100그램에는 약 50~100밀리그램의 페닐에틸아민이 들어 있다.

아민 화합물의 일반적인 화학 특성처럼 페닐에틸아민도 이산화탄소를 흡수하고, 비릿한 생선 냄새를 풍긴다. 생선의 비릿한 냄새는 생선에서 증발된 아민 화합물들이 코의 감각 기관에 접촉된 후에 뇌의 정보처리를 통해서 인지된 결과이다.

아민 화합물들을 분자 구조를 표현하는 방식으로 적는다면 분자식에 $-NH_2$ 작용기가 들어 있다. 작용기란 분자 구조에서 독특한 배열을 갖춘 분자의 일부를 일컫는 단어이다. 작용기가 중요한 것은 동일한 작용기를 포함하고 있는 분자들의 화학 특성이 매우 유사하기 때문이다. 따라서 간단하게 화합물의 특성을 이해하려면 분자 내에 특정 작용기가 포함되어 있는지 여부를 관찰하는 것이 우선이다.

예를 들어 비릿한 냄새가 나는 아민은 $-NH_2$ 작용기, 신맛이 나는 과일의 각종 유기산(organic acid)은 $-COOH$ 작용기, 술 냄새가 나는 알코올은 $-OH$ 작용기가 분자 구조에 포함되어 있다. 여기에서 작용기 앞

⋮ 기분을 좋게 하는 달콤한 초콜릿

에 붙은 '-'는 그 앞에 어떤 분자 구조와 조합 및 배열이 될 수 있다는 것을 의미한다. 분자 조합은 영어 R를 사용하여 일반적으로 $R-NH_2$, R-COOH, R-OH 등과 같이 적는다.

그런데 분자 구조를 적을 때 특별한 경우를 제외하고는 작용기와 분자 조합 부분에 일부러 '-'를 넣어서 적지는 않는다. 예를 들어서 술의 주성분인 에탄올의 분자 구조식은 CH_3CH_2OH라고 적는데, 그것은 작용기 -OH가 있고, 작용기 앞에 CH_3CH_2라는 분자 조합이 있다는 것을 나타낸다.

페닐에틸아민과 마약

혈관에 페닐에틸아민을 주사하면 혈당이 올라가고 혈압이 상승한다. 이 때문에 긴장을 하게 되며, 이것은 뇌에서 도파민(dopamine)를 방출하는 방아쇠 역할을 한다.

페닐에틸아민은 마약인 암페타민(amphetamine)과 매우 비슷한 분자 구조로 되어 있다. 암페타민은 전쟁 중에 공군 전투기 조종사들이 피로 감퇴와 주의력 집중을 위해서 복용한 역사도 갖고 있다. 그렇지만 암페타민은 미국의 뒷골목에서 '스피드(speed)'라는 이름으로 은밀히 판매되는 마약이므로 의사의 처방 없이는 손에 넣을 수 없다. 정신분열증 혹은 과민반응 증세를 보이는 소아의 혈액에 있는 페닐에틸아민의 농도는 정상 어린이의 것보다 높다고 알려져 있다. 체내에서 필수 아미노산인 페닐알라닌으로부터 페닐에틸아민이 생성되므로 소아의 혈액에도 들어 있는 것이다. 초콜릿을 너무 많이 먹으면 편두통이 날 수도 있는데, 이것 역시 과량의 페닐에틸아민으로 인해서 뇌혈관이 조여진 결과일 수 있다.

분자 구조의 특성과 중요성

페닐에틸아민과 암페타민은 그 분자 구조가 서로 매우 닮았지만 분명히 특성이 다른 분자들이다. 화학 물질의 기본이 되는 분자는 그것을 구성하는 원자의 종류나 개수에 따라 그 특성이 매우 다르다. 또한 원자의 종류와 개수가 동일하더라도 원자들이 공간적으로 다른 배열을 하고 있다면 특성이 전혀 다른 분자가 된다.

이것은 같은 종류와 같은 길이의 천을 가지고도 각양각색의 옷을 만들 수 있고, 동일한 건축재료와 같은 양의 모래를 가지고도 전혀 다른 모양의 건축물을 지을 수 있는 것에 비유할 수 있다. 강조하자면 분자의 개수와 종류가 모두 같더라도 특성이 다른 분자가 얼마든지 가능하다는 것이다. 분자 구조가 다르면 전혀 다른 특성을 지닌 분자이며, 그것들의 집합체인 화학 물질도 특성이 전혀 다르다. 그러므로 동일한 종류의 원자 및 동일한 개수의 원자로 구성된 분자라고 할지라도 최종 생성된 분자의 특성은 3차원 분자 구조에 따라 그 특성이 매우 다르다.

분자들은 자연산도 있고, 실험실에서 합성된 것도 있지만 일단 분자 구조가 정확하게 일치하면 물리화학적 특성이 같다. 그럴 경우에는 분자의 출신지가 자연인지 실험실인지 구분할 수도 없고, 구별하는 것도 의미가 없다.

카페인과 테오브로민

초콜릿의 성분 중에서 관심을 가질 만한 분자로 카페인(caffeine)과 테오브로민(theobromine)을 꼽을 수 있다. 많은 이들이 카페인의 분자 구조는 알지 못해도 커피를

: 초콜릿과 커피에는 카페인이 들어 있다.

비롯한 많은 음료에 카페인이 포함되어 있다는 사실을 알고 있다. 대략 커피 한 잔(약 200밀리리터)에는 약 100~160밀리그램의 카페인이, 초콜릿(약 100그램)에는 약 20~100밀리그램의 카페인이 들어 있다. 그러나 초콜릿에는 카페인보다 테오브로민이 더 많이 들어 있다. 테오브로민은 카페인과 매우 유사한 분자 구조를 갖고 있으며, 카페인이 간에서 분해되는 과정에서 생성되기도 한다. 테오브로민은 이뇨, 근육 이완, 심장 박동 촉진, 혈관 확장 등에 관여하는 물질이다. 개나 고양이가 초콜릿에 과민 반응을 보이는 원인도 바로 테오브로민 및 카페인과 같은 화학 물질 때문이다. 사람들이 초콜릿을 먹고 나서 일시적으로 기분이 좋아지고, 피로감도 덜 느끼고, 약간의 긴장감을 느끼는 것도 모두 이들 화학 물질이 만든 결과일 뿐이다.

탄산음료의 왕자, 콜라

햄버거 가게에서 세트 주문을 하고, 음료를 별도로 말하지 않으면 보통은 콜라가 포함되어 나온다. 콜라는 햄버거의 동반 음료로서 확고하게 자리 잡은 지 이미 오래되었으며, 성별 연령과 무관하게 많은 사랑을 받고 있다.

전 세계적으로 판매되는 콜라의 규모는 상상을 초월할 정도로 많다. 선진국에서는 탄산음료가 어린이 건강에 해롭다고 규제를 하고 있지만, 우리나라에서는 여전히 많은 사람들이 탄산음료인 콜라를 즐겨 마시고 있다.

콜라의 발명

콜라는 1887년 미국 조지아 주에 사는 약제사인 펨버턴(John Pemberton)이 처음으로 제조하였다. 콜라는 때마침 애틀랜타 시의 주류 추방 분위기와 맞물려 대체음료로서 폭발적인 환영을 받았다. 그 이후로 계속해서 콜라의 생산과 소비가 증가하였으며, 이제는 200개국 이상에서 판매되고 있다. 현재 미국을 비롯하여 전 세계에서 소비되는 햄버거의 수와 그에 동반되는 콜라의 양은 실로 엄청나다. 햄버거와 별개로 마시는 콜라의 양까지 생각하면 그야말로 천문학적인 양이라고 표현하는 것이 적절할 것이다. 콜라 가격의 대부분을 차지하는 것은 포장비, 운반비, 광고비 및 이익이라고 하며, 생산 원가는 콜라 가격의 10퍼센트도 안 된다는 사실을 알면 더 놀랄 수밖에 없다.

코카콜라는?

콜라의 대표적인 상표명은 역시 코카콜라이다. 상표 인지도에서 코카콜라를 따라갈 수 있는 제품은 거의 없을 것이다.

코카콜라의 상품명은 코카나무의 '코카'와 콜라 열매의 '콜라'를 합성한 것이다. 초기의 콜라는 코카나무의 잎과 콜라 열매를 혼합해서 제조하였다. 코카 잎에는 코카인이, 콜라 열매에는 카페인이 함유되어 있는데, 초기의 콜라에는 코카인 성분이 실제로 들어 있었다고 전해진다. 물론 현재는 마약인 코카인이 포함된 콜라를 제조 판매할 수 없지만, 콜라의 성분에 관한 비밀은 여전히 지켜지고 있다. 코카콜라 회사 내에서도 콜라의 제조 비법을 아는 사람은 최고위층 두 사람뿐이라고 한다. 『커다란 비밀들(Big Secrets)』(William Poundstone, 1983)에서는 콜라에 설탕, 캐러멜, 코카잎 추출물, 구연산, 콜라 열매 추출물, 오렌지, 레몬, 유두구, 네놀리유 등과 같은 성분이 들어 있다고 밝히고 있다. 그 후에 보다 정확한 분석 방법을 사용하여 콜라의 구체적인 성분을 알아냈다고 하지만 여전히 원조의 맛을 재현하는 것은 불가능하다. 그 이유는 성분을 정확히 안다고 하더라도 섞는 순서와 방법이 다르면 향과 맛이 달라지기 때문이다. 재미나게도 1985년에 코카콜라는 미국에서 새로운 성분의 '뉴콜라'를 판매하였지만, 소비자의 외면으로 실패로 끝나고 말았다. 원조 콜라의 맛에 중독된 사람들이 뉴콜라 판매 이전에 콜라를 마구 사들여 저장해 놓는 일까지 벌어졌다. 뉴콜라에 대한 사람들의 반응도 별로였으며, 판매부진으로 이어지자 코카콜라는 불과 몇 개월 만에 뉴콜라의 실패를 인정하고 판매를 접었다. 그 후에 원조의 맛으로 생산을 재개하고, '콜라 클래식'이라고 이름을 붙여서 판매하기 시작해서 지금은 예전의 인기를 누리고 있다.

콜라의 성분: 인산, 설탕, 카페인, 이산화탄소

콜라에서 상당량을 차지하였던 구연산(많은 과일에 포함되어 있는 유기산)은 현재에는 값이 싼 인산(phosphoric acid)으로 대체되었다. 인산에서 유도되는 인산 이온(phosphate ion)은 우리 몸에서 핵산, 그리고 뼈와 얇은 막을

: 콜라와 콜라에 들어 있는 인산 이온의 분자 구조

형성하는 데 꼭 필요한 화학 물질이다. 또한 인산 이온 혹은 인산은 우리가 활동하는 데 필요한 에너지를 공급해 주는 아데노신 삼인산염(ATP, adenosine triphosphate)의 골격을 구성하는 중요한 분자이다. 콜라에 많이 포함된 인산 이온 혹은 인산은 체내에서 칼슘 이온과 잘 결합한다. 그런 이유로 뼈에서 주요 성분인 칼슘을 빼내는 결과로 이어지기 쉽다. 따라서 골다공증 환자 혹은 그럴 위험이 높은 사람들은 가급적 콜라를 마시지 않는 것이 좋다. 그렇지만 인산과 인산 이온은 칼슘의 이동과 대사에도 관여하기 때문에 섭취해야 하는 화학 물질들이다.

콜라에는 상당량의 설탕이 녹아 있다. 제조회사에서 제공하는 분석표를 보면 보통 355밀리리터의 콜라 한 캔에 무려 약 40그램의 설탕이 들어 있다고 표시되어 있다. 그러므로 다이어트를 위해 음식은 가려 먹으면서, 음료로 콜라를 마신다면 모든 노력이 수포로 돌아갈 것이다. 다이어

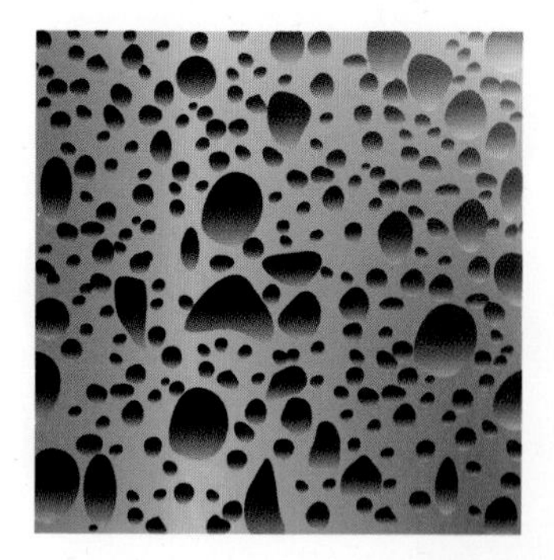
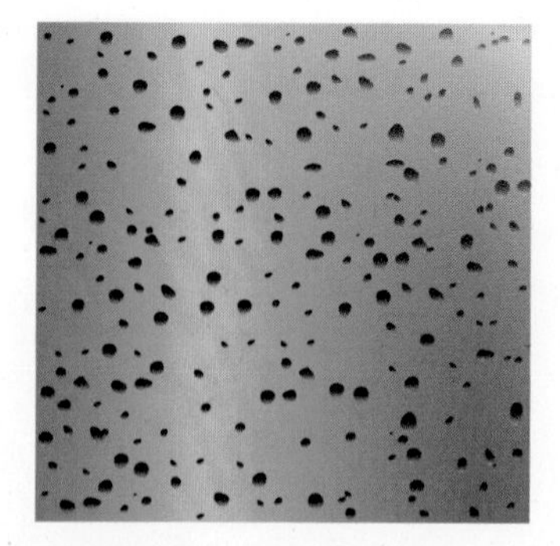

: 골다공증 환자의 뼈 조직(왼쪽)과 정상인의 뼈 조직(오른쪽)

트 콜라에는 설탕 대신 단맛을 내는 인공 감미료가 들어 있다.

콜라의 성분 중에서 관심을 끄는 것으로 카페인이 있다. 카페인은 흰색의 분말로, 1820년 독일의 과학자가 처음 발견하였다. 그 후 약 80년 뒤에 카페인의 화학 구조가 밝혀졌다. 콜라 한 캔에는 약 40~50밀리그램의 카페인이 들어 있다. 카페인의 치사량은 약 10그램이므로 이론적으로는 약 200~250캔을 마셔야 카페인 독성으로 사망할 수 있다. 그러나 콜라의 카페인으로 죽는 일은 거의 불가능하다. 그렇게 많이 마시면 소변을 참기 어려워 소변으로 배출도 되겠지만, 이미 카페인의 과다 복용으로 두통, 구토, 피로감 등이 오기 때문이다.

카페인을 포함하는 식물은 전 세계적으로 약 60여 종이다. 식물은 곤충 혹은 해충으로부터 자신을 보호하기 위해 카페인을 방어무기로 보유하고 필요할 때 분출시킨다. 카페인은 진통작용, 천식치료, 다이어트 보조 등에 이용되며, 뇌에서 생리활성물질인 도파민의 방출을 돕는다. 아침에 일어나서 카페인이 들어 있는 음료인 커피 혹은 콜라를 마시면 반짝 잠이 깨는 듯한 느낌이 드는 것도 카페인의 약리작용으로 인한 것이다. 보통 12시간이 지나면 흡수된 카페인의 약 90퍼센트는 간에서 분해되어 없어진다. 카페인이 포함된 음료를 많이 마신다고 늘 '반짝 효과'를 보는 것은 아니다. 왜냐하면 이미 면역이 되어 버린 상태에서는 어느 정도 이상의 카페인은 효과를 내지 못하기 때문이다.

콜라는 이산화탄소로 충전되어 있다. 콜라를 탄산음료라고 부르는 것도 충전된 이산화탄소가 녹아서 탄산이 형성되기 때문이다. 마실 때 입 안에서 톡 쏘는 느낌도 이산화탄소 때문이다. 이산화탄소가 모두 달아난 김빠진 콜라는 갈색의 설탕물에 불과하다. 그런 김빠진 콜라는 집에서 간단하게 녹을 제거하거나 자동차의 그릴과 범퍼에서 금속 산화물을 제거하는 데 이용할 수 있다. 비록 이산화탄소는 없지만, 용액에 남아 있는 인산 이온이 철 혹은 크로뮴 이온 등과 결합할 수 있기 때문에 금속 산화물을 제거할 수 있는 것이다.

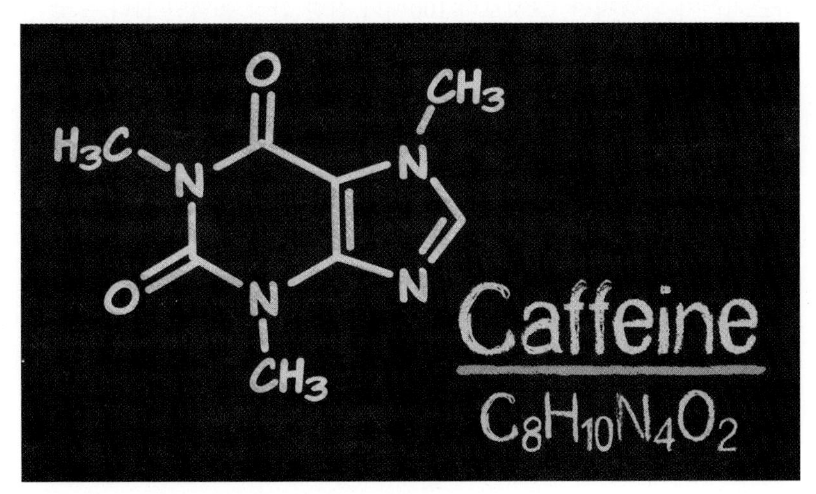

: 콜라에 많이 들어 있는 카페인의 분자 구조와 분자식

콜라의 pH

콜라의 pH는 2.5 정도로 매우 강한 산성이다. pH는 용액의 산성을 나타내는 수소 이온 혹은 하이드로늄 이온(H^+ 혹은 H_3O^+로 표시됨)의 양을 나타내는 기준으로, 전 세계 공통으로 사용하고 있다.

pH는 로그 함수를 포함하는 식($pH = -\log[H^+]$ 혹은 $pH = -\log[H_3O^+]$)에 수소 이온의 농도($[H^+]$ 혹은 $[H_3O^+]$)를 대입하면 얻을 수 있는 숫자이다. 만약에 비교하는 두 용액의 pH 차이가 1이라면 수소 이온의 농도는 10배, pH 차이가 2일 경우에는 수소 이온의 농도는 100배 차이가 나는 것을 의미한다. 산성비는 빗물의 pH가 5.6 이하를 나타내는 비를 말한다. 그러므로 콜라의 pH와 산성비 기준의 pH 차이는 약 3.1이다. 즉 콜라는 자연산 비에 포함된 수소 이온의 농도가 약 1,000배나 더 큰 산성을 띠는 용액이라는 말과 같다. 만약에 pH가 약 4.5인 산성비가 내린다면 커다란 뉴스거리가 되겠지만, 그것보다 100배나 진한 산성 용액인 콜라는 몇 잔씩 들이켜도 눈 하나 깜짝하지 않는다.

콜라는 그것을 처음으로 제조한 약제사의 약국에서 만병통치약으로 판매되었다고 전해진다. 모르핀 중독, 소화불량, 신경쇠약, 두통, 심지어 성적 무능력까지 치료할 수 있다는 선전과 함께 말이다. 그러나 오늘날 이렇게 인기가 많은 음료로 성장할 줄은 약제사도 미처 몰랐을 것이라 짐작된다.

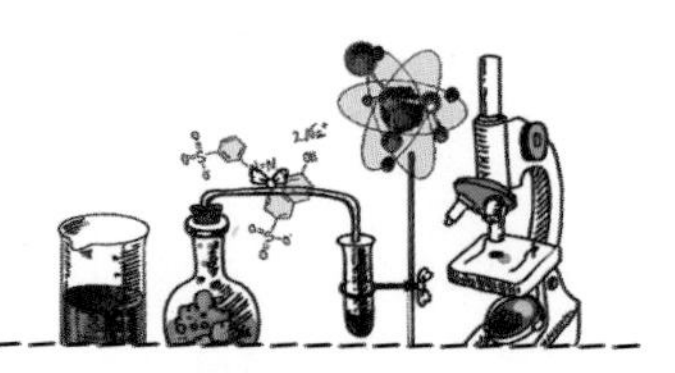

세계인의 음료, 커피

최근 몇 년 사이에 거리 곳곳에 커피 전문점이 우후죽순처럼 많이 생겨나고 있다. 2011년도 우리나라 커피 소비량이 15세 이상 인구를 기준으로 하루에 일인당 1.4잔이라고 하니 커피 전문점 수의 급격한 변화를 이해할 수 있을 것 같다. 여전히 인스턴트 커피(봉지 커피)의 비중이 크지만, 사람들의 커피에 대한 입맛이 점점 세분화되는 경향도 커피 전문점의 증가와 무관하지 않다. 현재 우리나라에서 판매되는 커피의 약 40퍼센트는 세계 제2위의 커피 생산국인 베트남에서 수입된다.

다양한 화학 물질이 들어 있는 커피

볶은 커피에는 수백 종류 이상의 화학 물질이 들어 있다. 커피에 약 1,000종류 이상의 화학 물질이 들어 있다는 연구결과도 나와 있다. 커피의 향, 색, 맛은 이들 수많은 화학 물질들이 조화를 이루어 형성된 종합 예술품이다. 그 중에서 몇 십 종류를 골라서 쥐를 대상으로 실험을 해보았더니, 약 20여 종류의 물질이 암을 유발시키는 것으로 나타났다. 발암 여부를 인간을 대상으로 실험하는 것은 불가능하므로 사실 이들 물질들이 인간에게 어떤 영향을 미칠지는 아직도 미지수이다.

커피에 대한 보도도 어떤 때는 몸에 좋은 것으로, 또 어떤 때는 몸에 나쁜 것으로 발표되고 있어서 여간 혼란스럽지 않다. 사실 커피에는 벤젠, 스타이렌, 폼알데하이드 등과 같이 이미 유해 물질로 잘 알려진 화학 물

: 다양한 화학 물질이 들어 있는 커피

질들이 포함되어 있다. 그러나 이들 유해 물질은 매우 소량이고, 휘발성이어서 커피를 끓일 때 증발되므로 그렇게까지 걱정할 필요는 없다. 커피가 자연 식품이었기에 망정이지 그렇지 않았다면 이미 커피 추방운동이 일어났을 것이다.

또한 커피에는 카페스톨과 카웰이라는 화학 물질이 포함되어 있다. 이들은 혈중 콜레스테롤의 농도를 증가시키는 역할을 한다고 알려져 있다. 그러나 이들 물질은 커피의 기름 성분에 녹아 있고, 종이 필터로 걸러진다. 한 잔에 포함된 이들 화학 물질의 양은 많지 않지만 커피를 하루에 5~6잔 이상 마시는 커피 마니아들은 본인들의 건강을 생각해서 한 번쯤 고려해 볼 필요가 있다.

반면 커피에는 몸에 좋다고 알려진 각종 폴리페놀(polyphenol)이 포함되어 있다. 폴리페놀은 항산화 성분으로 암을 예방하고 건강 증진에 도움이 되는 화학 물질이다. 또한 커피에 많이 들어 있다는 클로로겐산(chlorogenic acid)도 폴리페놀의 한 종류로, 시험관에서(in vitro) 항산화 효과를 나타내는 물질이다. 커피 혹은 음식을 통해서 섭취한 클로로겐산 중 일부는 작은창자에서 흡수되어 혈액으로 스며든다. 따라서 커피를 마시면 항산화 물질을 섭취하게 되고, 혈액의 질을 높여서 심장질환을 감소시키는 데 일정 부분 기여할 것으로 생각된다. 또한 클로로겐산은 당뇨 환자의 혈당을 낮추는 데 도움이 되는 화학 물질로 알려져 있다. 커피를 하루에 1~3잔 마시는 것은 오히려 심혈관 질환 혹은 염증과 관련된 질환 예방에 도움이 된다는 의학 연구결과를 놓고 보면 각자의 식습관과 체질에 맞추어 커피를 즐기는 것은 무리가 없을 듯싶다.

커피에 포함된 대표적인 화학 물질, 카페인

커피 하면 바로 연상되는 화학 물질은 아마도 카페인일 것이다. 대략 한 잔(약 200밀리리터 기준)의 커피에는 카페인이 약 50~150밀리그램 들어 있다. 카페인은 중추 신경에 자극을 주는 물질로 일시적으로 졸음을 없애 주기도 하고, 긴장감을 유발하여 집중력을 높여 주기도 한다. 장시간 회의를 진행할 때 커피가 음료로써 인기가 많은 것도 다 이유가 있는 셈이다.

카페인은 두통약의 효과를 증진시키는 작용도 한다. 그래서 많은 두통약에는 카페인이 소량 포함되어 있다. 그러므로 카페인에 예민한 사람은 카페인이 들어 있지 않은 두통약을 찾는 것이 좋다. 카페인은 인간에게 특별한 알레르기 반응을 나타내지는 않는다. 그러나 많은 양의 카페인은 오히려 두통을 유발할 수 있다고 하니 자기 몸에 맞는 양의 커피를 마시는 것이 중요하다. 인간에게 카페인의 치사량은 약 10그램으로, 이것은 커피 약 70~100잔에 들어 있는 양이다. 그러나 커피를 마시는 동안에도 체내에서 카페인이 조금씩 분해되므로 커피의 카페인으로 인해서 사망하는 사람은 거의 없을 것이다.

앞에서 이야기하였듯이 카페인은 인간뿐만 아니라 동물에게도 자극성이 있는 물질이다. 개, 고양이, 말, 조류는 카페인에 심한 알레르기 반응을 일으키는 경우가 있다. 따라서 집에서 키우는 애완동물에게 카페인이 포함된 음료 혹은 식품을 주는 것은 주인으로서 할 일이 아니다. 약 60여 종의 식물에서 카페인을 추출할 수 있는데, 식물들은 해충 혹은 균으로부터 공격을 당하면 자신을 보호하기 위해 카페인을 분출한다.

: 신선한 로스트 커피 원두

간에서 분해되는 카페인

카페인은 간에서 효소에 의해 분해된다. 효소(cytochrome p450 oxidase)는 카페인을 3종류의 물질(paraxanthine, theobromine, theophylline)로 변환시켜 준다. 카페인 분자 구조에는 3개의 메틸기(CH_3-)가 있는데, 변환된 분자들은 3개의 메틸기 중 어느 한 개가 없어진 구조를 하고 있다. 카페인에서 변환된 화학 물질들은 지방을 분해하는 것을 도와주고, 혈관을 확장시키고, 심장 박동을 증가시키는 역할을 한다. 커피를 마신 후에 약간의 흥분과 긴장감이 느껴지는 것도 카페인과 카페인의 대사산물이 만들어 내는 조화라고 할 수 있다. 카페인에서 3개의 메틸기가 모두 없어진 분자, 즉 잔틴(xanthine)은 소변을 통해서 배출된다.

커피와 흡연자, 그리고 임신

카페인이 몸에서 분해되는 정도는 건강, 연령, 남녀에 따라 큰 차이가 있다. 카페인도 다른 화학 물질처럼 체내에서 분해되어 더 이상 쓸모없어지면 몸 밖으로 배출된다. 분해되는 시간과 효능은 개인차가 많지만 대략 3~4시간 정도 지속된다. 커피를 마시고 나서 약 3~4시간이 지나면 한 잔 더 마시고 싶은 것도 이유가 있는 셈이다. 약 12시간이 지나면 카페인의 약 90퍼센트가 배출된다. 재미있는 사실은 흡연자들이 커피를 더 자주 마신다는 것이다. 그것은 흡연자의 간에는 카페인 분해 효소가 더 많이 생성되어 카페인의 반감기도 그만큼 줄어들기 때문인 것으로 알려져 있다. 그러나 임산부의 경우에는 반대로 대사 속도가 느려 카페인의 반감기가 더 길어진다고 한다. 커피가 철분 부족을 유도하는 원인도 된다고 하므로 임신 중에는 삼가는 편이 좋을 것이다

단맛의 유혹, 액상과당

최근에 사람들의 관심을 끄는 화학 용어로 '액상과당'이 있다. 액상과당은 단맛이 나는 액체시럽(HFCS, High Fructose Corn Syrup)이다. 액상과당은 콘 시럽의 성분을 조절하여 만든 것으로, 과당의 비중이 높고 설탕 시럽보다 점성도가 크다. 단맛이 나는 과당은 포도당(glucose)처럼 단당(monosaccharide)의 한 종류이다. 과당과 포도당이 각각 한 분자씩 화학 결합을 하면 이당(disaccharide) 분자가 형성되는데, 단맛의 대명사처럼 여겨지는 설탕이 바로 이당 분자이다.

액상과당의 제조

옥수수 녹말을 분해하면 달콤한 맛의 콘 시럽이 만들어진다. 녹말은 포도당 분자들이 수많이 결합된 거대한 고분자이다. 그러므로 녹말을 완전히 분해하면 100퍼센트 포도당 분자가 될 것이다. 그런데 녹말(아밀로스와 아밀로펙틴)을 분해해서 제조한 콘 시럽에는 단당인 포도당, 포도당 분자 2개가 화학 결합으로 생성된 이당인 맥아당(maltose), 포도당 분자 여러 개가 화학 결합으로 이루어진 올리고당(oligosaccharide) 등 여러 종류의 당들이 포함되게 마련이다. 녹말 고분자의 특정한 결합만을 잘라서 포도당을 만드는 효소의 능력은 경이롭기까지 하다.

포도당을 비롯하여 다양한 종류의 당 분자를 포함하는 있는 콘 시럽은 단맛이 나지만 설탕보다 더 달지는 않다. 왜냐하면 콘 시럽의 구성 성분인 포도당과 맥아당은 모두 설탕보다 단맛이 덜하기 때문이다. 그런데 콘 시럽에 포함된 포도당을 효소를 이용해서 과당으로 변환시켜 주면 과당의 비율이 높은 액상과당이 된다. 이것은 설탕보다도 달다. 콘 시럽의

: 액상과당과 액상과당의 주성분인 포도당의 분자 구조

: 옥수수 녹말로 만든 빵과 녹말 가루

성분을 변화시켜 과당이 많이 포함되게 하면 단맛의 정도가 훨씬 증가하는 것이다.

액상과당 제조에 사용되는 옥수수 녹말의 가격은 비교적 저렴하기 때문에 설탕보다 가격 경쟁력이 있다. 또한 액상과당의 원료로 사용되는 옥수수는 대량 재배가 가능하며, 가격 변동성이 크지 않은 데다가 안정한 공급 물량 확보도 가능하다. 더구나 액상과당은 설탕보다 더 달기 때문에 단맛을 내기 위해서 설탕을 사용하는 곳에서는 이를 대신하는 것으로 크게 환영을 받고 있다.

액상과당의 단맛 비교

액상과당의 단맛 정도는 그것에 포함된 과당의 비율에 따라 달라지지만 액상과당은 그 자체로 포도당 혹은 설탕보다 더 달다. 단맛을 비교한 결과들을 보면 보통 과당은 포도당보다 약 200퍼센트, 설탕보다는 약 140퍼센트 단맛이 더 난다. 그러므로 과당의 비중이 높은 액상과당은 포도당과 설탕보다 더 단맛이 날 수밖에 없다.

설탕은 과당과 포도당이 1:1로 화학 결합을 하고 있으므로 설탕을 분해하면 정확히 과당 50퍼센트와 포도당 50퍼센트로 구성된 당이 될 것이다. 이것을 전화당이라고 부르는데, 설탕보다 더 단맛이 나고 결정이 형성되는 경향은 설탕보다 덜하다. 벌꿀은 상당한 양의 과당을 포함하고 있어서 설탕보다 훨씬 더 달다. 경험상으로도 설탕이 벌꿀보다 더 달다고 느끼는 사람은 거의 없을 듯싶다.

액상과당의 표기 및 특징

모든 당들은 $(CH_2O)_n$이라는 화학식으로 표기할 수 있다. 이것은 탄소(C)와 물(H_2O)로 이루어진 기본 단위가 여러 개(n) 결합되어 있는 분자라는 의미로, 다시 말해 탄소에 물이 붙어 있는 형국이다. 그러므로 각종 당들은 종류에 상관없이 탄수화물이라고 부를 수 있다. 액상과당도 탄수화물의 한 종류이다.

액상과당의 영문 약자 HFCS 바로 다음에 표기된 숫자는 과당의 비율을 나타낸다. 예를 들어 HFCS 55는 과당이 55퍼센트, HFCS 42는 과당이 42퍼센트 포함된 액상과당이라는 것이다. 흔히 사용되는 액상과당 HFCS 55는 설탕보다 가격이 싸고, 설탕보다 물에 잘 녹는 장점이 있어서 청량음료 등을 만들 때 많이 애용된다.

과당의 대사 및 소화

과당의 흡수, 대사 소화과정은 포도당의 경로와 다르다. 일단 음식에 포함된 녹말은 몸에서 포도당으로 분해되면 혈액으로 흡수된다. 그러면 췌장에서 인슐린이 분비되고, 인슐린은 포도당을 적절하게 포획하여 동물성 녹말이라고 불리는 글리코겐으로 간 혹은 근육에 저장을 해 둔다. 글리코겐은 에너지가 필요할 때 체내에서 급속히 분해되어 대량의 포도당으로 변신이 가능한 분자이다.

우리 몸에 포도당이 흡수되면 인슐린 분비가 촉진되고, 그 결과 렙틴(leptin)이라는 호르몬이 분비된다. 렙틴의 분비는 또 다른 호르몬인 그렐린(ghrelin)의 분비 속도를 늦추어 준다. 렙틴은 지방 세포에서 분비되며, 양이 많아지면 포만감을 느끼게 해주는 역할을 한다. 그렐린은 공복 호르몬으로, 위 혹은 췌장에서 분비되며, 식사 전에는 양이 증가하다가 식사 후에는 양이 감소한다. 결국 렙틴과 그렐린은 상호 보완 작용을 한다.

포도당과 달리 인슐린 분비를 촉진하지 않는 과당이 흡수되면 인슐린 분비도 없고, 따라서 렙틴의 분비도 촉진되지 않는다. 그 결과 공복 호르몬의 양이 식사 전의 상태를 유지하게 되므로 음식을 더 먹고 싶다는 욕구가 줄어들지 않고 포만감도 못 느끼게 된다. 설상가상으로 과당은 포도당보다 세포에서 더 쉽게 지방으로 축적된다.

과당이 소장에서 혈액으로 흡수되지 못하고 대장까지 가면 또 다른 문제가 발생한다. 대장에 거주하는 박테리아에 의해 과당이 분해되면 가스도 차고, 설사를 일으키는 화학 물질도 만들어져 심신이 불편해진다. 매우 희귀한 경우이지만 유전적으로 과당의 분해 효소(aldolase B)가 없는 사람들도 있다. 그런 사람들이 과당을 섭취하게 되면 마치 독과 같은 작용을 한다. 분해 효소가 없으면 과당의 유도체들이 간이나 콩팥에 쌓여 장기의 기능이 마비될 수 있기 때문이다. 더구나 간에 과당의 유도체가 쌓이면 글리코겐의 분해를 방해하여 저혈당 상태에 빠지기 쉽다. 문제가 문제를 확대 재생산하는 꼴이다.

'당의 유혹'이 문제이다

설탕도 대사과정을 거치면 몸에서 50퍼센트의 과당이 만들어진다. 흔히 쓰이는 HFCS 55에 포함된 과당의 비율은 대략 55퍼센트이므로 과당으로 인한 문제는 설탕이나 액상과당이나 오십보백보이다. 따라서 액상과당을 첨가한 식품을 '무설탕' 제품이라고 광고하는 것은 눈 가리고 아웅하는 격이며, 명백한 '반칙'이다. 화학적으로 본다면 설탕에 비해서 액상과당이 더 나쁘다고 손가락질할 이유도 별로 없어 보인다. 결국은 현대인의 불필요한 과식 혹은 너무 많이 먹은 간식이 문제를 일으키는 것이다.

과당 소화 유전자의 결핍 혹은 과당의 흡수에 문제가 있는 사람들은 과당을 포함하고 있는 과일이나 채소조차 마음대로 먹을 수 없을 것이다. 일상에서 겪는 불편은 엄청날 것이고, 건강을 유지하기도 힘들 것이다. 과당 분해 유전자를 갖고 태어나서 과일이나 채소를 거리낌 없이 먹을 수 있는 사람은 그렇지 못한 사람들에 비해서 행복한 사람이다.

좋아도 슬퍼도, 술

한국인의 술 실력

술은 인류의 역사에서 중요한 부분을 차지하는 화학 물질임에 틀림없다. 술은 즐거울 때나 슬플 때 혹은 예식과 의식에 빠지지 않고 사용되는 약방의 감초와 같은 존재이다. 게다가 우리나라 사람들의 술 실력은 거의 세계 최고 수준이다.

한국주류공업협회 자료에 의하면 2012년에 국내에서 소비된 소주와 맥주는 약 70억 병에 육박한다고 한다. 19세 이상 성인 인구를 약 4,000만 명으로 잡고 계산해 보면, 성인의 연간 술 평균 소비량은 소주 약 85병(360밀리리터

: 기념일이나 파티 등의 자리에는 거의 빠지지 않고 술이 나온다.

짜리) 또는 맥주 89병(500밀리리터짜리)이다. 즉 1인당 소주 혹은 맥주를 이틀에 한 병꼴로 마셨다는 결과가 나온다. 술을 거의 마시지 않는 사람들을 감안하면 주류들은 거의 매일 술을 마시며 지낸다고 해도 과언이 아니다.

또한 도수가 높은 독한 술 소비량도 러시아, 라트비아, 루마니아에 이어 세계 4위 수준이다. 음주가무를 즐겼다는 우리 민족의 한 면을 보여주는 것으로, 정말로 술에는 일가견이 있다고 할 수 있다.

술로 인해 남자는 평균 3년, 여자는 1년 정도 수명이 단축된다고 한다. 음주로 인해 지불하는 건강관리비, 병원비는 물론 음주 운전으로 인한 피해 비용까지 계산해 보면 술로 인한 금전적인 손해는 이만저만이 아닐 것이다.

술 = 물 + 에탄올

화학적으로 간단히 말하자면 술은 물(H_2O)과 에탄올(ethanol)의 혼합 용액이다. 물과 에탄올 외에도 맛과 향을 조절하기 위한 첨가물이 포함되어 있다. 예를 들어 순한 소주의 경우에는 에탄올이 약 20퍼센트, 물이 약 80퍼센트를 차지하며, 맥주의 경우에는 에탄올이 약 5퍼센트 내외이고, 95퍼센트는 물이다. 술의 강약을 구분할 때 보통 '퍼센트' 단위보다는 '도'라는 단위를 즐겨 사용하는데, 도를 사용하든 퍼센트를 사용하든 같은 양의 에탄올이 포함되었다고 보면 된다. 즉 20도짜리 소주는 에탄올 함량이 20퍼센트이다.

proof

양주는 에탄올 함량을 표시할 때 'proof'라는 단위를 사용한다. 양주 상표에 100 proof라고 적혀 있으면, 이것은 에탄올 50퍼센트라는 의미이다. proof라는 단위는 알코올의 함량을 정확히 측정하기 어려웠던 시절에 사용되었던 관습을 그대로 따른 데서 유래된 것이다. 당시에는 술과 화약을 섞은 용액에 불을 붙이고 불꽃의 색을 관찰하여 에탄올 농도를 짐작하였다고 한다. 물과 에탄올이 반반 혼합된 용액(50퍼센트 에탄올)의 불꽃색이 파란색으로 나타나면 '알맞은 술'이라는 의미로 100 proof라고 정한 것에서 유래되었다. 만약에 에탄올의 농도가 묽어서 불을 붙여도 타지 않는 술 혹은 에탄올 농도가 너무 진해서 불꽃색이 밝은 노란색으로 나타나는 술은 '알맞은 술'이 아니라는 판정을 받았을 것이다.

대량 생산되는 에탄올

에탄올은 석유화학 공정을 거쳐서 혹은 발효과정을 통해서 대량으로 생산된다. 석유화학 공정에서는 촉매를 이용하고, 에틸렌(ethylene)과 물을 반응시켜 생산한다. 그러므로 이 화학 반응에 사용되는 반응물은 에틸렌과 물이며, 생성물은 에탄올이다.

발효과정에서는 산소가 없는 곳에서 특정 효모(yeast, Saccharomyces cerevisiae)를 이용하여 에탄올을 생산한다. 효모가 포도당을 소화하면서(대사) 생성되는 여러 종류의 화학 물질 중 하나가 바로 에탄올이다. 에탄올

: 여러 가지 술

과 동시에 이산화탄소도 생성되는데 효모가 소화할 때 산소가 있으면 물과 이산화탄소가 생성되고, 에탄올은 생성되지 않는다. 에탄올을 만들 때 효모가 필요로 하는 포도당은 녹말이 분해되어 생성되는 것이다. 녹말은 수많은 포도당 단위체가 결합된 고분자이므로, 녹말이 분해되면 결국에는 포도당이 된다. 그러므로 술을 만들 때 녹말이 많이 포함된 쌀, 옥수수, 감자, 고구마 등과 같은 곡물을 이용하는 것이다.

: 곡물이 효모에 의해 발효되면 에탄올이 생성된다.

산소가 없는 조건에서 곡물이 효모에 의해 발효되면 에탄올 외에도 다른 많은 종류의 화학 물질이 생성된다. 따라서 순수한 에탄올을 얻으려면 다른 종류의 분자들을 걸러 내야 된다. 이때 사용하는 방법이 증류이다. 여러 종류의 화학 물질이 혼합된 액체를 가열하고, 그 결과 생성된 기체를 일정한 온도에서 모으고 다시 냉각하면 액체가 된다. 비교적 순수한 화학 물질의 액체를 얻을 수 있는 증류는 산업에서도 많이 이용된다. 원유를 각각의 유기 화합물로 분리하는 것도 증류이며, 물을 가열한 후 수증기를 냉각시켜 순수한 물을 얻는 것도 같은 이치이다. 그러므로 효모가 만들어 낸 불순물이 포함된 '거친' 술을 증류하면 비로소 순도가 높은 에탄올을 얻을 수 있다. 그런데 에탄올은 증류만을 통해서는 100퍼센트 순수하게 만들 수 없으며, 최대 96퍼센트 순도로 얻을 수 있다.

에탄올의 대사

우리가 마신 술에 포함된 에탄올은 간에서 알코올 탈수소 효소(alcohol dehydrogenase)에 의해 아세트알데하이드(acetaldehyde)로 산화되며, 아세트알데하이드는 또 다른 효소인 아세트알데하이드 탈수소 효소(acetaldehyde dehydrogenase)에 의해 아세트산(acetic acid)으로 산화된다. 두 종류의 효소를 많이 보유하고 있는 사람은 에탄올을 비교적 쉽게 분해할 수 있는 능력이 있으므로 술에 강하다. 술 한 잔에도 몸을 가누지 못할 정도로 술에 약한 사람은 불행하게도 그런 분해 효소가 적기 때문이다. 자신이 보유한 효소 양에 맞게 적절히 술을 마신다면 행복감도 느끼고, 긴장 완화에도 도움이 될 것이다. 성인이 생활하면서 자신의 효소 양이 많은지 적은지를 파악하는 것은 그렇게 어렵지 않을 것 같다.

에탄올이 최종적으로 아세트산까지 산화되는 중간에 생성되는 아세트알데하이드 때문에 두통, 구토, 불쾌감 등이 유발되게 된다. 아세트알데하이드 일부는 글루타싸이온(glutathione)과 반응하여 없어지지만, 없어지는 양보다 생성되는 양이 더 많으면 혈액에 남아서 우리 몸을 힘들게 한다. 예를 들면 두통약을 먹고 나서 어쩔 수 없이 술을 마실 경우에 두통이 심해지는 경우가 있다. 그것은 두통약이 글루타싸이온의 농도를 감소시켜서 결국에는 아세트알데하이드의 혈액 농도가 낮아지지 않았기 때문이다. 아세트알데하이드와 반응해야 되는 또 다른 반응물인 글루타싸이온이 부족하기 때문에 아세트알데하이드가 반응하지 않은 상태로 남는 것이다.

알코올 중독을 치료하기 위해서 사용되는 약인 디술피람(disulfiram)은 아세트알데하이드를 분해하는 효소의 기능을 방해한다. 따라서 그런 종류의 약을 복용한 사람은 술을 조금만 마셔도 마치 술을 많이 마신 것과 같은 증상을 나타낸다. 이것은 심한 고통을 주어 술을 끊게 하는 데 이용된다.

술: 약이면서 독

즐거워도 한 잔, 괴로워도 한 잔이지만 사람마다 에탄올을 분해하는 효소의 양이 달라서 받아들이는 사람마다 한 잔의 강도는 매우 다르다. 동양인은 서양인보다 에탄올 분해 효소가 많지 않아서 술에 대한 적응력이 떨어진다. 그렇지만 같은 이유로 알코올 중독자 수가 상대적으로 적은 것은 다행한 일이라고 할 수 있다.

적절히 마시면 약이 되고, 과하게 마시면 독이 되는 술 역시 다른 화학물질과 마찬가지로 이중성을 띠고 있다.

3장

건강

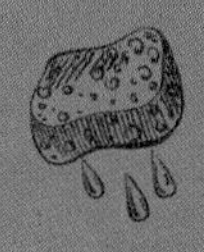

퀴리부인은 무슨 비누를 썼을까? 2.0

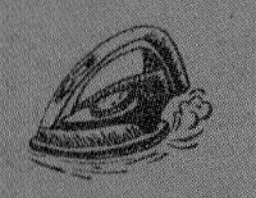

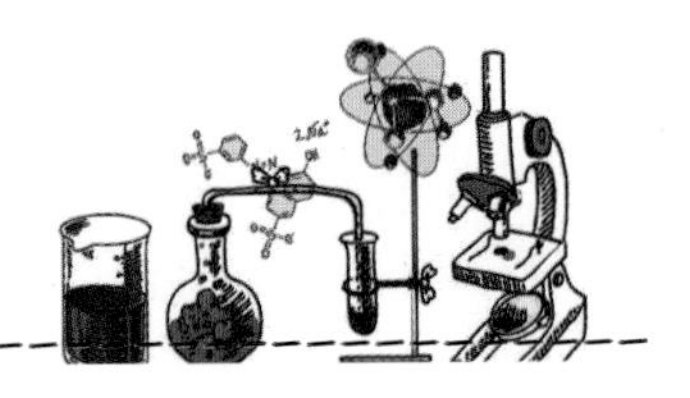

항산화 효과,
비타민 C

비타민(vitamin)은 몸에서 만들어지지는 않지만 생존에 반드시 필요한 물질이다. 따라서 생명 유지를 위해서는 비타민이 포함된 음식을 꾸준히 먹어 필요한 양만큼 공급해야 한다. 비타민이 부족할 경우 각각의 비타민에 대응되는 질병이 발생할 수 있으며, 심할 경우에는 목숨까지 위태로울 수 있다.

본래 그 이름이 의미하는 것처럼 비타민은 '필수'라는 뜻을 가진 형용사 'vital'과 화학 물질인 'amine'이 합쳐진 합성어이다. 아민은 질소를 반드시 포함하고 있는 화합물인데, 그렇다고 비타민에 반드시

아민이 포함되어 있는 것은 아니다. 다시 말해 비타민에 반드시 질소가 포함되어 있지는 않다.

비타민 C, 많이 먹어도 될까?

비타민은 크게 물에 녹는 수용성 비타민과 기름 혹은 지방에 녹는 지용성 비타민으로 구분한다. 비타민 B와 C는 수용성 비타민이며, 비타민 A, D, E, K는 지용성 비타민이다. 비타민이 어떤 용매에 잘 녹는가는 그것들의 분자 구조에 달려 있다.

비타민 B는 약 8종류(B_1, B_2, B_3, B_5, B_6, B_7, B_9, B_{12})가 있고, 비타민 D는 약 4종류(D_1, D_2, D_3, D_4)가 있다. 비타민 B 그룹으로 분류되는 분자들은 서로 구조가 매우 달라서, 비타민 B 복합체라는 말이 더 잘 어울린다. 그러나 비타민 D 그룹으로 분류되는 분자들은 기본 골격은 거의 같고, 기본 골격에 결합된 곁가지의 종류가 조금씩 다른 분자들로 이루어져 있다. 비타민 D_3는 햇볕을 쬐면 몸에서 생성되며, 칼슘 흡수를 돕는 역할을 한다.

수용성 비타민 C는 우리에게 매우 익숙한 화합물이다. 특히 요즈음에는 무슨 의식이라도 치르는 것처럼 식사 후에 곧바로 물과 함께 비타민 C 알약을 삼키는 사람들이 많다. 인간을 비롯하여 과일을 먹는 박쥐 및 아주 소수의 동물들은 진화과정에서 비타민 C의 생산 능력을 잃어버렸지만 대부분의 식물과 동물은 비타민 C를 자체적으로 생산하여 생명 유지에 활용하고 있다.

비타민 C는 노벨상과 인연이 깊다. 헝가리 출생의 미국인 과학자 센트죄르지(Albert Szent Gyorgyi)는 처음으로 파프리카(paprika, 야채)에서 비타민

: 오렌지에 들어 있는 비타민 C의 분자 구조

C를 추출하는 데 성공하였고, 비타민 C의 생리학 연구로 노벨 의학상을 수상하였다. 영국의 과학자 하스(Walter Haworth)는 비타민 C의 분자 구조를 규명하여 노벨 화학상을 수상하였다. 단독으로 노벨상을 2번(화학상, 평화상)이나 수상한 미국의 화학자 폴링(Linus Pauling)은 비타민 C 예찬론자였다. 그는 하루에 약 10그램 이상의 비타민 C를 복용하면 암도 예방한다고 주장하였는데, 위대한 과학자의 이러한 주장에 많은 사람들이 비타민 C에 주목하기 시작하였다. 그러나 그의 노벨상 업적은 비타민 C와는 상관이 없으며, 더구나 그의 주장을 뒷받침할 수 있는 의학적 증거도 현재로서는 빈약해 보인다.

비타민 C는 많이 섭취한다고 해도 축적되지 않고 배출되므로 별 문제를 일으키지 않는다. 만약에 비타민 C가 문제를 일으킬 수 있는 물질이라면 폴링은 자신의 주장이 야기한 부작용으로 매우 곤란을 겪었거나, 아니면 현명하게 그런 주장을 하지 않았을 가능성이 높다.

비타민 C=아스코르브산

비타민 C의 공식 명칭은 아스코르브산(ascorbic acid)이다. 아스코르브산이라는 이름은 영어에서 부정을 의미하는 'a'와 '괴혈병'을 뜻하는 'Scorbuticus(영어로는 Scurvy)'이 합쳐진 것이다. 그러므로 아스코브산에는 이미 괴혈병을 예방, 치료하는 데 효능이 있다는 뜻이 포함되어 있는 것을 알 수 있다.

괴혈병은 비타민 C가 부족하여 생기는 병으로 조금 부족하면 잇몸 출혈이 나타나지만, 많이 부족하면 뼈가 변질되는 무서운 병이다. 국내에서 1960~1970년대에는 비타민 C 부족으로 잇몸 출혈이 있는 사람들을 많이 볼 수 있었다. 일반인들은 비타민 C를 매우 친숙하게 느끼지만, 아스코르브산이라고 하면 혐오스런 화학 물질을 떠올리는 경우가 있는데, 이것은 화학 물질에 대한 잘못된 선입견에서 나온 것으로 볼 수 있다.

아스코르브산;광학이성질체와 비대칭 탄소

아스코르브산은 광학이성질 현상을 나타내는 분자이다. 2개의 광학이성질체들은 분자를 구성하는 원자의 종류, 개수, 배열 위치, 물리화학적 특성이 모두 동일하고, 단지 광학이성질체를 녹인 용액이 편광에 감응하는 특성이 다를 뿐이다. 광학이성질 현상을 나타내는 분자들은 공통된 특징을 지니고 있는데, 그 특징을 설명하면 다음과 같다.

탄소 원자는 모두 4개의 결합이 가능하며, 결합될 수 있는 것으로는 동일한 탄소 원자, 다른 종류의 원자, 분자 그룹, 작용기 등이 있다. 여러 개의 탄소 원자로 구성된 유기 화합물 중에서 어떤 탄소 원자는 그것과 결합하는 원자, 분자 그룹, 혹은 작용기 4개가 모두 다른 종류인 경우가 있다. 이런 탄소 원자를 비대칭 탄소라고 하며, 유기 화합물 중에서 비대칭 탄소가 1개 이상 포함된 유기 화합물은 광학이성질 현상을 나타낸다. 단순히 탄소 원자 1개에 결합된 4개의 원자들이 모두 다른 분자도 광학이성질 현상을 보인다.

D와 L 정하기와 편광 특성

비대칭 탄소를 포함하는 2개의 광학이성질체 분자의 이름을 붙일 때, 이름 앞에 D 혹은 L을 표기한다. 그것은 광학이성질체를 구분하는 하나의 규약이다. 광학이성질체는 어떤 규약에 따라 이름을 정하든 모두 서로 거울상이라는 특징이 있다. 그러므로 D형과 L형 분자도 당연히 서로 거울상이다. 거울상은 두 분자 사이에 거울을 놓고 보면 서로 같은 모습이지만, 3차원 공간상에서는 서로 겹쳐지지 않는 것을 의미한다.

만약 탄소 원자가 길게 연결된 분자사슬을 가상의 종이 평면 위에 놓는다고 가정하자. 그때 산화가 많이 된 탄소 원자를 포함하는 분자 그룹을 위쪽에, 비대칭 탄소를 정중앙에 배열해 보면 분자들의 특징이 다른 것을 볼 수 있다. 산화가 많이 된 탄소 원자는 주로 산소와 이중 결합을 하고 있는 카보닐기를 포함하는 경우가 대부분이다.

따라서 이런 모습을 한 분자 그룹이 평면 위쪽으로 가도록 분자를 배열한다. 그때 중앙에 위치한 비대칭 탄소에 결합된 수산화기(-OH) 혹은 아미노기($-NH_2$)가 가상 평면의 오른쪽에 놓여 있으면 그 구조는 D형, 수산화기 혹은 아미노기가 왼쪽에 놓여 있으면 그 구조는 L형이라고 정하였다. 분자를 일정한 규칙에 따라 평면에 배열해 놓고 그것의 구조적 특징을 관찰하여 D형 혹은 L형으로 정한 것이다. 각 이성질체들의 D 혹은 L 이름과 편광을 회전시키는 방향은 무관하다. 즉 D형의 광학이성질체라도 어떤 분자는 편광을 오른쪽으로, 또 다른 분자는 편광을 왼쪽으로 회전시킨다는 것이다. 마찬가지로 L형도 분자의 종류에 따라서 편광의 회전 방향이 왼쪽, 오른쪽 어느 것이든 가능하다.

자연산과 인공산 구별 없이 광학이성질 현상을 일으키는 유기 화합물은 수없이 많다. 특히 자연에 존재하는 20종류의 아미노산 중에서 글라이신(glycine)을 제외하고 모든 아미노산이 광학이성질 현상을 일으킨다. 아미노산은 물론 다른 유기 화합물도 대체로 L형이 생리 효능이 있다. 물론 두 형 모두 생리활성을 나타내는 것도 있고, 어떤 분자의 경우에는 하나의 형태는 약으로, 다른 형태는 독으로 특성을 나타내는 경우도 흔하다. 비타민 C의 경우에 생리적으로 유용한 것은 L형이다.

비타민 C의 역할 및 용도

비타민 C는 열에 약하며, 산소에 의해 쉽게 산화된다. 우리나라 사람들이 잘 먹는 풋고추, 시금치에도 비타민 C가 상당히 많이 포함되어 있다. 그러나 열을 가하면 비타민 C가 많이 파괴되므로 야채는 열을 최소로 사용하거나 날 것으로 먹는 것이 좋다. 양배추에 포함된 비타민 C의 경우 10분 정도 끓이면 비타민 C가 25퍼센트 이상 손실된다고 한다. 과일 혹은 채소가 갈색으로 변하는 것을 지연시키거나 음식 보존을 위해서 일부러 비타민 C를 첨가하기도 하는데, 산소가 과일, 채소, 음식에 있는 화학 물질과 반응하기 전에 비타민 C와 먼저 반응하도록 유도하기 위해서이다. 즉 비타민 C는 쉽게 산화되므로, 변색의 원인이 되는 화학 물질이 산소와 반응하기 전에 비타민 C와 반응을 하면 그 화학 물질은 원형 그대로 보존이 된다. 보통 이야기하는 항산화제 기

: 비타민 C가 많이 들어 있는 과일과 채소

능을 비타민 C가 훌륭히 해내고 있는 것이다. 한편 비타민 C가 포함된 음식을 조리할 때는 구리로 만든 조리기구를 사용하지 않는 것이 좋다. 왜냐하면 비타민 C가 산소와 반응할 때 구리가 촉매로 작용하기 때문에 음식에 포함된 비타민 C를 더 빨리 없애기 때문이다.

철의 흡수와 비타민 C

비타민 C는 뇌하수체나 부신에 많이 존재하며 호르몬 생산에 필요한 것으로 알려져 있다. 또한 세포 조직이 파괴되어 복구될 때, 자유 라디칼 등의 공격으로부터 세포 조직의 파괴를 막을 때에도 사용된다. 그렇지만 몸에 철이 과량으로 누적되는 환자들은 비타민 C를 과량 흡수하면 오히려 병이 더 악화될 수 있다. 왜냐하면 비타민 C는 철의 흡수를 도와주기 때문이다.

식물의 경우는 대부분이 비타민 C를 자체 생산한다. 광합성을 통해 생산한 포도당 혹은 갈락토스(galactose)가 효소(L-galactose dehydrogenase)에 의해 비타민 C로 변환되는 것이다. 식물들은 이렇게 자체 생산한 비타민 C를 자신들의 생명을 유지하고 성장하는 데 이용한다. 또한 해로운 화학 물질(예: 자유 라디칼)을 없애거나 자신들이 겪는 환경 스트레스(예: 가뭄)를 극복하는 데에도 이용한다.

자연산과 인공산의 차이는 없다

오늘날 판매되는 대부분의 비타민 C는 포도당을 원료로 사용하여 여러 단계를 거쳐서 공장에서 합성된 것으로, 전 세계에서 매년 5만 톤 이상이 소비되고 있다. 비타민 C는 비교적 안전한 물질로, 활성산소를 없애 주고, 우리 몸에서 중요한 기능을 하는 필수 물질이다. 현재로서는 많이 섭취해도 해가 없다고 알려져 있지만, 설사가 나서 화장실을 자주 들락거려야 하는 불편은 감수해야 한다. 비타민 C의 구조가 동일하다면 그것이 공장에서 만든 것이든, 자연에서 추출한 것이든 효용은 같으므로 굳이 비싼 돈을 지불하면서 자연산 비타민 C를 찾을 이유는 없다.

철이 들었나요?
빈혈과 철

빈혈과 철의 관계

빈혈은 혈액에 적혈구의 수 혹은 헤모글로빈의 양이 부족하여 생기는 것이다. 빈혈(anemia)의 어원은 그리스어 'anaimia'에서 파생된 것으로 그 뜻도 역시 혈액이 부족하다는 것이다. 빈혈은 남성보다 여성에게 더 흔하다.

오래전에 서울 지하철 내에 빈혈과 관련된 눈에 띄는 광고가 등장한 적이 있다. 여성 비타민 판매 광고에 "철이 든 여자"라는 카피를 적어 놓

: 빈혈에 좋은 음식인 레드비트

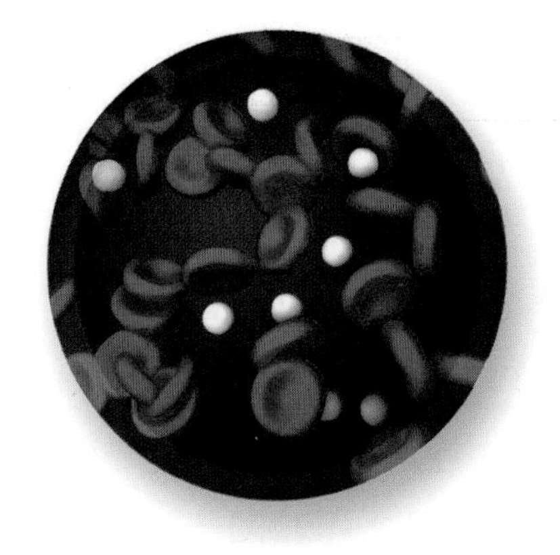
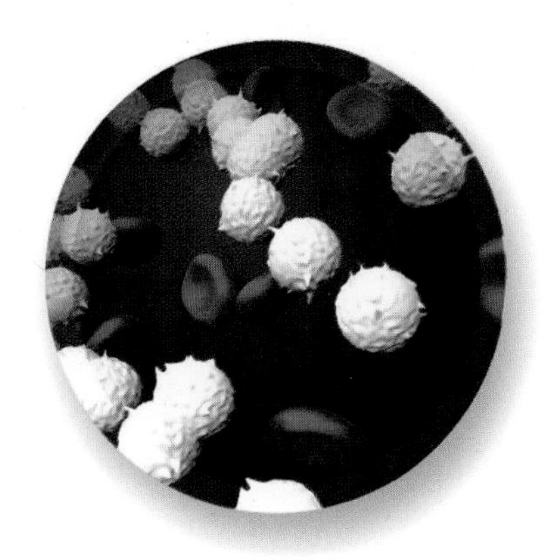

: 정상인의 혈액(왼쪽)과 빈혈 환자의 혈액(오른쪽)

은 것이었다. 우리말로 "철이 들었다."라고 하는 것은 어린이에게는 사리분별이 가능해졌다는 칭찬의 표현이다. 그 광고는 여성의 몸에 필요한 철분을 채울 수 있다는 것을 의미하는 동시에 "철이 든다."라는 정신적 성숙까지 의미하고 있어서 매우 흥미로웠다.

전 세계 인구 중에서 약 5억 명이 빈혈 증상을 갖고 있는 것으로 알려져 있다. 그리고 우리나라 빈혈 환자의 상당수는 혈액에 철이 부족한 것이 원인이라고 한다.

몸 안의 철은 주로 혈액에 있는 헤모글로빈 및 철 관련 단백질과 결합되어 있으며, 여분의 철은 간을 비롯한 장기(췌장, 간, 심장) 등에 저장되어 있다가 필요할 때 사용된다. 철은 DNA의 합성과 물질대사, 에너지 대사에 관련된 효소들이 본래의 기능을 발휘하는 데 없어서는 안 될 매우 중요한 원소이다.

철 이온의 형성과 종류

철 원자는 전기적으로 중성이다. 원자가 전자를 2개 혹은 3개를 잃으면 철이 플러스 전하를 띤 양이온으로 변하며, 이것을 철이 산화되었다고 말한다. 전기적으로 중성인 원자가 전기적으로 음의 성질을 가진 전자를 잃으면 양이온이 되며, 전자를 얻으면 음이온이 된다. 체내에 있는 철 이온은 다른 이온들과 반응하거나 분자와 결합을 하며, 주위 환경에 따라 그 모습도 달라진다. 위(stomach)와 같은 산성 환경에서는 철 이온은 물이 6개 결합된 수화된 철 이온($[Fe(H_2O)_6]^{2+}$ 혹은 $[Fe(H_2O)_6]^{3+}$)으로, 십이지장과 같은 염기성 환경에서는 수산화 철($Fe(OH)_2$ 혹은 $Fe(OH)_3$])로 존재할 가능성이 높다. 수화된 철은 물에 잘 녹는 것을 의미하므로 거의 잘 녹지 않는 수산화 철 입자보다 몸으로 흡수되거나 혹은 단백질과 결합하기 좋다. 만약 십이지장에서 비타민 C의 농도가 높으면, 철 이온은 산화수가 Fe^{2+}로 존재하고, 흡수율이 증가되는 것으로 알려져 있다. 즉 철의 산화수 및 이온의 종류는 흡수율에 많은 영향을 끼친다.

철의 필요량과 흡수율

남성은 하루 약 10밀리그램, 여성은 약 15~18밀리그램 이상의 철을 섭취하여야 한다. 음식으로 몸에 들어와 흡수되는 철 중에서 혈액으로 유입되는 것은 단지 2밀리그램 정도에 불과하다. 임신 중이거나 빈혈이 있는 사람들은 더 많은 철을 필요로 하므로, 철이 많이 포함된 음식인 소의 간, 콩, 적색포도주, 혹은 철분 강화 음료 등을 별도로 섭취하는 것이 좋다.

: 철이 많이 함유된 식품

철 부족으로 인한 빈혈을 해결하려고 철 입자를 먹는 것은 아니다. 혈액을 비롯하여 몸에 있는 철은 이온 형태로 존재한다. 그러므로 식품 혹은 음식에 포함된 철 이온들이 몸으로 흡수되려면 대사과정에 흡수율이 높은 분자 구조를 유지하고 있어야 한다. 특히 위산은 음식에 포함된 철의 산화물 혹은 유기산과 결합된 철을 수화된 철 이온으로 변화시켜 주는 중요한 역할을 한다. 빨간색 살코기, 약간 검은색의 잎 넓은 채소는 특히 철 이온이 많이 포함된 음식들이다.

동물의 근육을 구성하는 마이오글로빈 단백질은 중심 금속이 철 이온이며, 철 이온을 저장하고 필요에 따라 방출하는 기능을 하고 있는 단백질인 페리틴(ferritin)도 많은 철을 포함하고 있다. 특히 페리틴은 철을 많이 포함하고 있으면서도 철의 독성이 발현되지 않고 그 역할을 한다는

: 철이 많이 들어 있는 시금치

데 묘미가 있다. 검사 결과 페리틴의 혈액 농도가 기준치보다 낮으면 철의 조절 기능이 약화되거나 혹은 철의 양 부족으로 인해서 빈혈로 이어질 가능성이 높다. 음식에는 다양한 형태의 철 화합물이 포함되어 있는데, 그 철 성분 모두가 흡수되고 활용되는 것은 아니다. 예를 들어 철 이온과 잘 결합할 수 있는 옥살산(oxalic acid)과 같은 분자들을 많이 포함하고 있는 채소에 있는 철 성분은 활용되지 못하고 체외로 배출된다. 시금치는 다른 채소에 비해서 철 성분이 높지만, 동시에 옥살산을 많이 포함하고 있어서 시금치에 포함된 철이 우리 몸에 흡수되는 비율은 상대적으로 낮다. 그 이유는 철 이온이 옥살산과 반응하면 매우 안정한 복합체(complex)를 형성하는데, 그런 복합체는 대사에 이용되기 어렵기 때문이다. 화학분석 결과로 얻어진 채소에 포함된 철의 총량과 대사에서 그것이 흡수되는 양은 별개의 문제이다. 또한 대사를 통해서 흡수되는 철의 양은 조건(사람, 음식 상태)에 따라 차이가 많이 날 것이라는 것도 쉽게 예상할 수 있다.

철의 운반과 조절

흡수된 철을 필요한 신체의 부분까지 운반해 주는 단백질로 트랜스페린(transferrin)이 있다. 철 이온은 트랜스페린과 매우 강하게 결합되어 있다. 모유, 달걀 등에도 변형된 트랜스페린 단백질이 소량 포함되어 있다.

그것은 트랜스페린이 박테리아 혹은 세균 증식을 억제하는 천연 항균제로써 기능을 하기 때문이다. 박테리아도 생존을 위해서는 철 이온이 필요한데, 만약에 철 이온이 트랜스페린과 아주 강하게 결합되어 있으면, 박테리아는 그 철 이온을 자신의 생존을 위해서 이용할 수 없다. 따라서 모유와 달걀에 포함된 트랜스페린은 박테리아의 증, 번식을 막는 자연산 항박테리아제 역할을 하고 있는 것이다. 트랜스페린은 산화수가 3가인 철 이온(Fe^{3+}) 2개를 운반한다.

헤모글로빈에 결합된 철 이온은 산화수가 2가인 철 이온(Fe^{2+})이다. 헤모글로빈에 결합된 철의 산화수가 +3인 경우에는 산소를 운반하지 못하므로, 단백질 혹은 분자에 결합되어 있는 철의 산화수는 매우 중요한 변수이다. 피의 붉은색은 헤모글로빈과 결합하고 있는 철 이온의 산화수가 +2이기 때문이며, 산화수가 +3이 되면 갈색으로 변한다. 거미나 바닷가재의 혈액에서 헤모글로빈처럼 산소를 운반하는 헤모시아닌(hemocyanin) 분자에는 철 이온 대신 구리 이온이 결합되어 있고, 푸른색을 띤다. 혈액에서는 같은 부피의 물보다 50배 정도 산소가 더 잘 녹는데, 이것도 산소가 헤모글로빈에 포함된 철 이온과 잘 결합하기 때문이다.

몸에 쌓인 철의 배출

헤모글로빈 생성에 대한 결함 유전자를 갖고 태어난 사람들은 주기적으로 수혈을 해야 된다. 또한 악성 빈혈의 치료 목적으로 수혈이 필요한 사람도 있다. 이런 사람들은 몸에 필요한 양 이상의 철이 쌓이게 되면 몸에 이상이 생기고, 특히 암 발생률이 높아진다고 한다. 그러므로 수혈 혹은 대사 이상으로 인해서 철이 적정수준 이상으로 쌓이게 되면 철을 배출해 주어야 한다. 철 이온과 안정한 착물을 형성하는 물질을 약으로 먹고, 그 착물이 물에 녹아 대소변으로 배출되게 하는 것이다. 철 이온과 안정한 착물을 형성하는 데스페리옥사민(desferrioxamine B)을 피하주사로 공급하고, 비타민 C를 함께 복용하면 상당한 양의 철을 제거할 수 있다. 선천성 빈혈로 피를 많이 수혈받은 환자, 철광에서 일하는 광부, 주물공장에서 일하는 인부들의 암 발생률이 높다는 관찰 결과는 철이 많으면 문제가 심각하다는 것을 반증한다. 러시아에서는 암을 '녹슨 병(rusting disease)'이라고 하는데, 이것을 보면 암의 발생과 철이 연관되어 있다는 것을 암시하는 것처럼 보인다. 흔히 철이 산화되어 붉은색의 산화철이 될 때 녹슨다는 표현을 사용한다. 철은 산화되면 철 이온이 되고, 철 이온은 다시 산소 혹은 물과 반응하여 다양한 종류의 산화철이 된다.

철이 든다?

뇌에는 철이 풍부하게 있는 장소가 있고, 그 장소는 정신 발달과 관련이 있는 것으로 알려져 있다. 빈혈이 있는 유아나 어린이들의 정신, 사고력 발달이 늦어지는 이유도 뇌를 비롯한 몸에 철이 부족하기 때문이다. 그러고 보면 아이들이 제법 의젓해지면 "철이 들었다."라는 말을 해온 우리 선조들은 정말로 철 이온의 역할을 직감적으로 알았던 것 같다. 다른 화학 물질처럼 철은 부족해도, 또 많아도 문제가 된다. 철의 체내 균형을 유지하는 일은 중심을 잡고 살아가야 하는 우리의 인생살이와 닮았다.

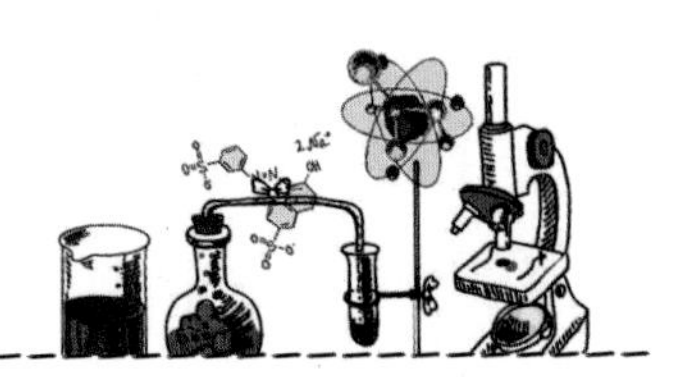

몸에 좋다는 산, 불포화 지방산

언제부터인가 건강에 좋다고 오메가-3(ω3)를 챙겨 먹는 사람들이 늘기 시작하였다. 오메가-3라고 부를 때는 보통 오메가-3 지방산을 의미한다. 지방산 분자는 여러 개의 탄소 원자로 구성되어 있고, 한쪽 끝에 있는 탄소는 카복실기 형태를 하고 있다. 카복실기의 탄소에서 가장 멀리 떨어진 또 다른 끝의 탄소로부터 세 번째 탄소에 이중 결합이 있는 불포화 지방산을 오메가-3 지방산이라고 한다. 그리스어 알파벳의 마지막 철자인 오메가(ω)의 의미를 살리고, 그 끝으로부터 첫 번째 이중 결합이 관찰되는 탄소 위치를 숫자로 적다 보니 오메가-3라는 표현이 생겨난 것이다.

자연에는 수많은 종류의 지방산이 존재하는데, 오메가-3 지방산은 그 중 한 종류로 필수 지방산이다. 필수라는 의미는 우리 몸에 반드시 필요하지만 체내 합성이 안 되어 음식으로 섭취해야 된다는 것을 의미한다. 다른 예로는 필수 아미노산이 있다. 이 화학 물질을 이해하기 위해서는 지방, 지방산, 불포화 같은 용어를 이해해야 한다.

지방 : 지방산과 글리세롤의 결합

지방 분자는 글리세롤 분자 하나에 지방산 분자가 한 개 이상 결합되어 있다. 그런데 지방산 분자는 탄소 원자가 적게는 3개, 많게는 27개까지 결합된 탄소 사슬이 있고, 그 사슬의 한쪽 말단은 카복실기의 모습을 하고 있다. 지방산 분자를 구성하는 탄소 원자의 개수를 셈할 때는 카복실기 형태의 탄소 원자도 포함시킨다. 흥미로운 사실은 자연계에 존재하는 지방산은 짝수의 탄소 원자로 구성된 것이 대부분이라는 것이다. 가끔 우유, 치즈 혹은 식물성 기름에 홀수의 탄소 원자로 구성된 지방산이 존재하기도 한다.

글리세롤은 피부가 건조해지는 것을 막아 주는 보습 화장품에도, 장을 비우기 위해서 사용되는 관장약에도 포함되어 있는 물질이다. 글리세롤 분자의 골격을 이루는 3개의 탄소는 모두 단일 결합으로 이루어져 있고, 각각의 탄소마다 1개의 –OH기가 결합되어 있다. –OH기와 탄소 상호간 결합을 제외한 탄소의 결합 자리에는 수소 원자가 결합되어 있다.

글리세롤 1개 분자에 포함된 3개의 –OH기마다 지방산의 –COOH기가 반응을 하면 결합이 형성된다. 이때 형성되는 결합은 에스테르기(–COOR)의 모습을 하고 있다. 결합된 후에 본래 지방산 분자의 3개의 탄소 사슬 부분을 R, R′, R″이라고 간략히 적어 지방 분자를 표시하기도 한다. 글리세롤의 모든 -OH기에 지방산 분자가 모두 결합된 분자를 일컬어 중성 지방(Triglyceride, TG라고 적기도 한다.)이라고 한다. 글리세롤의 -OH기와 반응하는 3개의 지방산은 종류가 모두 같을 수도 혹은 모두 다를 수도 있으므로 중성 지방의 종류도 매우 다양할 것이라고 짐작할 수 있다. 또한 중성 지방을 구성하는 긴 탄소 사슬은 본래 지방산에서 유래된 것임을 알 수 있다.

포화 지방과 불포화 지방

약간의 상상을 동원하여 지방 분자의 모습을 떠올려 보자. 그것은 글리세롤의 골격을 이루는 탄소 원자 3개 각각에 마치 긴 머리카락처럼 탄소 사슬(R, R′, R″)이 연결된 분자 뭉치가 달려 있다고 보면 된다. 긴 탄소 사슬을 구성하는 탄소 원자들 모두가 단일 결합으로 이루어진 지방은 포화 지방이라고 하며, 긴 탄소 사슬을 구성하는 탄소 원자들끼리의 결합에 한 개 이상의 이중 결합이 포함된 지방은 불포화 지방이라고 한다. 결국 지방 앞에 붙어 있는 포화, 불포화라는 접두사는 지방의 이중 결합 존재 여부를 알려 주는 셈이다.

지방에 존재하는 이중 결합은 그 지방 분자의 물리 화학적 특징을 결정짓는 중요한 요인 중 하나이다. 우선 포화 지방 분자는 긴 탄소 사슬이 길게 뻗은 형태를 유지하고 있어서 서로 근접해 있는 또 다른 포화 지방 분자의 긴 탄소 사슬과 상호 작용이 일어날 가능성이 매우 높다. 반면에 불포화 지방 분자들끼리는 이중 결합으로 인해서 지방 분자 간의 상호 작용이 포화 지방보다 어렵다. 왜냐하면 불포화 지방의 탄소 사슬들은 이중 결합을 중심으로 마치 긴 사슬이 꺾여 있는 모양을 하고 있기 때문이다. 비유를 하자면 일직선 모양의 나무 막대는 서로 이웃해 있는 일직선 형태의 나무 막대와 긴 면을 따라 포개지거나 접촉할 수 있는 기회가 많다. 그러나 일직선이 아닌 각을 이룬, 즉 중간에 휘어진 나무 막대인 경우에는 또 다른 중간이 휘어진 이웃한 막대와 상호 접촉할 기회가 많지 않다.

녹는점의 차이

상호 접촉이 보다 쉽게 이루어지는 포화 지방 분자들은 분자들끼리 서로 뭉칠 수 있는 확률이 높다. 반면에 불포화 지방 분자들은 서로 뭉칠 확률이 포화 지방보다 적다. 이런 특성으로 인해서 포화 지방은 녹는점이 높고, 불포화 지방은 녹는점이 낮은 것이 일반적이다. 따라서 실온에

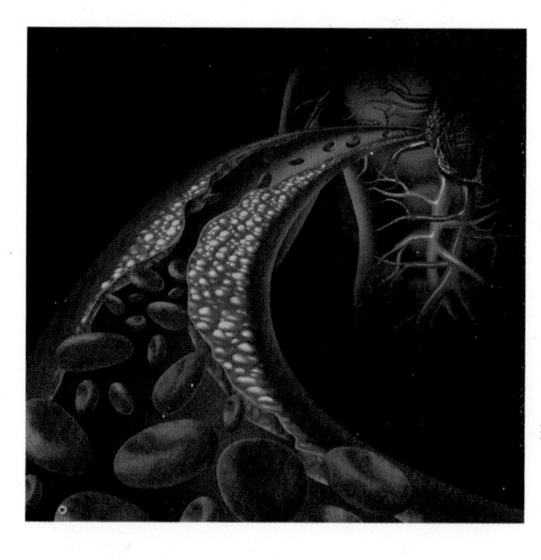

: 지방이 고체 덩어리가 된 채로 혈액 내를 떠돌아다니면 혈액의 흐름을 방해하여 일시적으로 혈액의 흐름이 막힐 수도 있다.

서 액체로 존재할 가능성이 높은 불포화 지방은 정상적인 체온을 유지한 혈액에서도 액체 상태를 유지할 가능성이 높다. 반면에 녹는점이 높은 포화 지방은 고체일 가능성이 더 높다. 지방이 고체 덩어리가 된 채로 혈액 내를 떠돌아다니면 혈액의 흐름을 방해할 수도 있다. 이 경우 일시적으로 혈액의 흐름이 막힐 가능성도 있다. 의사들이 포화 지방이 많이 든 음식을 줄이고, 불포화 지방이 든 음식을 권장하는 것도 다 이유가 있는 것이다.

다양한 오메가-3 지방산

오메가-3 지방산은 불포화 지방산의 한 종류로, 수많은 종류가 있다. 오메가-3라는 이름은 이중 결합이 처음 시작되는 위치를 알려 주는 명칭일 뿐, 이중 결합의 개수를 말해 주지는 않는다. 그러므로 이중 결합이 여러 개 포함된 지방산일지라도 이중 결합의 시작 위치가 오메가-3이면 모두 오메가-3 지방산이다.

물고기 기름에 포함되어 있으며, 건강에 좋다고 선전을 하는 DHA(Docosahexaenoic acid, 녹는점 -44℃) 혹은 EPA(Eicosapentaenoic acid, 녹는점 -54℃)는 모두 오메가-3 지방산이다. DHA는 탄소 원자의 개수가 22개(짝수)이며, 이중 결합이 모두 6개인 불포화 지방산이고, EPA는 탄소 원자의 개수가 20개(짝수)이고, 이중 결합이 모두 5개인 불포화 지방산이다. 두 지방산의 구조적인 공통점은 모두 오메가-3 불포화 지방산이라는 것과 지방산에 포함된 모든 이중 결합이 시스(cis) 구조를 하고 있다는 것이다. 자연에서 얻는 불포화 지방산 거의 대부분이 짝수 개의 탄소 원자로

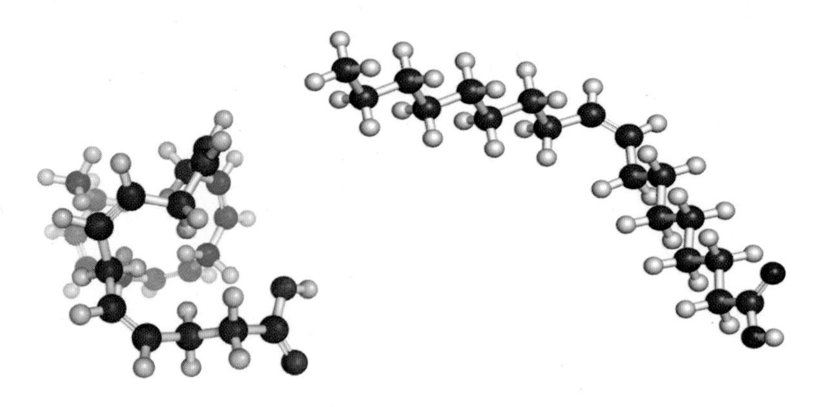

: 오메가-3 지방산인 DHA(왼쪽)와 오메가-9 지방산인 올레산(오른쪽)의 분자 구조

구성되어 있고, 포함된 이중 결합은 거의 대부분 시스 구조를 하고 있다는 점은 매우 흥미로운 일이다.

흔히 마주치는 불포화 지방산으로 올레산(oleic acid)이 있다. 올레산은 탄소 원자가 모두 18개이며, 이중 결합을 1개 포함하고 있다. 올레산은 오메가 탄소에서부터 9번째와 10번째 탄소 간에 이중 결합이 존재하므로 이름을 붙이는 규칙에 따라 오메가-9 지방산에 해당한다. 올리브 기름에는 오메가-9 지방산이 75퍼센트 이상 포함된 것으로 알려져 있고, 땅콩기름에도 오메가-9 지방산이 50퍼센트 이상 들어 있다. 지방산을 구성하는 탄소의 수가 많을 경우 이중 결합이 한 개만 포함된 지방산은 매우 다양하게 존재할 수 있는데, 그중 신기하게도 오메가-9 지방산이 많이 존재한다.

체내에서 탄수화물, 알코올, 단백질 등의 대사작용이 이루어지면서 포화 혹은 불포화 지방산이 만들어진다. 그런데 필수 지방산인 오메가-3 혹은 오메가-6 지방산은 몸에는 필요하지만 자체적으로 생산이 안 되므로 반드시 음식으로 섭취해야 한다. 연구결과 오메가-3 지방산이 부족하면 건강에 해롭다는 것이 밝혀졌다. 따라서 청어, 연어, 고등어 등과 같이 오메가-3 지방산이 함유되어 있는 음식물을 많이 섭취하는 것이 좋다. 채식주의자들은 동물성 오메가-3 지방산 대신에 들기름을 먹으면 부족한 양을 채울 수 있다.

최근에는 영양제로 오메가-3 불포화 지방산을 섭취하는 사람들이 늘어나고 있다. 또한 오메가-3와 오메가-6 지방산의 적절한 비율을 유지하는 것이 건강에 좋다는 연구결과들이 발표되고 있다.

: 불포화 지방산이 많이 함유된 음식

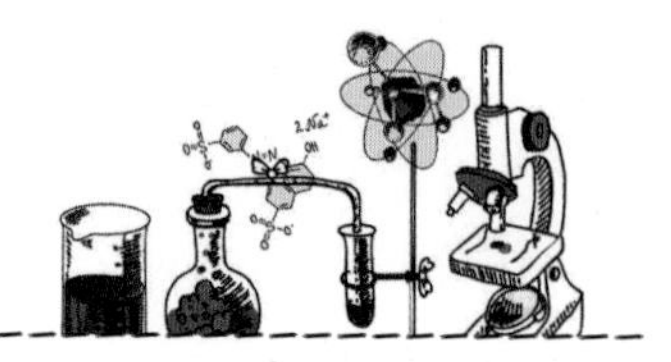

건강을 위협해요, 트랜스 지방

트랜스 지방과 건강

신문이나 뉴스에 자주 등장하는 화학 물질 중 하나가 바로 트랜스 지방이다. 세계보건기구(WHO)에서는 하루에 섭취하는 열량 중에서 트랜스 지방의 비율을 1퍼센트 미만으로 권고하고 있다.

지방은 탄수화물, 단백질과 함께 우리 몸의 3대 영양소로써 먹지 않을 수는 없지만 과하게 섭취하면 건강에 해로울 수 있다. 나이가 들면서 건강검진을 받고 나서 자료를 검토할 때 중성 지방의 수치에 눈길이 가는 것도 혈액 속에 포함된 지방의 양이 건강에 영향을 미친다는 사실을 알고 있기 때문이다.

시스와 트랜스 지방의 구조와 차이

이중 결합을 이루는 2개의 탄소 원자가 붙어 있는 곳을 중심으로 구조를 살펴보면, 2개의 탄소 각각에 1개씩 결합된 수소 원자가 같은 방향에 위치하거나, 대각선 방향으로 위치한 경우를 생각할 수 있다. 수소 원자의 위치가 같은 방향일 경우에는 2개의 탄소 원자에 결합하고 있는 분자 뭉치들도 같은 방향으로 배열을 하며, 수소 원자의 결합 위치가 대각선 방향이면 분자 뭉치들의 위치도 대각선 방향이다. 수소 원자의 위치, 분자 뭉치의 위치 모두가 같은 방향인 분자 구조를 가진 지방을 시스 지방, 수소 원자와 분자 뭉치의 위치가 대각선 방향으로 배열된 형태를 지닌 지방을 트랜스 지방이라고 부른다. 시스는 '같은 방향', 트랜스는 '반대쪽'이라는 의미를 지니고 있다.

지방 분자는 탄소 원자 수가 많기 때문에 같은 분자 내에서도 이중 결합이 한 개 이상 형성될 수 있다. 만약에 2개의 이중 결합을 포함하는 지

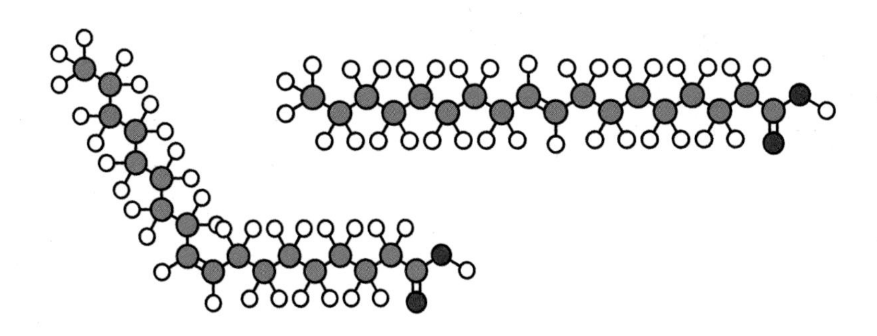

: 시스 지방인 올레산(왼쪽) 및 트랜스 지방인 엘라이드산(오른쪽)

방 분자는 시스-시스, 트랜스-트랜스, 혹은 시스-트랜스 형태의 이중 결합을 유지할 수 있는 것이다. 자연에서 얻어지는 지방은 보통 포화 지방과 불포화 지방이 서로 섞여 있는 경우가 많으며, 두 성분의 비율에 따라 녹는점, 끓는점과 같은 물성이 달라진다.

많은 탄소 원자를 포함하는 지방 혹은 지방산의 중간 부분에 이중 결합이 있다면 그 모양은 시스, 혹은 트랜스가 될 수 있다. 시스의 경우에는 이중 결합을 중심으로 긴 사슬 모양의 탄소 뭉치들이 같은 방향으로 있어서 마치 영어 알파벳 'U'자와 같은 모양을 유지하고 있다. 반면에 트랜스의 경우에는 이중 결합을 중심으로 탄소 뭉치들이 약간 뒤틀려 보이지만 전체적으로는 포화 지방처럼 기다란 막대기 모양을 유지하고 있다.

자연산은 주로 시스 지방

트랜스 지방은 실온에서도 고체이기 때문에, 체내에서 여러 가지 장애 요인을 유발할 수 있는 기능을 이미 갖추고 있는 셈이다. 반면에 시스 지방은 서로 뭉쳐지기 어려운 구조를 가지고 있어서 녹는점이 비교적 낮고, 액체 상태로 존재하려는 경향이 트랜스 지방보다 높다.

건강에 해를 끼치는 것은 바로 포화 지방과 트랜스 지방이다. 섭취하는 지방은 화학 분해 과정을 거쳐서 체내로 흡수되며, 일부는 저장된다. 올리브, 해바라기, 옥수수, 콩을 재료로 사용하는 식물성 기름에는 불포화 지방이 많이 포함되어 있지만 동물성 지방인 양고기, 쇠고기, 유지 등에는 포화 지방이 많이 포함되어 있다. 그러나 불포화 시스 구조를 많이 가지고 있는 식물성 기름도 높은 온도에서 조리과정을 거치면서 불포화

: 트랜스 지방이 많이 들어 있는 음식

트랜스 구조로 변환될 수 있고, 심지어 포화 지방으로 바뀔 가능성도 배제할 수 없다. 따라서 시스 구조를 포함하고 있는 자연산 식물성 기름이라고 할지라도 몸에 해로운 트랜스 지방으로 변질되기 전에 음식물로 섭취하는 것이 좋다.

식용유는 시스 구조를 포함하고 있는 자연산 지방이며, 식용유 분자에 포함된 이중 결합을 없애서 단일 결합으로 바꾸면 이웃 분자들끼리 잘 겹쳐질 수 있는 포화 지방이 만들어진다. 즉 식용유의 이중 결합을 화학 반응을 통해서 제거하면 고체 마가린이 만들어진다. 통상적으로 지방은 고체를, 기름은 액체를 말하지만 화학적으로는 같은 성분이 물리적인 상(phase)만 달라진 것일 수 있다. 사람들이 식물성 기름은 좋고, 동물성 지방은 나쁘다고 말하는 것도 이미 이런 상태를 파악하고 말하는 것일까?

트랜스 지방과 건강

우리 몸의 지방은 포화 지방이 약 30퍼센트 이상, 불포화 지방이 약 60퍼센트 이상으로 구성되어 있으며, 불포화 지방 중에서도 올레산이 차지하는 비중이 약 50퍼센트로 매우 높은 편이다.

트랜스 지방이 심장병을 일으키는 원인을 제공한다는 의학 자료들도 있고, 몸에 트랜스 지방이 많은 여성들이 유방암에 걸릴 확률이 40퍼센트 이상 높다는 연구결과도 나와 있다. 따라서 가능하면 트랜스 지방을 멀리하는 것이 좋다. 하지만 자연산 트랜스 지방(vaccenic acid)도 존재하고, 우리 몸에 필요한 식품들에도 들어 있으므로, 트랜스 지방을 전혀 먹지 않는 것은 불가능하다. 따라서 트랜스 지방의 하루 제한량(약 2.2그램)을 지키려고 노력하는 것이 좋다.

참고로 우리나라의 식품 표시기준에 따르면 1회 제공량(과자의 경우 30그램)에 0.2그램 이하의 트랜스 지방이 포함된 경우에는 천연으로 존재하는 함량 등을 고려하여 '0'으로 표시할 수 있다. 이 점은 미국, 캐나다 등도 비슷하다. 따라서 트랜스 지방의 함량을 잘 살피되, 트랜스 지방이 없다고 표시된 식품이라고 해서 마구 먹어서는 안 된다.

심혈관 질환, 콜레스테롤

건강검진 결과표에는 다양한 수치가 적혀 있다. 수치가 기준치 범위를 벗어난 경우에는 재검을 받거나 의사와 상담을 하여 약을 처방받아야 한다. 그 중에서 나이가 들면서 관심을 갖게 되는 수치가 혈압과 콜레스테롤(cholesterol)일 것이다. 이러한 수치들은 심장마비 위험과 관련된 지표이기 때문에 현대인들에게 많은 관심의 대상이 되고 있다.

콜레스테롤은 협심증, 심근경색 등과 같이 심장에 영양분과 산소를 공급하는 관상동맥이 굳어지는 동맥경화의 원인이 되는 화학 물질 중 하나이다.

콜레스테롤의 특성

콜레스테롤은 1700년대 말에 담석에서 고체 형태로 처음 발견되었다. 담낭에 형성된 담석은 주로 담즙에서 분비되는 콜레스테롤이 뭉쳐서 고체가 된 경우이다. 신장 결석의 주성분인 칼슘 화합물과는 차이가 있다. 국내에서는 담석 환자의 수가 증가하는 추세이다. 식생활 변화에 따라 서양처럼 기름진 식사를 많이 하게 된 것도 주요 요인이다. 지방을 소화시키는 데 필요한 화학 물질인 담즙산은 콜레스테롤을 원료로 하여 간에서 생산된다.

본래 콜레스테롤은 그리스어로 담즙을 뜻하는 '콜레(chole)'와 고체를 뜻하는 '스테레오스(stereos)'에 알코올을 의미하는 '올(ol)'까지 붙여서 만

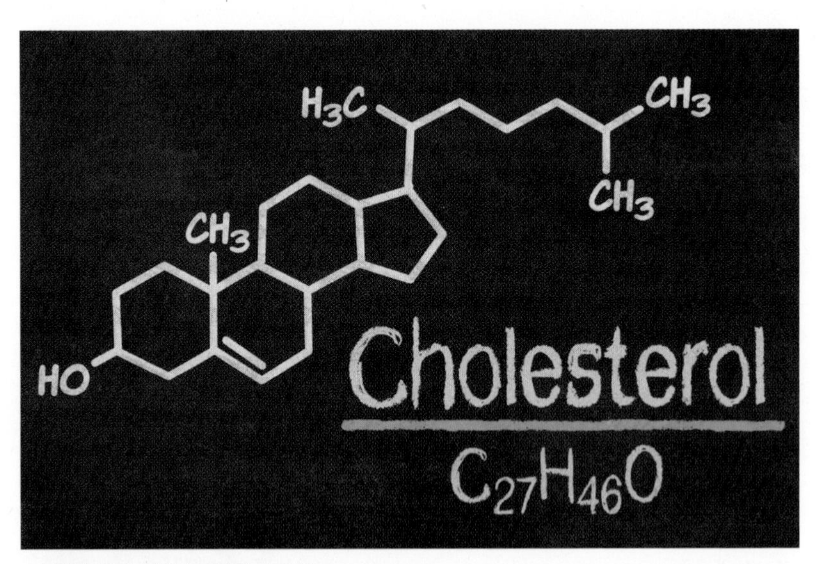

: 콜레스테롤의 분자 구조와 분자식

든 합성어이다. '올'은 유기 화합물 중에서 OH 작용기가 결합된 분자를 지칭할 때 주로 사용된다. 주변에서 많이 들어본 메탄올, 에탄올도 모두 -OH 작용기를 포함하고 있기 때문에 이름에 '올'이 들어 있다. 그러나 콜레스테롤은 물에 녹지 않는 지용성이다. 또한 콜레스테롤은 세포막을 생성, 유지하고 지용성 비타민 D를 생산하며 남녀 성 호르몬 및 스테로이드 호르몬의 생성에 필요한 선구물질(precursor)이다. 선구물질이란 생성되는 분자의 필수적인 성분 혹은 분자 구조 등과 같은 분자의 중요한 부분을 포함하고 있는 반응물을 말한다.

콜레스테롤은 음식을 통해서 체내로 흡수되거나 대사를 통해서 하루에 약 1그램이 체내에서 생산된다. 콜레스테롤이라고 하면 나쁜 이미지가 떠오르지만, 사실은 몸의 기능을 유지하고, 몸 안에서 진행되는 수많은 생화학 공정에 매우 중요한 역할을 하는 반드시 필요한 화학 물질인 것이다. 블로흐(K. Bloch)와 리넨(F. Lynen)은 콜레스테롤 조절 메커니즘을 규명하여 1964년에 노벨 의학상을 받았다.

콜레스테롤의 운반체, 지질단백질

콜레스테롤은 간에서 피하 지방조직으로 또는 피하 지방조직에서 간으로 혈액을 통해서 운반된다. 그런데 콜레스테롤과 지방은 혈액에 녹지 않고 섞여 있다. 왜냐하면 물이 주성분인 혈액에 기름이 녹을 수 없기 때문이다. 그런 혈액 환경에서 지질단백질(lipoprotein)은 콜레스테롤과 지방을 옮기는 특수 운반체로 사용된다. 물이 주성분이 되는 혈액에서 콜레스테롤과 지방을 필요한 곳까지 옮기려면 운반체 겉은 친수성 성질을 띠

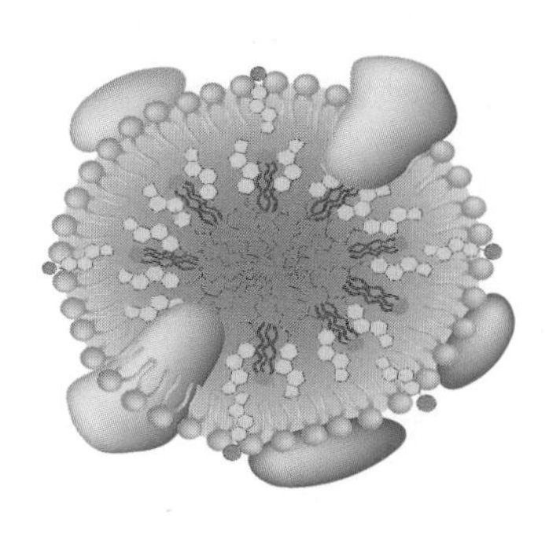
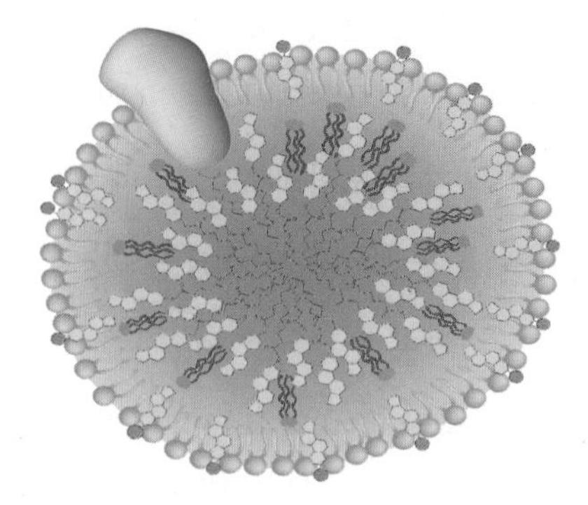

: HDL(왼쪽)과 LDL(오른쪽)의 모양

고, 그 안은 기름과 잘 융화될 수 있는 지용성 성질을 띠는 분자가 적합할 것이다. 그러므로 지질단백질은 물과 기름을 두루 수용할 수 있는 계면활성제의 성질을 갖추었다고 볼 수 있다. 지질단백질은 분자량이 크고, 덩치가 큰 거대분자이며, 지질의 비율이 높을수록 밀도가 작은 특징이 있다. 혈액에는 저밀도 지질단백질(LDL, low density lipoprotein), 고밀도 지질단백질(HDL, high density lipoprotein), LDL보다 밀도가 더 작은 초저밀도 지질단백질(VLDL, very low density lipoprotein) 등이 존재한다.

저밀도 지질단백질인 LDL은 콜레스테롤을 간에서 조직으로 운반해 주며, 고밀도 지질단백질인 HDL은 콜레스테롤을 조직에서 간으로 운반해 주는 역할을 맡고 있다. 잘 알고 있듯이 인체의 간은 거대한 화학공장이다. 간은 혈액에 떠도는 콜레스테롤을 처리하기 위해서 간이라는 화학공장으로 싣고 들어오는 운반체를 좋은 것으로 생각하며, 반면에 콜레스테롤을 싣고 나가는 운반체를 나쁜 것으로 생각한다. 왜냐하면 LDL은 혈관과 관련된 질병을 일으키기 쉬운데, 쉽게 산화되면서 혈액 찌꺼기 혹은 혈관에 잘 달라붙을 수 있는 형태로 변하기 때문이다. 각종 혈관 질환 및 중풍 등의 발생 빈도는 LDL의 증가와 밀접한 연관이 있으므로 나쁜 콜레스테롤이라고 하는 것이다.

총 콜레스테롤, HDL, LDL

혈액에 있는 모든 콜레스테롤은 대부분 HDL, LDL 지질단백질과 결합되어 있고 일부는 VLDL 및 다른 형태의 지질 분자들과 결합되어 있다. 그렇기 때문에 총 콜레스테롤 수치는 두 종류의 지질단백질에 포함된 콜레스테롤의 수치를 모두 합한 것보다 크다. 또한 콜레스테롤은 약 20~30퍼센트는 HDL에, 60~70퍼센트는 LDL에 있다고 보고 있다.

총 콜레스테롤의 수치가 보통 220 mg/dL 이상이면 의사들은 약물 치료를 받을 것을 권장한다. 보통 LDL의 농도가 100 mg/dL 이하이면 건강한 상태로, 160 mg/dL 이상이면 심장과 관련된 질병의 발병 위험이 높은 것으로 판단하고 있다. 즉 LDL이 혈액 100밀리리터당 100밀리그램 이하로 있다면 건강한 혈액으로 판단한다. 여기에서 dL은 1리터의 10분의 1인 100밀리리터를 표현하는 기호이며, 데시리터라고 읽는다. LDL의 농도는 총 콜레스테롤 수치 못지않게 건강을 파악하는 중요한 잣대로 활용되고 있다.

LDL의 양

식사를 하지 않고 굶은 환자에게서 채취한 혈액을 분석할 경우에는 LDL의 농도나 그 크기를 직접 측정하지 않는다. 직접 측정하는 방법은 비용도 많이 들며, 계산을 통해서 알아낸 값과 별 차이가 없기 때문이다. 보통 총 콜레스테롤, HDL, 중성 지방의 양을 측정하여 LDL의 양을 계산한다. 즉 총 콜레스테롤 농도에서 HDL 농도와 VLDL의 농도(보통은 중성 지방 농도의 20퍼센트로 계산한다.)를 뺀 값을 LDL의 농도로 추정하는 것이다(Friedewald 공식). 혈액의 중성 지방 농도는 음식물의 종류와 섭취 시간에 따라 민감하게 변한다. 콜레스테롤 양을 알기 위해 반드시 측정해야 되는 중성 지방의 양은 적어도 약 14시간 이상은 굶고 나서 채취한 혈액을 분석해야 비교적 정확한 값을 얻을 수 있다고 한다.

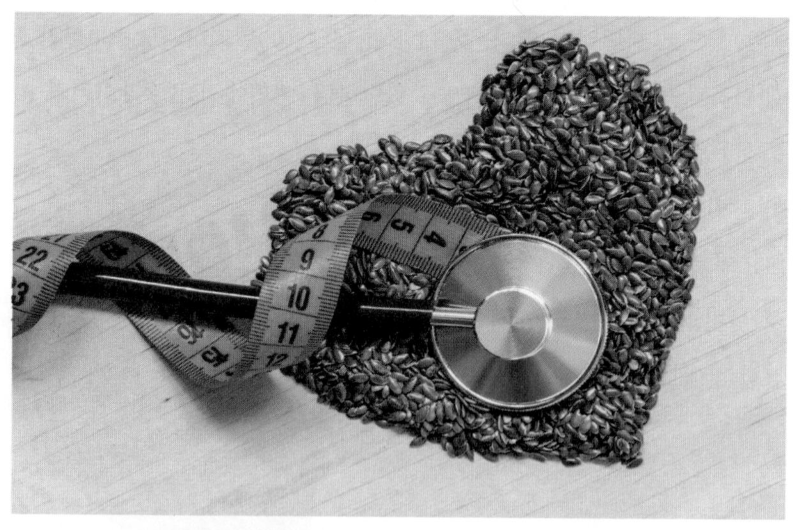

: 콜레스테롤 수치를 낮춰 주는 잡곡류

균형이 제일 중요한 건강

건강진단표에 나타난 LDL 수치가 높으면 건강에 좀 더 관심을 기울이게 되고, HDL 수치가 높으면 안심이 된다. 이것은 콜레스테롤을 운반하는 지질단백질이 필요로 하는 것보다 많거나 부족하면 건강에 해롭다는 것을 보여 주는 것이다. 현대의 수많은 병은 유전적 결함으로 인해 발생하는 병을 제외하고 너무 많이 먹어 생긴 결과라고 할 수 있다. 사실 건강을 유지하는 비결은 몸을 유지하는 데 필요한 화학 물질의 입력 양과 출력 양을 잘 맞추는 일이다. 몸을 유지하는 데 필요한 에너지를 생산하기 위한 음식물의 입출입 균형을 맞춘다면 자연히 균형 잡힌 몸매와 건강을 유지할 수 있을 것이다.

: 건강을 유지하기 위해서는 필요한 화학 물질의 입력 양과 출력 양을 잘 맞춰야 한다.

나쁜 산소의 대명사, 활성산소

산소는 인간 생존에 꼭 필요한 물질이다. 지각에 가장 많이 존재하는 원소 가운데 산소는 무게로 따지면 거의 50퍼센트에 육박한다. 우리 몸에서 산소의 비율은 약 65퍼센트이다. 산소는 이처럼 우리에게 아주 중요한 원소이지만, 모든 산소가 우리 몸에 이로운 것은 아니다. 우리 몸에 해를 줄 수 있는 산소를 활성산소(reactive oxygen species)라고 한다.

: 활성산소의 분자 구조

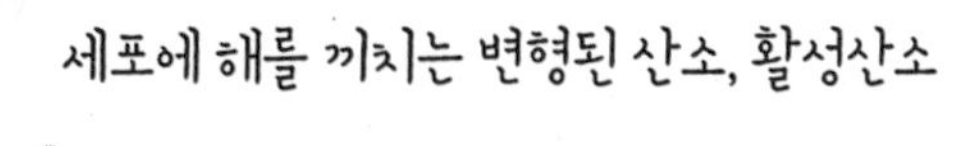

보통 공기에 있는 산소 분자는 삼중항 산소(triplet oxygen)이며, 2개의 홀전자를 갖고 있으면

서 안정한 편이다. 그러나 산소가 변화되어 불안정해지면 전혀 다른 특성을 나타낸다. 활성산소는 세포에 손상을 입히는 모든 종류의 변형된 산소를 말한다. 과산화수소(hydrogen peroxide, H_2O_2), 초과산화 이온(superoxide ion, O_2^-), 수산화 라디칼(hydroxyl radical, ·OH) 등이 대표적인 활성산소이다.

그렇다고 활성산소가 몸에 무조건 해로운 것은 아니다. 예를 들어 체내에서 과산화수소의 분해 결과 생성되는 수산화 라디칼은 병원체 등을 무차별적으로 공격한다. 마치 천연 소독약처럼 작용을 하는 것이다. 그런데 문제는 수산화 라디칼이 몸에 필요한 분자들까지도 무차별 공격한다는 점이다. 또한 수산화 라디칼은 나쁜 콜레스테롤로 낙인찍힌 저밀도지질단백질(LDL)을 산화시켜 심장병을 유발하기도 한다. 그것은 오존 혹은 과산화수소보다 더 큰 산화력을 갖고 있다. 다른 물질을 산화시키는 능력인 산화력이 크다는 것은 다른 물질을 쉽게 변형시킬 수 있는 능력이 크다는 것을 뜻한다.

라디칼의 특징과 반응성

라디칼은 전자가 쌍을 이루지 못하고 홀로된 전자를 포함하는 원자, 이온, 분자를 말한다. 일반적으로 전자는 쌍으로 존재하려는 경향이 매우 크다. 이 때문에 전자가 쌍을 짓지 못하고 홀로 있다면 다른 분자들과 반응하여 쌍으로 되려고 할 것이다. 이러한 특성 때문에 대부분의 라디칼은 불안정하고 수명이 짧다. 그렇지만 라디칼이 단백질처럼 거대 분자 속에 파묻혀 있어서 다른 물질과 접촉하기 힘들다면 비교적 긴 수명을 유지할 수도 있다. 또한 분자의 크기가 작더라도 라디칼을 안정시키는 분자 구조(비타민 E 혹은 멜라닌)를 갖추고 있는 경우라면 비교적 수명이 길다.

유해 산소의 일종인 초과산화 이온 역시 라디칼이다. 이것 역시 주변의 물질로부터 강제로 전자를 빼앗아 안정화되려고 한다. 그러므로 초과산화 이온 주변에 있는 DNA와 단백질로부터 전자를 빼앗으면 초과산화 이온은 안정이 되지만 주변 물질은 변화를 겪는다. 초과산화 이온은 환원되며, 다른 물질들은 산화된다. 만약에 초과산화 이온이 단백질, 탄수화물, 지방과 반응하기 전에 제3의 물질과 화학 반응을 하여 안정한 상태로 바뀐다면 우리로서는 좋은 일이다. 그런 화학 반응이 진행되면 몸에 필요한 물질들이 초과산화 이온에 의해 사라지거나 혹은 독성이 강한 물질로 변질되는 것을 막을 수 있다. 이러한 제3의 화학 물질을 모두 항산화제라고 한다. 결국 항산화는 필요한 물질의 산화를 억제하거나 혹은 막는다는 의미인 것이다.

항산화제와 라디칼의 싸움

수용성 비타민 C, 지용성 비타민 E는 대표적인 항산화제이다. 항산화제가 포함된 음식을 많이 섭취하면 항산화제가 몸에 생성되는 활성산소와 반응하고, 그 결과 라디칼이 안정한 생성물로 변환된다. 따라서 활성산소가 체내의 생리활성 분자들을 공격하기 전에 항산화제와 더 먼저, 더 빨리 반응이 일어날 수 있는 환경을 만들어 주는 것이 중요하다. 즉 항산화제가 많이 들어 있는 과일과 채소를 자주 먹는 것이 좋다.

체내에서 형성되는 항산화 물질도 있다. 대사 혹은 호흡 과정에서 생

: 항산화제가 많이 포함된 석류와 블루베리

성된 과산화수소는 분해되면 더 강력한 산화력을 지닌 수산화 라디칼이 된다. 다행인 것은 과산화수소의 분해 효소인 카탈라아제(catalase)와 먼저 반응하면 수산화 라디칼이 형성되지 않는다. 또 다른 효소인 글루타싸이온 산화 효소도 글루타싸이온 분자를 매개체로 하여 과산화수소를 분해한다. 그 효소의 활성화 자리(active site)에는 셀레늄(Se)이 결합되어 있다. 셀레늄 섭취로 과산화수소의 분해 효소가 많이 생성되면 과산화수소의 분해로 형성되는 활성산소의 농도를 그만큼 줄일 수 있다. 또한 초과산화 이온을 산소와 과산화수소로 변환해 주는 효소인 초과산화 이온 디스무타아제(SOD, Superoxide dismutase)는 세 종류가 있는데, 그들 효소의 활성화 자리에는 구리, 망가니즈, 아연과 같은 금속 이온이 결합되어 있다.

그러나 수산화 라디칼은 다르다. 수산화 라디칼은 반응성이 매우 강하고, 반감기가 나노초(ns) 정도로 매우 짧다. 따라서 효소에 의해 제거되는 초과산화 이온과는 다르게 수산화 라디칼은 효소의 공격을 받지 않고 매우 짧은 시간 동안에 거의 모든 종류의 분자들을 공격하여 생리활성에 반드시 필요한 분자들마저 제거해 버린다. 그러므로 음식 혹은 기능성 식품으로 항산화제를 많이 섭취하는 것이 수산화 라디칼의 공격을 미리 피하는 좋은 방법이 될 수 있다.

활성산소로부터 건강을 지키려면

인체는 전쟁터에 비유할 수 있다. 전쟁터에서 병사(항산화제)들이 몸에 반드시 필요한 화학 물질(생리활성 물질 등)을 지키려고 적의 창(활성산소)을 온몸으로 막아 내며 싸우고 있는 셈이다. 또한 적의 창을 무력화시키는 무기(효소)들도 곳곳에 있다. 전투에서 승리를 하려면 훌륭한 병사와 무기가 있어야 되듯이 활성산소로부터 건강을 지키기 위해서는 항산화제 혹은 효소의 형성과 관련된 금속 이온들을 계속해서 섭취해야 한다. 그렇다고 항산화제를 만병통치약처럼 생각하여 비타민처럼 복용하는 것은 생각해 볼 문제이다. 폐암 수술 후 베타카로틴(항산화제의 일종) 보충제를 규칙적으로 먹은 사람들의 폐암 재발률이 일반인들의 재발률보다 높다는 외국의 연구결과는 항산화제의 역할에 대해 아직도 모르는 문제가 많다는 것을 시사해 준다.

두통 치통 생리통, 진통제

흔히 진통제 광고를 보면 진통제 하나가 두통, 치통, 생리통 모두에 효과가 있는 것처럼 보인다. 이를 보면, 자연스럽게 세 종류의 통증이 모두 동일한 원인에서 출발하는 것인가 하는 의문을 갖게 된다. 만약에 한 가지 물질 혹은 한 가지 원인으로 세 종류의 통증이 발생한다면 통증 원인이 되는 물질이 제 역할을 못하도록 방해하거나, 그 물질이 더 이상 체내에서 합성되지 않도록 방해함으로써 통증도 시간의 흐름에 따라 자연스럽게 사라질 것이다.

통증의 원인과 프로스타글란딘

감기 몸살을 비롯해서 몸의 이상으로 발생되는 두통, 잇몸 혹은 이의 감염으로 유발되는 치통, 생리와 연관된 생리통은 모두 프로스타글란딘(prostaglandin)이라는 화학 물질과 관련이 있다. 그 밖에도 병원체에 감염되어 통증이 생길 때, 근육의 경직으로 근육통이 생길 때에도 세포 조직에서 프로스타글란딘이 과량으로 형성된다. 그 결과 체온이 증가하고, 통증이 심해지고, 염증이 생기게 된다.

프로스타글란딘은 정액(seminal fluid)에서 처음 발견하였으며, 그 이름도 전립선(prostate gland)에서 유래하였다. 그러나 후에 프로스타글란딘은 거의 모든 생체 조직 혹은 기관에서 발견된다는 것이 밝혀졌다. 프로스타글란딘은 아라치도닉산(arachidonic acid)을 원료로 하여 효소인 사이클로옥시게나제(COX, cyclooxygenase)가 만들어 내는 물질이다. 아라치도닉산은 탄

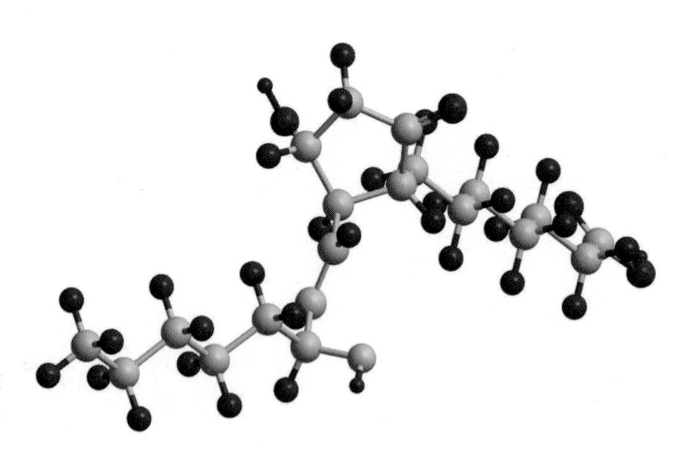

: 프로스타글란딘의 분자 구조

소와 탄소 간의 이중 결합이 4개 포함되어 있고, 총 탄소 원자의 개수는 20개인 불포화 지방산의 한 종류이다. 처음 이중 결합이 오메가 탄소에서 6번째에 위치한 오메가-6 지방산이며, 닭고기와 달걀을 비롯한 고기류에 들어 있다. 그러나 종류가 다른 불포화 지방산을 원료로 몸 안에서 합성되기도 한다. 프로스타글란딘 역시 탄소 원자의 개수가 모두 20개이며, 그중 5개의 탄소는 고리를 이루고 있고 체내에서 다양한 생리작용에 관여한다. 1982년에 노벨 의학상을 수상한 세 명의 과학자 베리스트룀(S. K. Bergstrom), 사무엘손(B. I. Samuelsson), 베인(J. R. Vane)의 연구 업적도 프로스타글란딘에 관한 것이었다.

진통제의 역할

아스피린(aspirin), 이부프로펜(ibuprofen), 아세트아미노펜(acetaminophen)과 같은 진통제는 이미 생성된 프로스타글란딘을 없애는 역할은 하지 못한다. 대신 프로스타글란딘을 생성하는 사이클로옥시게나제를 비롯한 효소(COX 등)를 직간접으로 방해하여 더 이상 프로스타글란딘이 생성되지 않도록 한다. 진통제를 투여한 후에 일정 시간이 경과해야 통증이 사라지는 이유가 이해가 된다.

세 종류의 통증 완화제(아스피린, 이부프로펜, 아세트아미노펜)는 모두 프로스타글란딘을 생성하는 효소의 활성을 억제하는 공통점이 있다. 그중에서도 아스피린은 효소를 직접 억제하며, 이부프로펜과 아세트아미노펜은 효소를 간접적으로 억제하는데 과산화수소가 공존하는 상황에서는 억제 효율이 떨어진다.

아스피린의 발견과 효능

세계적으로 유명한 바이엘(Bayer) 사의 아스피린은 독일 제품이다. 그러나 아스피린(화학명: 아세틸살리실산, acetylsalicylic acid)의 발견은 영국에서 시작되었다. 영국의 한 성직자(Edmund Stone)는 신도들과 마을 주민들이 열이 나고 아플 때면 흰 버드나무 껍질을 달인 용액을 마시도록 하여 치료 효과를 보았다. 사람들은 그 용액에 해열 효과가 있는 살리실산(salicylic acid) 혹은 몸에서 살리실산으로 변환될 수 있는 선구물질이 포함되어 있을 것이라고 짐작하였다. 그러나 살리실산은 입이나 위에 출혈이나 염증을 일으킬 수 있으므로 약으로 사용하기는 어려웠다. 이에 1893년 독일 제약회사에 근무하는 화학자 호프먼(Felix Hoffmann)과 드레서(Heinrich Dreser)는 살리실산보다 안전하고, 현재와 같은 효능을 가진 살리실산 유도체(derivative)를 만드는 데 성공하였고, 그것이 바로 아스피린이다.

화학에서 유도체는 목표로 하는 물질과 원자의 종류와 개수도 비슷하

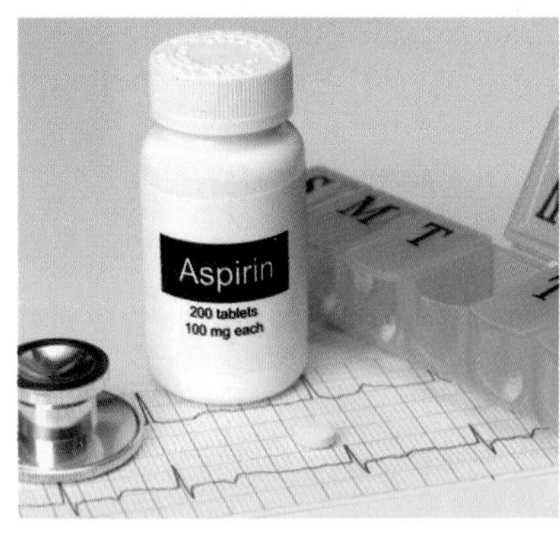

O OH
C
O − C − CH_3
O

: 아스피린과 아스피린의 분자 구조

며, 분자 내에서 배열되는 분자 구조도 매우 유사한 화학 물질을 통틀어 말하는 보통명사이다. 현재 일 년에 수십억 개 이상 팔리는 살리실산 유도체인 아스피린은 인류의 고통을 많이 덜어준 명약임에 틀림없다. 아스피린 정에는 주요 성분인 아세틸살리실산 외에도 탄산수소나트륨($NaHCO_3$)이 들어 있다. 물에 잘 녹는 탄산수소나트륨은 아세틸살리실산과 반응하면 아세틸살리실산나트륨 염이 형성되면서 물에 잘 녹으므로 흡수가 잘되도록 한다.

진통을 억제해 주는 아스피린은 혈소판 응고를 억제하는 역할도 한다. 따라서 심장마비의 위험성을 현저히 줄여 주는 역할도 하는 것으로 알려져 있어 장기적으로 복용하는 사람들도 많다. 심장병 예방을 위해 복용하는 아스피린에 포함된 아세틸살리실산의 함량(약 80밀리그램)은 진통제에 포함된 양(약 250~300밀리그램)보다 훨씬 적다. 아스피린을 12세 이하 어린이에게 투여하면 치명적인 증상(Reye syndrome)을 일으킬 수 있다고 하므로 주의해야 한다. 또한 아스피린을 장기 복용한 사람들은 내부 출혈로 인해서 피가 응고하지 않으면 매우 위험한 상황에 빠질 수 있다. 내시경 검사 전에 아스피린의 장기 복용 여부에 대한 질문을 하는 것도 혹시 모를 위험에 대처하기 위한 것이다.

이부프로펜

이부프로펜은 브루펜(Burfen)이나 애드빌(Advil)과 같은 진통제에도 많이 들어 있어서 익숙한 이름이다. 이부프로펜의 함량이 높으면 약효 지속시간이 길어지는 특징이 있다. 대개는 한 정에 약 200~400밀리그램 포함되어 있고, 통증이 사라질 때까지 4~6시간마다 복용한다. 어린이 감기약으로 널리 알려진 브루펜 시럽도 이부프로펜이 주성분이다. 아이들이 복용하기 편하게 시럽을 첨가하고, 아이들의 체중에 맞는 함량을 첨가한 것이다. 이런 약들은 감기로 발생되는 통증을 제거하고, 열을 내리기 위해서 사용하는 것이며, 감기의 발생 원인을 제거하는 것은 아니다. 감기약 이부프로펜을 먹고 나면 생리통이 감소하는 것도 결국은 프로스타글란딘의 생성을 억제하는 경로에 약이 작용하기 때문이다.

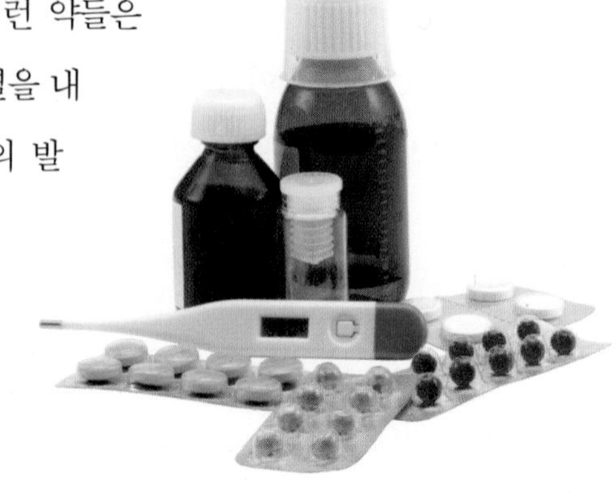
: 여러 가지 감기약

아세트아미노펜: 타이레놀과 파나돌

감기, 해열 혹은 두통약으로 팔리는 타이레놀(Tylenol)은 아세트아미노펜이 주성분이다. 성인용 한 정에 약 500밀리그램의 아세트아미노펜이 들어 있다. 우리나라와 미국은 타이레놀, 유럽, 중남미, 호주, 아시아의 다른 나라에서는 파나돌(Panadol)이라는 상품명으로 판매되고 있다. 우리나라 사람들에게 익숙한 게보린, 펜잘과 같은 두통약의 주요 성분도 아세트아미노펜이다. 아세트아미노펜은 해열 진통 효과는 있지만 아스피린이나 이부프로펜과는 달리 항염 효과는 없다. 아세트아미노펜은 간에서 분해가 이루어지므로, 간에 부담이 가는 환자들은 오히려 아스피린을 복용하는 것이 좋다. 반면에 위에 부담이 있는 사람들은 아스피린을 피하고 아세트아미노펜을 복용하는 것이 좋다. 타이레놀은 아세트아미노펜만 포함되어 있다. 진통제의 라벨을 보면 카페인의 함량이 진통제마다 약간씩 다른 것을 알 수 있는데, 카페인에 예민한 경우에는 타이레놀을 복용하는 것이 좋다. 머리가 아파서 두통약을 먹었는데, 약에 포함된 카페인으로 쉽게 잠이 들지 못하면 그것도 여간 고통이 아닐 것이다.

언젠가 학회에 참석하기 위해 타이완에 갔다가 당시 머리가 너무 아파서 현지 약국에 들어갔는데, 말이 도무지 통하지 않아 이마에 손을 얹고 얼굴을 잔뜩 찡그리고 있었다. 그러자 약사가 알아서 약을 건네주었는데, 약의 겉포장에 영문으로 파나돌(panadol)이라고 적혀 있었다. 그리고 아세트아미노펜이 500밀리그램 포함되어 있다는 성분 표시를 확인할 수 있었다. 아스피린이 포함되어 있지 않으며, 위장 장애를 일으키지 않는다는 설명까지 붙어 있었다. 의사소통의 어려움에도 불구하고 어렵지 않게 두통약을 손에 넣을 수 있었던 것은 겉포장에 적혀 있는 화학 물질의 이름이 익숙하였기 때문이다. 말도 안 통하는 국가를 여행할 때는 타이레놀, 파나돌, 애드빌과 같은 상품명을 알아두고 있으면 두통약 구입에 문제가 없을 것이다. 만약에 위장 장애가 없는 사람이라면, 아스피린만 먹어도 열을 내리고 두통을 완화하는 데 도움이 될 것이다.

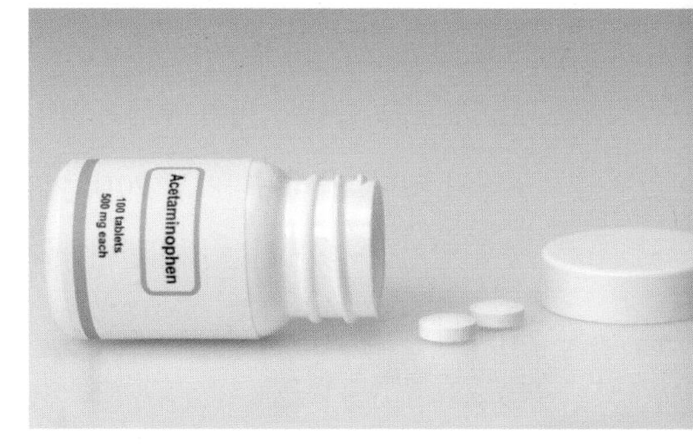

: 두통약의 주요 성분인 아세트아미노펜

남성을 위한 물질, 비아그라

비아그라(Viagra)는 발기 부전으로 고생하는 남성들에게 혜성처럼 세상에 등장하였다. 미국에서 1988년도부터 판매해 온 비아그라는 의약 역사상 가장 단기간에 획기적인 판매율을 기록하였다. 화이자(Pfizer)의 주가를 250퍼센트 이상 끌어올린 엄청난 괴력을 지닌 약이 비아그라이다. 미국에서는 40대 이후의 약 40퍼센트의 남성이 발기 부전을 겪는 것으로 알려져 있다. 우리나라에도 20대 이상 남성 중에 발기 부전을 겪는 사람들이 적지 않다고 한다.

우연한 발견

비아그라는 처음부터 발기 부전을 치료할 목적으로 개발된 약은 아니다. 캠벨(S. Campbell)과 로버트(D. Roberts) 등의 화이자 연구원들은 1985년부터 협심증 치료약의 연구 개발을 시작하였는데, 치료약을 개발 완료한 후에 임상 시험 단계에서 기대하지 않았던 약의 부작용을 관찰하게 되었다. 두통, 소화불량, 눈이 침침해지는 부작용이 나타난 것이다. 이와 동시에 많은 임상 시험대상자들이 환상적인 발기를 경험하였다. 따라서 본래의 목적에 필요한 임상실험을 접고, 발기 부전 치료제로써 임상실험을 진행하였다. 그리고 그것은 대단한 성공을 거두었다.

비아그라처럼 본래의 목적에서 벗어나 다른 목적으로 활용된 대표적

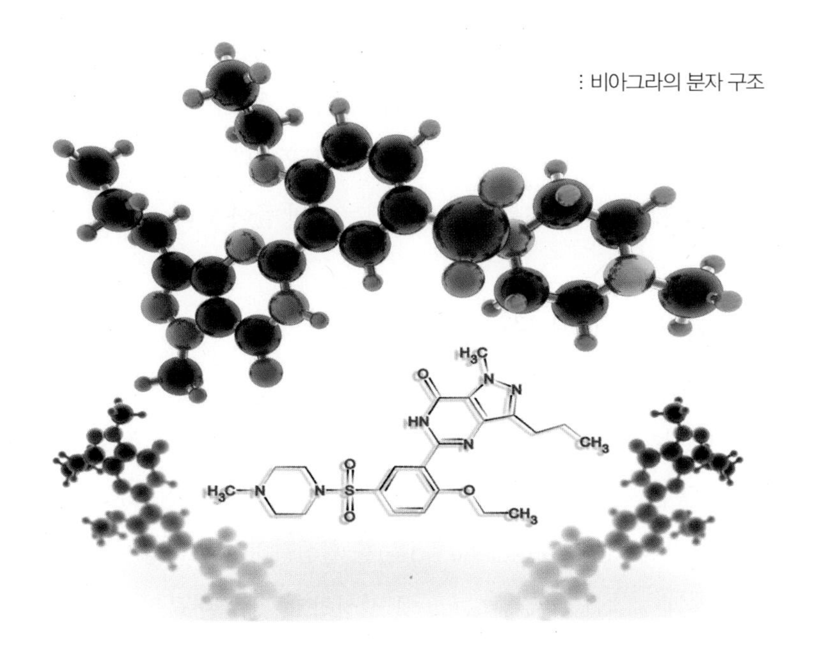

: 비아그라의 분자 구조

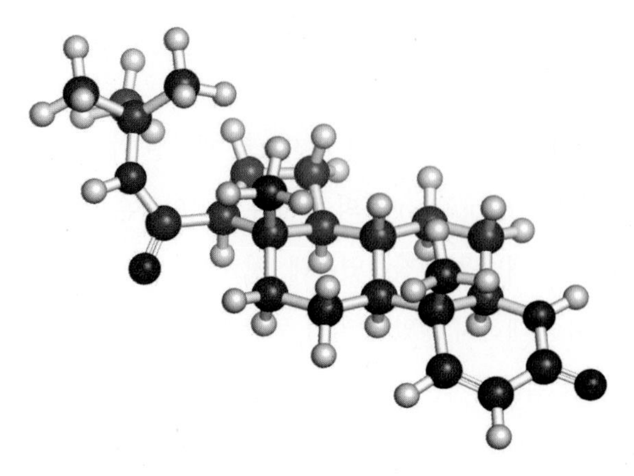

: 전립선 치료제와 발모제에 공통으로 들어 있는 피나스테라이드의 분자 구조

인 예로 발모제가 있다. 대머리 남성들이 애용하는 발모제도 본래 전립선 비대증 치료제였다. 그런데 치료제로 사용하던 중에 발모에 효과가 좋다는 것을 알게 된 것이다. 전립선 치료제의 이름은 프로스카(proscar)이고, 발모제의 이름은 프로페시아(propecia)이다. 두 가지 약에는 공통으로 피나스테라이드(Finasteride)라는 화학 물질이 포함되어 있다. 다만 발모제에는 치료제에 비해서 5분의 1 정도 되는 양만 들어 있다.

비아그라의 작동 메커니즘

발기는 남성을 성행위가 가능한 상태로 유지시켜 주는 것을 말한다. 정신적 혹은 육체적 자극을 받은 남성은 체내에서 산화질소(NO)가 분비된다. 산화질소는 효소(guanylate cyclase)를 활성화하여 고리형 구아노신 일인산염(cyclic guanosine monophosphate)을 생성하고, 생성된 물질은 음경의 근육을 이완시킨다. 자극에서부터 발기까지 걸리는 시간은 젊을수록 더 빠르다. 발기를 경험한 남성이라면 그 엄청난 속도를 이미 체험하였을 것이다. 생성된 고리형 구아노신 일인산염은 음경의 근육을 이완시켜서 피가 잘 공급되게 만든다. 음경에 피가 잘 공급되므로 발기가 유지되는 것이다. 그런데 우리 몸에는 고리형 구아노신 일인산염을 없애는 효소(phosphodiesterase-5)도 있다. 발기 부전 혹은 발기 불능이 되는 것은 이러한 고리형 구아노신 일인산염 생성이 저조하거나 생성되는 양보다 제거되는 양이 많을 때이다.

나이가 들어 생리활성이 떨어지면 고리형 구아노신 일인산염의 생성 효율이 떨어지게 마련이다. 또한 스트레스, 당뇨 등과 같은 질병은 고리형 구아노신 일인산염의 형성을 어렵게 만든다. 일단 생성된 고리형 구아노신 일인산염이 분해되지 않도록 하는 것이 발기 불능 혹은 발기 부전을 치료하는 관건이다. 고리형 구아노신 일인산염을 없애는 효소의 기능을 억제하는 것도 한 방법인데, 그렇게 하면 고리형 구아노신 일인산염의 농도를 유지할 수 있어서 발기를 유지시켜 줄 수 있다. 마치 효소에 임시로 자물쇠를 채워 놓아서 그 효소의 기능을 억제하는 것이다. 비아그라의 성분은 바로 고리형 구아노신 일인산염을 제거하는 효소의 기능에 일시적으로 훼방을 놓아서 고리형 구아노신 일인산염의 농도를 일정 시간 동안 유지될 수 있도록 해준다.

고리형 구아노신 일인산염과 그것을 제거하는 효소는 마치 창과 방패와 같다. 이것은 우리 몸 곳곳에서 몸의 균형을 유지해 주는 역

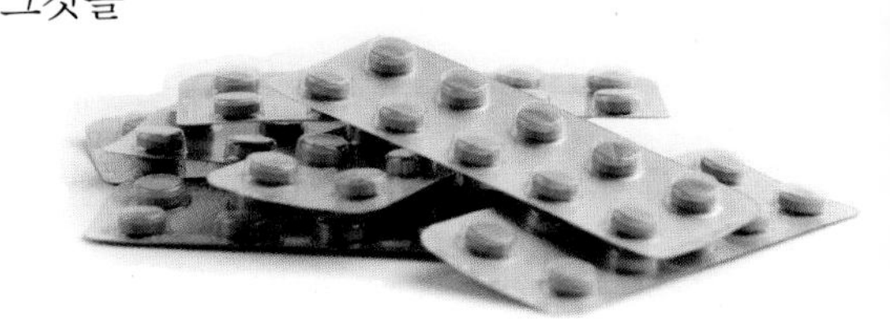

할을 한다. 고리형 구아노신 일인산염은 심장근육을 이완시켜 심장 혈관 확장에도 관여하는데, 심장에서 고리형 구아노신 일인산염을 제거하는 효소(phosphodiesterase-3)는 음경에서 고리형 구아노신 일인산염을 제거하는 효소(phosphodiesterase-5)와 유사하나 약간 차이가 있다. 비아그라는 음경에서 작동되는 효소만을 선택적으로 억제하기 때문에 심장에는 무리가 없어 보인다. 그러나 심장병을 앓았거나 그럴 위험이 높은 사람은 비아그라를 사용할 경우 반드시 의사의 처방을 받아야 안전하다.

약효와 유사제품

비아그라를 복용하면 일시적인 두통, 현기증이 일어날 수 있다고 한다. 뇌혈관 조직이 팽창되면 느끼는 증상들이다. 비아그라는 필요한 시점에서 1시간 전에 복용하면 보통 약효가 3~5시간 정도 지속된다고 한다. 유효 성분의 함량이 25밀리그램, 50밀리그램, 100밀리그램인 알약이 판매되고 있다. 성분의 양이 높을수록 발기에 성공할 확률도 높겠지만, 동시에 부작용도 더 커질 것이다. 비아그라의 유효 성분인 실데나필 구연산염(sildenafil citrate)은 분자 구조가 복잡하다. 비아그라 알약에는 셀룰로스, 이산화타이타늄, 젖당 등도 포함되어 있는데, 이와 같이 약에는 유효성분 외에도 약의 기능상 여러 화학 물질이 혼합된 것이 일반적이다.

비아그라의 출현으로 많은 유사제품들이 쏟아져 나왔다. 화이자와 경쟁회사들이 너도나도 신제품을 개발하였고, 이들은 비아그라보다 자사 제품의 효능이 훨씬 좋다고 주장한다. 바소맥스(vasomax), 시알리스(cialis), 레비트라(levitra) 등의 이름이 붙여진 것이 발기부전 치료제이다. 화이자는 지금까지 독점으로 남성을 일으켜 세워서 상당한 돈을 벌었는데, 2013년에 특허가 만료되었다. 특허가 풀리면서 비아그라 성분이 포함된 껌도 팔리고 있다고 하니 흥미롭다.

자연보호에 기여

비아그라를 활발히 이용하면서 여러 가지 문제가 발생하기도 하였다. 미국 플로리다 주의 양로원에서 노인의 성병이 증가하였다는 뉴스를 본 적이 있는데, 노인들이 데이트를 할 때 예전보다 비아그라를 많이 사용하였기 때문이라고 한다. 그러나 비아그라 덕을 보는 일도 생겨났다. 그동안 정력제로 알려진 물개 생식기나 코뿔소 뿔의 수요가 대폭 줄어든 것이다. 그와 더불어 거래 가격도 형편없이 떨어졌다. 화학자의 도움으로 물개와 코뿔소는 두 다리를 뻗고 잠들 것 같은데, 대신 잠을 설치는 남성들은 점점 늘어날 것 같다.

: 비아그라의 발견은 물개와 코뿔소 등의 동물 보존에도 긍정적인 영향을 미치고 있다.

늘 한결 같은, 혈액

우리가 마시는 콜라나 식초는 pH가 7보다 훨씬 작은 산성 용액이다. 그러나 식초가 듬뿍 포함된 음식을 많이 먹어도, 콜라를 몇 캔씩 마셔대도 혈액이나 몸의 pH는 산성으로 변하지 않는다. 또한 염기성 물질인 탄산수소나트륨이 많이 포함된 빵과 과자를 많이 먹었다고 해서 몸의 pH가 염기성으로 바뀌는 것도 아니다. 왜 우리 몸은 pH를 일정하게 유지하며, 어떤 방식으로 pH를 유지할까?

우리 몸의 pH가 일정한 이유

인체의 혈액이나 체액은 약간의 산 혹은 염기가 들어가도 일정한 pH(7.3~7.4)를 유지할 수 있는 완충능력이 있다. 혈액의 pH를 일정하게

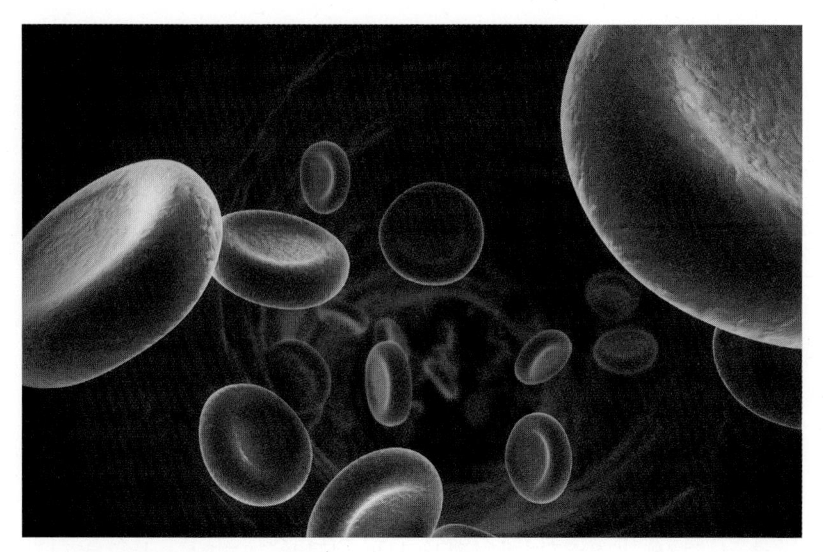

: 혈액에는 일정한 pH를 유지할 수 있는 완충능력이 있다.

유지해야 하는 이유 중 하나는 아마도 중요한 역할을 하는 단백질이 그 기능과 역할을 제대로 감당할 수 있도록 하기 위해서일 것이다. 왜냐하면 단백질은 pH에 따라서 민감하게 변성이 되는 특징이 있기 때문이다.

만약에 한강과 같은 많은 양의 물에 약간의 산, 염기를 첨가하면 그 물의 pH는 크게 변하지 않지만 적은 양의 물에 산이나 염기를 첨가하면 물의 pH는 크게 변할 것이다. 혈액이나 체액은 그 양이 적음에도 산 혹은 염기의 공격에 크게 흔들리지 않고 버틸 수 있는데, 이것은 혈액에 완충작용을 할 수 있는 화학 물질이 포함되어 있기 때문이다. 이것은 마치 충돌 시에 자동차를 지켜주는 잘 만들어진 범퍼에 비유할 수 있다.

PH BALANCE

pH 변화가 거의 없는 용액, 완충용액

완충용액은 용액에 산과 염기를 추가로 넣어도 그 용액의 pH 변화가 거의 없는 용액을 말한다. 완충작용의 원리를 이해하기 위해서 아세트산과 아세트산 음이온의 평형을 생각해 보자.

일정한 온도와 압력에서 평형 상태에 있는 계에 반응물 혹은 생성물을 더하거나 빼면 반응이 진행되어 새로운 평형 상태에 도달하게 된다. 만일 아세트산 음이온(CH_3COO^-)과 아세트산(CH_3COOH)이 많이 포함되어 있고 평형 상태에 있는 용액에 산(H^+)을 가하면 아세트산 음이온과 반응하여 아세트산이 형성되고, 가해진 산은 사라진다. 그러나 염기를 가하면 아세트산과 반응하여 아세트산 음이온이 형성된다. 즉 이런 화학적 구성을 지닌 용액은 산과 염기를 더해도 그것을 없애는 방향으로 반응이 진행되면서 새로운 평형 상태에 이르게 된다. 이것이 완충작용의 핵심이며, 반응의 평형상수가 작다는 것도 효과적인 완충작용의 이유가 된다.

완충용액은 약산과 그 약산의 짝염기, 약염기와 그 약염기의 짝산으로 만든다. 위에서 예로 들었던 약산인 아세트산과 아세트산의 짝염기인 아세트산 음이온을 적절한 비율로 섞으면 완충용액이 된다. 아세트산 음이온은 아세트산나트륨 염을 물에 녹이면 생성되는 화학종이다.

우리 몸의 신비, 혈액의 완충작용

많은 양의 산과 염기성 식품을 먹거나 열심히 운동을 해서 체내의 산이나 염기의 농도가 일시적으로 증가하여도 혈액의 pH는 7.3~7.4로 일정하게 유지된다. 그러면 도대체 우리 혈액에는 어떤 화학 물질이 포함되어 있어서 pH를 오랫동안 일정하게 유지하는 것일까?

혈액에 존재하는 많은 화학종 중에서 인산과 같은 약산들도 완충작용에 어느 정도 기여를 하지만, 인산 농도를 감안해 보면 인산의 pH 조절 효과는 크지 않다. 결국 혈액에 풍부하게 존재하는 약산인 탄산(H_2CO_3)과 짝염기인 탄산수소 이온(HCO_3^-)이 혈액의 pH를 일정하게 유지하는 역할을 하고 있다. 탄산의 농도는 이산화탄소의 혈중 농도에도 의존하므로 결국은 이산화탄소와 탄산수소 이온이 우리 몸의 pH 조절 기능을 맡고 있는 셈이다.

몸의 이상이나 기타 요인으로 수소 이온(H^+)의 농도가 증가하면 혈액 중의 탄산의 농도가 증가한다. 반대로 수소 이온의 농도가 감소하면 탄산이 분해되는 쪽으로 반응이 진행되어 수소 이온 농도가 증가한다. 즉 탄산과 탄산수소 이온이 혈액의 pH(H^+ 농도)를 일정하게 유지하는 데 관여하고 있는 것처럼 보인다. 그러나 혈액의 pH 조절에 기여하는 탄산은 단순히 수소 이온과 탄산수소 이온의 평형에만 의존하는 것은 아니다.

탄산은 분해되어 이산화탄소와 물로 변하고, 이산화탄소와 물이 반응하여 탄산이 만들어지기도 한다. 즉 수소 이온 농도를 조절하기 위해서 과량으로 생성된 탄산은 분해되면서 이산화탄소와 물을 생성하고, 생성된 이산화탄소는 결국은 폐에서 몸 밖으로 배출된다. 반면에 같은 이유로 과량 생성된 탄산수소 이온 및 수소 이온은 콩팥을 통해서 몸 밖으로 빠져나간다.

혈액의 pH 조절에는 콩팥과 폐가 한몫한다

콩팥은 혈액에 필요한 농도보다 전해질이 많거나 다른 물질이 있으면 적절히 걸러 내는 역할을 한다. 따라서 탄산수소 이온 혹은 수소 이온을 제거하는 역할도 맡고 있다. 다시 말해서 혈액의 pH를 일정하게 유지하는 일은 콩팥과 폐에서 탄산수소 이온과 이산화탄소를 조절하여 생긴 결과이다. 그러므로 혈액의 pH를 단순히 약산인 탄산과 그것의 짝염기인 탄산수소 이온의 농도를 이용하여 계산할 수는 없다.

달갈이 먼저인지 닭이 먼저인지 논쟁하는 것처럼 단백질과 혈액의 pH 중에서 어떤 것이 먼저 결정인자로 작용하는지 알아내는 일은 어려운 문제이다. 그러나 분명한 사실은 혈액의 완충작용은 생명을 이어가는 데 필수적인 요소라는 점이다.

백해무익,
담배

전 세계에서 담배를 피우는 사람은 10억 명이 넘으며, 우리나라는 성인의 약 24퍼센트가 담배를 피운다고 한다(2012년 통계청 자료, 20세 이상 성인). 중고등학교 재학생을 대상으로 조사한 흡연 비율은 약 12퍼센트이다. 한때 우리나라 청소년 흡연 비율이 40퍼센트를 육박한 것과 비교해 보면 나아진 것처럼 느껴지겠지만, 아직도 다른 선진국의 청소년 흡연 비율보다는 높은 실정이다.

담배의 화학 물질

담배에 포함된 화학 물질은 4,000종 이상으로 추정된다. 미국의 경우 담배를 제조할 때 정부의 승인을 받은 화학 첨가 물질만 600여 종이라고

: 담뱃잎을 그늘에 말리고 있는 모습

한다. 이처럼 그 종류도 엄청나게 많으며, 그 중에는 암을 유발하는 물질도 상당수 포함되어 있다.

담배에 포함되는 화학 물질의 원천을 짐작해 보는 것은 그리 어렵지 않다. 상품성이 있는 담뱃잎을 수확하려면 농약 혹은 제초제 등을 사용하였을 가능성이 높다. 또한 담배 식물이 자라면서 땅속으로부터 흡수되어 잎에 축적되는 물질도 있고, 담배 생산 과정에서 특별한 맛을 내기 위한 추가하는 물질들도 있을 것이다. 아울러 담배를 태울 때 화학 반응이 진행되어 생성되는 새로운 화학 물질도 있을 것이다. 또 담배 불의 중심 온도는 무려 약 700℃ 이상 올라가는데, 이 정도 온도라면 본래 담배에 있던 화학 물질들이 화학 반응을 하여 다양한 종류의 화학 물질들이 새롭게 형성될 수도 있다.

니코틴의 특성

담배를 생각할 때 가장 먼저 떠오르는 화학 물질은 바로 니코틴(nicotine)이다. 많은 사람들이 니코틴이 화학 물질이라는 것은 알고 있다. 니코틴은 신경 독성을 보이며, 수분 흡수력이 강하고, 피부를 통해서도 쉽게 침투하는 성질이 있다.

전투 작전과 같이 담배를 못 피울 상황에서는 피부에 니코틴 패치를 붙이거나 씹는 담배를 이용하기도 한다. 담배를 입으로 씹을 경우에는 흡연보다 니코틴이 더 많이 그리고 더 빨리 체내로 흡수된다. 연기를 통해서 폐로 흡입된 니코틴을 비롯한 화학 물질들은 폐의 모세혈관을 거쳐서 혈관으로 들어간다. 이후 혈관을 타고 온몸으로 퍼지며, 뇌-혈관 장벽(blood-brain barrier)을 통과하여 뇌에 도달한다. 불과 20초도 안 걸려 뇌에 도달한 니코틴은 도파민의 분해 효소(monoamine oxidase)가 제대로 작동하지 못하도록 방해를 한다. 그 결과 도파민 분해가 지연되거나 혹은 안 되어 도파민의 농도가 일시적으로 증가한다.

도파민은 매우 중요한 생리활성물질로서 뇌에 도파민 농도가 증가하면 긴장이 완화되고, 초조함이 줄어든다. 애연가들은 장시간 회의를 하거나 혹은 마감시간에 쫓겨 원고를 작성할 때 니코틴을 사용하여 긴장을 완화시키려는 경향이 짙다. 또 상황이 급박하면 흡연 횟수도 증가하는 것을 볼 수 있다. 그것은 우리 몸이 그만큼 더 많은 니코틴을 요구하기 때문일 것이다. 금연이 매우 어려운 것도 니코틴의 구속에서 벗어나기 힘들기 때문이다.

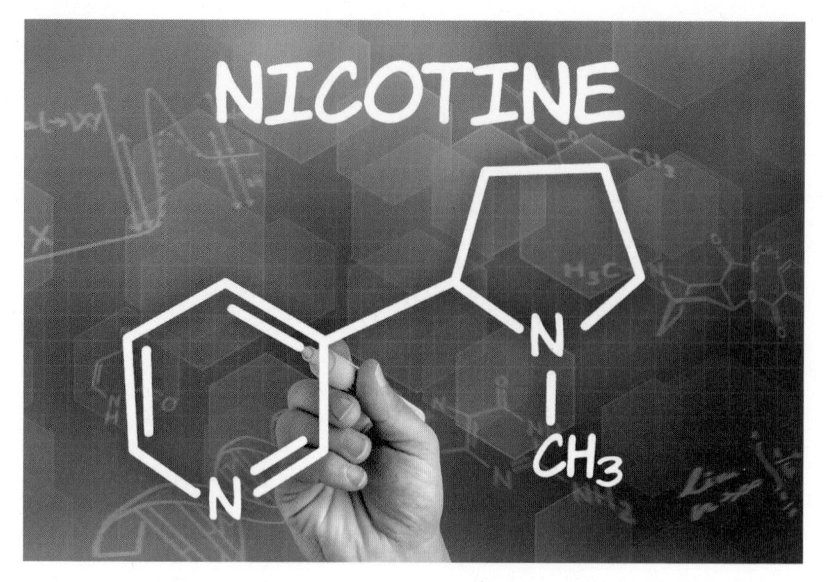

: 니코틴의 분자 구조. 담배에는 신경 독성이 있는 니코틴이 들어 있다.

니코틴의 반감기

일단 흡수된 니코틴은 대사를 통해서 코티닌(cotinine)으로 변환된다. 그 후 약 2~3일 몸에 더 머무른다. 니코틴의 체내 반감기는 2시간 정도이다. 그러나 그것도 사람에 따라서 많은 차이를 나타낸다. 줄 담배를 피우는 사람들은 니코틴의 반감기가 보통 사람보다 짧아서 자주 흡연을 하는 경향이 있다. 니코틴이 간에서 분해된 뒤 다른 물질로 변하고, 완전히 몸 밖으로 빠져나가는 데 걸리는 시간은 대략 3일이다.

니코틴의 치사량은 약 50~60밀리그램이고, 담배 1개비를 흡연하였을 때 몸으로 유입되는 니코틴의 양은 약 1밀리그램이다. 코카인의 치사량이 약 1,000밀리그램인 것과 비교하면 니코틴의 독성이 대단한 것을 알

수 있다. 하루에 담배 한 갑 이상을 피우는 애연가들은 치사량의 거의 절반에 이르는 니코틴을 매일 몸속으로 주입하는 셈이다. 다시 말해 자발적으로 매일 죽는 연습을 하는 것과 다를 바 없다.

일산화탄소 중독

담배를 태우면서 흡입하는 많은 해로운 화학 물질들은 가스 혹은 에어로졸 상태이다. 그 중에서 피해를 주는 화학 물질로 일산화탄소(CO)를 꼽을 수 있다. 일산화탄소는 탄소 원자 1개, 산소 원자 1개로 구성된 이원자 분자로, 헤모글로빈과 매우 잘 결합을 한다. 헤모글로빈은 정상 혈액 100밀리리터에 약 14~18그램 포함되어 있으며, 일차적으로 산소를

: 담배를 태우면서 흡입하는 많은 해로운 화학 물질들은 가스 또는 에어로졸 상태이다.

운반하는 기능을 한다. 헤모글로빈은 호흡을 통해 혈액으로 들어온 산소와 결합을 잘 한다. 산소가 결합된 헤모글로빈은 산소가 필요한 부위에 산소를 전달해 주고 다시 산소와 결합할 수 있는 상태로 변한다.

그런데 일산화탄소가 문제가 되는 것은 헤모글로빈이 산소보다도 일산화탄소와 결합을 더 잘 하기 때문이다. 이 때문에 흡연 결과 혈액 내 일산화탄소 농도가 증가하면 신체 각 부위에 산소를 공급하는 것이 어려워진다. 다시 말해서 일시적인 산소 부족사태를 겪게 된다. 특히 뇌에 공급되는 산소의 양이 부족하면 약간의 두통을 느끼며, 정도가 심하면 졸음이 온다. 초보 흡연자들이 담배 연기를 마시고 난 후에 느끼는 약간의 어지러움, 메스꺼움 등은 일산화탄소의 순간 중독으로 인한 일시적인 현상이다.

일산화탄소는 도시의 오염된 공기에도 많이 있는 편이다. 그것은 주로 자동차 연료로 사용되는 휘발유(유기 화합물)의 불완전 연소 혹은 주방용 화석 연료의 불완전 연소로 인해서 생성되었을 가능성이 높다. 그리고 일산화탄소는 산소와 반응하여 이산화탄소로 변한다.

폐를 망가뜨리는 타르

담배를 태우고 나면 필터에 검은색 액체가 묻어 나오는데 이것이 바로 타르이다. 타르는 석탄을 높은 온도로 가열하여 코크스를 제조하는 공정에서 생성되는 부산물로, 검은색의 점성이 큰 액체이다. 아스팔트의 검은색도 타르가 만들어 낸 것이다. 보통 타르는 점도가 높아서 끈적끈적한 느낌을 준다. 오랫동안 담배를 피운 사람들의 손끝 혹은 이의 색이 누

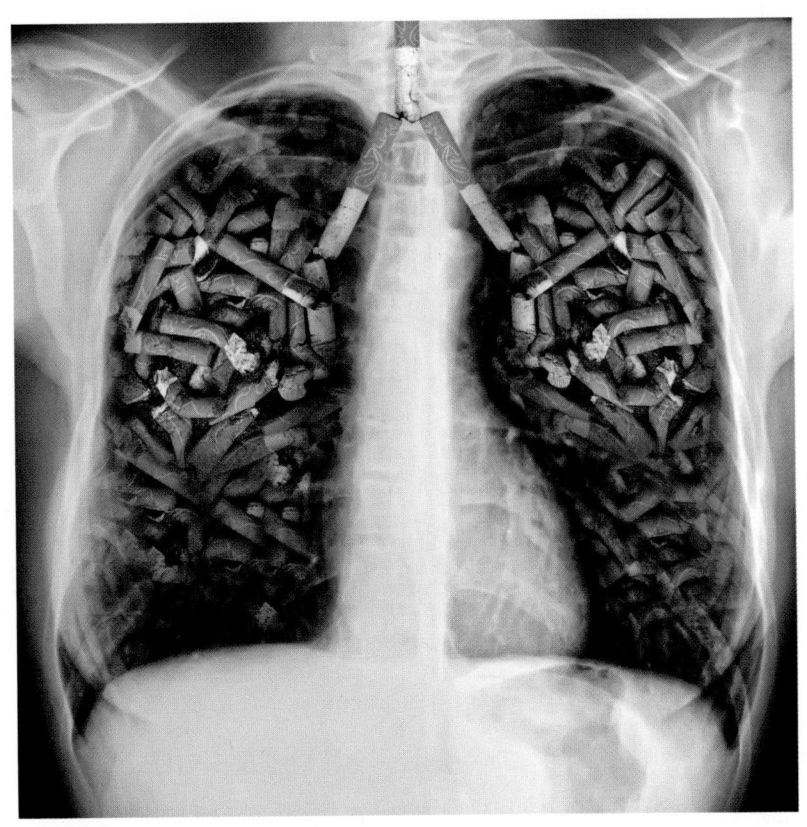

: 담배를 태울 때 나오는 타르는 폐에 흡입되어 오랜 시간이 지나도 그대로 남아 있다.

렇게 변한 것도 타르가 해당 부위에 침착되었기 때문이다. 더구나 폐로 흡입되어 폐의 모세혈관 끝에 들러붙은 타르는 오랜 시간이 지나도 그대로 남아 있다. 담배를 끊은 지 10년 이상이 경과해도 폐 엑스선 사진에 그 증거가 남아 있는 경우도 흔하다.

담배를 태울 때 발생하는 이러한 타르는 건강에 해로운 각종 유기 · 무기 화합물들이 들어 있는 종합 세트라고 해도 틀린 말이 아니다. 이전에 비해 요즘 생산되는 담배에는 타르의 양이 많이 줄었지만, 담배 한 개비에 약 10밀리그램 들어 있는 경우도 있다.

물론 모든 타르가 폐로 들어와서 침착되는 것은 아니다. 그렇다고 가볍게 볼일도 아니다. 하루에 담배 한 갑을 태우는 흡연자는 하루에 약 200밀리그램, 한 달에 약 6,000밀리그램(6그램), 1년에 72그램의 타르를 폐 속에 집어넣는 일을 계속하는 셈인데, 흡연자에게 일 년치의 타르 양을 아스팔트를 녹인 타르의 양과 비교하는 실험을 직접 해보도록 한다면 금연효과가 높지 않을까 싶다. 한때 싱가포르 암 학회에서는 선홍색이면서 폐 모양의 홈이 파진 담배 재떨이를 나누어 주면서 금연운동을 전개하기도 하였다. 흡연을 하는 것은 벤조피렌, 나이트로소 아민 등과 같이 잘 알려진 발암물질은 물론 화학 구조와 유해성을 알 수도 없는 수많은 유해 화학 물질을 몸속으로 흡입하는 일이다.

타르가 적게 포함되었다고 주장하는 '순한 담배'를 둘러싸고 벌어지는 소송 금액은 약 2,000억 달러에 달하는데, 흡연자들이 담배 부작용으로 인해 지불하는 건강 관련 의료비 및 간접비용을 합하면 이에 수십 배가 넘는 엄청난 돈일 것이다.

애연가는 강심장

온갖 질병의 원인이 되는 흡연은 정말 말 그대로 백해무익하다. 애연가들은 일시적인 흥분 억제 효과, 각성 효과, 단맛이 나는 음식에 대한 저항으로 발생되는 다이어트 효과를 흡연의 장점이라고 주장할 수도 있을 것이다. 그러나 암 사망률 1위에 해당하는 폐암으로 인한 사망자의 85퍼센트 이상이 흡연자라는 사실이다. '호'하는 사이에(호흡의 '호'는 날숨, '흡'은 들숨을 뜻한다.) 타르를 비롯한 유해물질들이 얼마나 다시 빠져나오는지는 모르겠지만, 흡연자들이 강심장을 가진 것만은 틀림없다. 왜냐하면 돈을 지불하면서 자발적으로 발암물질들을 지속적으로 자기 몸속으로 넣고 있으니 말이다.

4장

안전과 환경

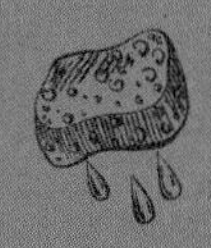

퀴리부인은 무슨 비누를 썼을까? 2.0

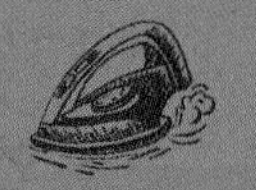

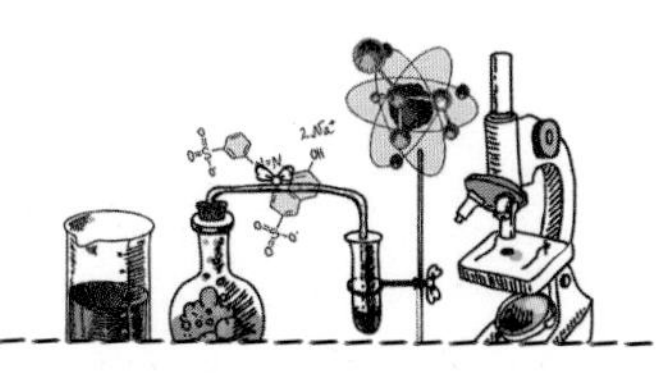

밤을 밝히는, 조명탄

2014년 4월 16일, 진도 앞바다에서 수백 명의 목숨을 앗아간 세월호 대참사가 일어났다. 사고 발생의 원인과 수습 과정을 돌아보고, 안전에 대한 대비책을 세워서 더 이상 이러한 불행한 사건이 되풀이되지 않았으면 하는 마음이다.

미래에도 뜻하지 않은 사고가 발생할 가능성은 얼마든지 있을 수 있지만 기본 원칙만 지켜도 대형 참사로 이어지는 것은 막을 수 있다. 세월호 참사 현장에서 밤바다를 환히 밝히는 데 조명탄을 사용하였는데, 조명탄은 무엇이고, 밝은 빛을 내는 원리는 무엇인지 알아보자.

물질과 빛의 방출

빛은 종류도 많고, 빛을 방출하는 원인도 다양하다. 절대온도 0 K 이상을 유지하고 있는 물질은 품고 있는 열에너지 때문에 그 물질 고유의 빛(파)을 방출하는데, 이것을 흑체 복사(black body radiation)라고 한다. 이런 종류의 빛 방출은 물질의 종류에 상관없이 온도에 의존한다. 따라서 밤하늘의 별이 방출하는 빛의 파장(색)을 측정하면 별의 온도를 가늠할 수 있다. 별의 온도와 별이 방출하는 최대 파장은 서로 반비례 관계에 있으며, 그것을 빈의 법칙(Wien's law)이라고 한다.

물질을 태우거나 가열하여 온도를 올리면 주로 빨간색의 빛이 방출된다. 더 가열하여 온도가 올라가면 더 짧은 파장의 빛이 섞여 나온다. 그래서 물질의 색이 주황에서 노랑으로 보이게 되는 것이다. 계속해서 더

: 온도를 가열하면 주로 빨간색의 빛이 방출되고, 더 가열하여 온도가 올라가면 파란색의 빛도 포함되어 있다. 필라멘트의 백색 빛은 주로 적외선 영역의 파장으로 되어 있다.

가열하면 온도가 올라가며, 그때 방출하는 빛에는 파란색에 해당하는 파장의 빛도 포함되어 백색으로 보인다. 모든 색이 합쳐진 빛은 백색으로 보이기 때문이다. 예를 들어 필라멘트의 백색 빛을 분석해 보면 약 90퍼센트는 빨간색(가시광선)을 비롯한 적외선 영역의 파장으로 되어 있다. 필라멘트의 온도를 더 올려서 파란색으로 보이게 하는 것은 어려운데, 이것은 그 온도에 도달하기 전에 이미 필라멘트가 녹고 끓어서 증발될 것이기 때문이다. 푸른 별의 표면온도는 1만 도가 훨씬 넘는다.

인체의 발광

인체도 빛을 낸다. 그 빛은 원적외선 영역이며, 눈으로 볼 수 있는 빛의 파장 범위 밖에 있다. 그러므로 우리는 다른 사람의 몸에서 나오는 빛을 볼 수 없다. 하지만 뱀 같은 동물은 적외선을 볼 수 있어서 어두운 밤에도 인간을 비롯한 동물의 움직임을 볼 수 있다. 또한 벌은 자외선을 볼 수 있다고 한다. 이것을 보면, 인간과 동물이 보는 자연풍경은 많이 다를 것으로 짐작된다.

한편 흑체 복사와 달리 물질의 구성 성분에 의존하여 가시광선의 빛을 방출하는 경우도 있다. 물질은 에너지(열, 빛, 전기)를 흡수하면 물질을 구성하는 원자 혹은 분자에 포함된 전자들이 들뜬 상태가 된다. 들뜬 상태의 수명은 매우 짧아서 즉시 안정한 상태로 되돌아간다. 이 과정에서 방출되는 에너지가 빛으로 나타난 것을 발광(luminescence)이라고 한다. 이때 방출되는 빛의 특성(파장 및 세기)은 물질 고유의 에너지 준위와 물질의 상에 의존하는데, 이 경우 흑체 복사와 달리 온도와 색의 관계는 없다.

조명탄과 화학 반응의 종류

거의 모든 화학 반응은 에너지의 출입을 동반한다. 에너지의 크기와 존재는 열과 빛의 강약으로 느낄 수도 있고 정확하게 측정할 수도 있다. 과거에는 사진관에서 사진을 찍기 위한 섬광조명(플래시)을 화학 반응을 이용해서 즉석에서 만들었다. 사진사가 마그네슘 리본(혹은 분말)을 담은 기구를 공중으로 들어올려 점화를 하면, 이때 마그네슘이 산소와 반응하여 산화마그네슘이 형성되면서 순간적으로 매우 강하고 밝은 빛이 발생하였다. 아주 순간의 차이로 셔터를 누르면 플래시가 터지면서 사진이 찍혔던 것이다. 빛이 발생하는 동시에 열과 펑 하는 굉음, 그에 따른 분진도 발생한다. 이러한 섬광조명을 이용해서 찍은 사진에 등장하는 아이들의 눈을 보면 거의 대부분 이상해 보인다. 즉 강한 빛에 눈을 감기도 하고, 굉음에 놀라 정상적인 눈이라도 마치 사시처럼 찍히는 경우가 많았다.

밤에 넓은 지역을 밝히는 조명탄 역시 화학 반응의 결과로 생성된 빛을 이용하는 것이다. 주로 항공기 혹은 포를 사용하므로 군사 목적으로 이용될 때가 많다. 위치를 알리기 위한 신호용 조명탄과 밝은 빛을 내기 위한 조명탄은 서로 다른 성분의 화학 물질을 이용하여 반응시킨 것이다. 또 조명탄에 이용되는 화학 반응은 가급적 긴 시간 동안 빛을 방출할 수 있어야 한다. 급격한 화학 반응을 이용하는 폭탄의 폭발 화학 반응과는 분명한 차이가 있다. 급격한 압력과 부피 변화를 동반하는 폭발 반응은 상당한 열과 고막을 찢을 듯한 굉음을 수반한다. 그에 비해서 조명탄은 비교적 긴 시간 동안 안정적인 화학 반응을 하고 필요에 따라서는 소

: 밤을 밝히는 횃불도 조명탄과 같은 원리로 작동한다.

음을 동반하지 않는 화학 반응이 이루어지도록 한다. 일단 점화된 후에 발광체가 천천히 낙하할 수 있도록 소규모 낙하산이 달려 있는 조명탄도 있다. 연료를 태워가며 계속 밤을 밝히는 횃불도 조명탄과 같은 원리로 작동한다. 이것은 규모와 위치의 차이 때문에 사용하는 재료와 방법에서 차이가 날 뿐이다.

조명탄의 성분

조명탄의 빛은 연료와 산화제가 반응하면서 발생하는 불의 색으로, 빨간색이 많다. 신호용 조명탄은 연료와 산화제 이외에도 특정한 색의 빛을 방출하기 위한 화학 물질이 첨가된다. 그러나 연료와 산화제를 적절하게 선택하면 별도의 첨가 물질 없이도 원하는 색의 빛을 얻을 수 있다. 빛의 색은 보통 금속 화합물을 이용해서 만들 수 있는데, 빨간색은 스트론튬 혹은 리튬 화합물, 노란색은 나트륨 화합물, 오렌지색은 포타슘 화합물, 초록색은 바륨 화합물, 푸른색은 구리 화합물, 보라색은 스트론튬 혹은 구리 혼합물이 사용된다. 또 금속 질산염과 금속 염화물이 주로 이용되는데, 금속 질산염은 그 자체가 산화제이기도 하다.

조명탄에는 연료와 산화제 외에도 주로 폴리머(송진 혹은 합성수지 등)가 포함된다. 폴리머는 연료와 산화제를 결속해서 사용 전에 조명탄의 안정을 유지한다. 또한 폴리머 자체가 연료이기도 하다. 조명탄의 주 연료로는 금속 분말(마그네슘 분말, 알루미늄 분말, 혹은 그것을 섞은 혼합물 및 화합물)을 사용한다.

화학 반응 속도를 조절하려면 연료의 양, 연료의 물리적 형태와 비율의 조절이 필요하다. 금속연료는 작은 알갱이(granule), 얇은 조각(flaked), 부스러기(chipped)들의 분말로, 섞는 비율과 성분, 양 등은 제조사의 기밀 사항에 해당한다. 조명탄에 이용되는 금속 분말은 옛날 사진관의 섬광조명에 이용되는 분말과는 종류, 형태, 양에서 분명히 차이가 있다. 조명탄은 사진관의 섬광조명보다 더 많은 양의 연료를 사용하므로 다루기도 어렵고 매우 위험하다.

화약의 연소 반응

화약 연료로는 탄소, 황, 인이 있다. 금속 분말이 화약 연료로 사용되는 경우도 있다. 목적에 따라 연료, 산화제, 첨가제의 종류와 비율이 달라진다. 조명탄의 금속 분말은 산소와 반응하여 금속 산화물(산화마그네슘, 산화알루미늄)로, 폴리머는 탄소 산화물(예: 이산화탄소) 및 질소 혹은 황 산화물로 변환될 것이다. 이때 발생되는 흰 불빛은 매우 강해서 멀리까지 퍼져나간다. 연료의 양과 종류를 조절하면 발생하는 빛의 세기와 색을 조절할 수 있다.

한편 연기가 나지 않는 화약도 있다. 황은 산소와 반응하면 이산화황이 되면서 청록색 빛을 방출한다. 황은 점화 속도를 조절하고, 점화 온도를 낮추는 역할도 한다. 집에서 사용하는 성냥의 머리에도 황이 포함되어 있다. 단단한 표면에 힘을 주어 문지르기만 해도 불이 붙는 딱성냥의 머리에는 황과 인이 결합된 화학 물질이 들어 있다.

연료의 비중이 가장 크다

조명탄용 화약은 연료의 비중이 가장 크다. 대략적으로 연료 약 60퍼센트, 산화제 약 30퍼센트, 결합제 폴리머 약 10퍼센트 미만으로 구성되어 있다. 폭발용 화약은 약 70퍼센트 이상이 산화제이다. 그 이유는 조명을 위한 화학 반응은 폭발을 위한 화학 반응보다 천천히 진행시켜야 할 필요가 있기 때문이다. 비교적 반응이 서서히 진행되므로 공기 중의 산소까지도 이용할 시간적 여유가 있는 것이다. 산화제의 비율은 줄었지만 산화에 필요한 산소를 공기에서 충분히 공급받을 수 있다. 그리고 연료가 다 소모되기 전까지는 조명의 밝기와 세기는 변동이 없다.

폭발용 화약은 질산포타슘(칠레초석)과 같은 산화제의 비중이 크다. 높은 온도에서 순식간에 화학 반응이 진행되므로, 필요한 산소를 즉시 공급해 주어야 한다. 주로 과염소산염과 질산염이 산화제로 이용되는데, 두 염 모두 산소가 많이 포함되어 있고, 신속한 산소 공급이 가능하다. 그런데 과염소산염의 잔해로부터 발생되는 과염소산 이온은 환경과 인체에 영향을 미친다. 체내에 흡수 혹은 흡입된 과염소산 이온은 아이오딘의 흡수를 방해하여 갑상샘 질환을 일으키는 원인 물질이다. 따라서 화약, 로켓 추진, 불꽃놀이에 필요한 화약에는 가급적 과염소산 이온이 포함되지 않은 산화제를 사용하고 있다.

조명탄, 폭탄, 불꽃놀이의 화약에는 모두 화학 반응을 일으키기 위한 재료가 들어 있다. 재료의 특성에 맞게 화학 반응의 완급을 조절하고 원하는 목적에 맞게 조성의 변화를 주는 것이다. 조명탄의 가격이 아무리 비싸더라도 이를 목숨을 구하는 일에 사용한다면 아깝지 않을 것이다.

음주 운전 꼼짝 마, 음주 측정기

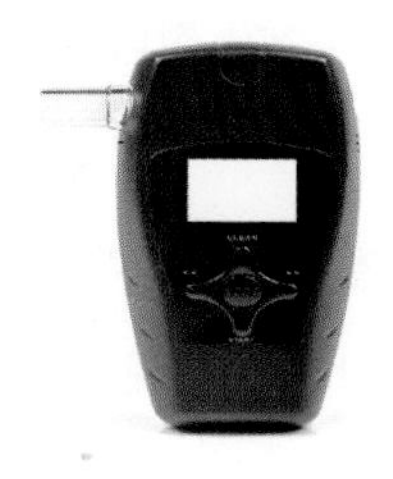

밤늦은 시간에 거리에서 음주 운전 단속을 하는 경찰관을 종종 목격하였을 것이다. 가끔은 아침 일찍 음주 단속을 하기도 한다. 손해보험협회에 따르면 음주 운전 사고는 연간 3만 건을 훨씬 초과하며, 관련 사망자도 거의 500명에 육박한다고 한다. 음주 운전으로 피해를 본 사람의 입장에서는 술이 원수가 아닐 수 없다.

에탄올의 분해와 음주 단속 기준

마시는 술의 세기는 에탄올(ethanol)의 함량에 따라 결정된다. 가장 대표적인 술이라고 할 수 있는 소주는 약 20~25부피 퍼센트(v/v%)의 에탄올이 포함되어 있다. 요즈음에는 순한 소주들도 판매되는데, 순하다는 것은 그만큼 에탄올의 함량이 적다는 뜻이다.

술에 들어 있는 에탄올은 위에서 대부분 흡수된다. 알코올은 효소(alcohol dehydrogenase)에 의해 산화되어 아세트알데하이드가 되며, 아세트알데하이드는 또 다른 종류의 효소(aldehyde dehydrogenase)에 의해 산화되어 아세트산이 된다. 아세트산이 결국에는 이산화탄소와 물로 분해됨으로써 에탄올의 일생이 끝나게 된다. 알코올 분해 속도는 사람, 성별, 인종에 따라 매우 차이가 크다. 일반적으로 동양인은 서양인보다 알코올 분해 효소가 적다는 것이 정설이다. 또한 사람에 따라 분해 효소도 천차만별이다.

혈중 알코올 농도가 0.05퍼센트 이상이면 다양한 처벌을 받는다. 혈중 알코올 농도에 비례하여 형사처벌, 벌금 및 운전면허 취소와 같은 행정처벌이 이루어진다. 기준치를 초과하는 양은 사람과 성별에 따라 차이가

: 성인 기준으로 소주 2잔 반, 맥주 2컵 이상을 마시면 음주 단속에 걸릴 확률이 높다.

: 일단 술을 마시면 운전대를 잡지 않아야 한다.

있다. 일반적으로는 성인 기준으로 소주 2잔 반, 맥주 2컵 이상을 마시면 음주 단속에 걸릴 확률이 높고, 그에 따른 책임도 져야 된다. 일단 술을 마시면 운전대를 잡지 않는 것이 상책이다.

음주 측정기의 원리

음주 측정기(breathalyzer)는 호흡에 포함된 알코올의 양을 측정하는 기기로, 그 양은 혈중 알코올 농도(blood alcohol content, BAC)와 밀접한 상관관계가 있다. 음주 측정기는 분광학 방법(spectroscopic method)의 원리를 이용한 기기가 흔히 이용된다. 측정기에는 황산(sulfuric acid), 질산은(silver nitrate), 다이크로뮴산포타슘(potassium dichromate) 용액이 들어 있는 용기가 있어, 여기에 숨을 불어넣으면 에탄올이 용액(산성 용액)에 녹으면서 산화 반응이 진행된다. 즉 크로뮴 이온이 환원되고 에탄올은 산화되는 화학 반응

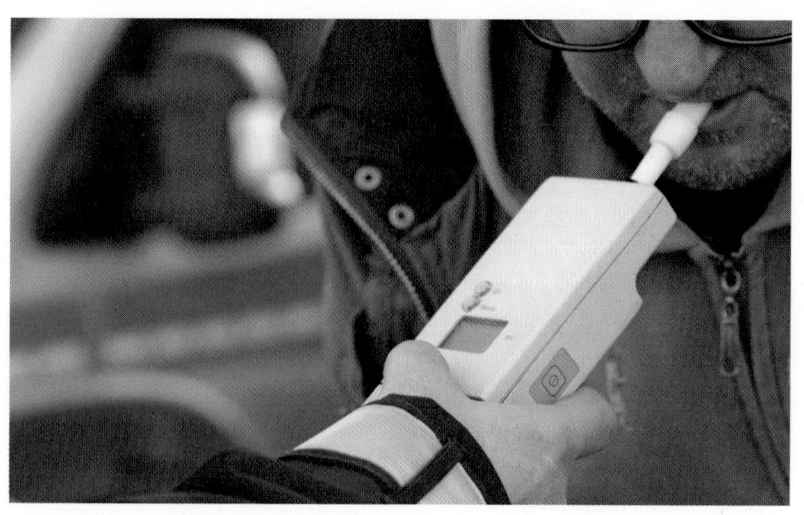

: 음주 측정기는 호흡에 포함된 알코올의 양을 측정하는 기기이다.

이 진행된다. 질산은은 촉매이다. 다이크로뮴산포타슘에 있는 붉은 오렌지색의 크로뮴 이온(6가 크로뮴, Cr(VI))은 환원되어 초록색의 크로뮴 이온으로 변화된다.

음주 측정기는 용액의 색 변화를 읽는 것이다. 에탄올의 양이 많을수록 생성되는 3가 크로뮴 이온이 많아지고, 용액의 초록색이 점점 짙어지는 변화로 나타난다. 음주 측정기의 광전지(photoelectric cell) 검출기는 특정 파장의 빛에만 감응하도록 되어 있어 용액에서 흡수하는 빛의 양이 많으면, 즉 에탄올의 양이 많아서 생성되는 크로뮴 이온의 양이 많으면 검출기에 도달되는 빛의 양이 줄어든다. 따라서 측정기에 불어넣는 숨에 많은 양의 에탄올이 있으면 검출기에 도달하는 빛의 양이 줄어들게 된다. 결국 검출기에 도착하는 빛의 양과 에탄올의 양은 서로 반비례한다.

3가 크로뮴 이온이 흡수하는 파장으로 검출기의 흡수 파장 영역을 조절하므로, 음주 전에는 측정기에 대고 호흡을 하면 검출기에서 흡수되는 빛의 양이 최소가 될 것이다. 왜냐하면 알코올이 없으면 3가 크로뮴 이온이 생성되지 않고, 그 결과 용액에서 빛 흡수가 되지 않아서 검출기에는 일정한 양의 빛이 도달하기 때문이다. 측정기는 초록색 빛의 파장만 용액에 쪼이도록 조정을 해 놓았기 때문에 초록색을 흡수하는 요인이 없다면 쪼여준 빛은 그대로 검출기에 도달하게 된다. 그러나 음주 후에는 측정기에 불어넣은 호흡의 에탄올이 측정 용기의 용액에 녹아 화학 반응이 진행되고, 그 결과 초록색의 3가 크로뮴 이온이 생성된다. 따라서 3가 크로뮴 이온에 의해 흡수되는 빛은 검출기에 도달하지 못하게 된다. 알코올의 양이 증가하면, 크로뮴 이온의 양이 증가하고, 그에 따라 검출기에 도달되는 빛의 양도 감소하게 된다. 결국 검출기에 닿은 빛의 양을 전류(혹은 전압)의 변화, 결국에는 수의 변화로 나타나게 만든 장치가 음주 측정기이다. 측정기에 나타난 숫자가 바로 혈중 알코올 농도이다.

눈으로 구별할 수 있는 색을 띤 빛을 가시광선이라고 하며, 어떤 물체의 색(혹은 그 색에 일치하는 빛의 파장)과 그것이 흡수하는 빛의 파장은 보색 관계에 있다. 다시 말하면 긴 파장의 붉은색을 띠는 물질은 짧은 파장의 파란색을 흡수하며, 반대로 파란색을 띤 물질은 붉은색에 일치하는 파장을 흡수한다. 6가 크로뮴 이온이 포함된 용액은 붉은 오렌지색(550~620나노미터)을 띠며, 푸른 자주색(빛의 파장, 420~70나노미터)의 빛을 흡수한다. 또한 초록색(500~520나노미터)의 3가 크로뮴 이온의 용액은 적색(680~780나노미터)의 빛을 흡수한다. 따라서 크로뮴 이온을 검출하기 위해서는 호흡을 불어넣는 용액에 680~780나노미터의 빛을 통과시켜야 알코올 검출 기능이 제대로 된다.

화학 반응 결과 생성되는 크로뮴 이온의 양을 측정하기 때문에 억울한 경우도 생길 수 있다. 측정기로 배출한 호흡에 있는 물질들 중에 알코올처럼 6가 크로뮴 이온을 환원시키는 것이 있으면 문제가 된다. 이때 형성된 3가 크로뮴 이온은 알코올에 의한 화학 반응이 아니지만 음주 측정기는 알코올의 농도로 추측할 것이다. 만일 어떤 운전자가 같은 음주량에도 불구하고, 어느 날에는 혈중 알코올 농도가 더 높게 측정되었다면, 이것은 안주로 먹은 음식 혹은 입안의 음식찌꺼기에 6가 크로뮴 이온이 환원될 수 있는 물질이 다량 포함되어 있었기 때문일 것이다. 이런 문제는 입안을 헹구어서 측정하면 줄일 수 있는 오차에 해당한다. 한편 검출기는 연속적으로 사용하면 검출기의 피로(fatigue)가 누적되므로 매번 측정할 때마다 일정한 시간 간격을 두어야 알코올 농도를 보다 정확히 측정할 수 있다.

음주 단속과 구강 청정제

인터넷에 음주 측정기의 수치를 줄이는 방법에 대한 풍문이 돌고 있다. 그러나 인터넷에 떠돌아다니는 초콜릿 먹기를 비롯한 다양한 종류의 비법도 사실 효과가 없다. 혹시 음식 냄새로 경찰관의 코를 둔감하게 만들 수는 있겠지만, 측정기에 도달한 알코올이 화학 반응을 일으키는 것을 막을 수는 없다. 음주 여부를 측정할 때 알코올의 산화를 방해하거나 혹은 정지시키는 방법이 없다면 다 소용없는 일이다. 일부 구강 청정 용액에는 소주 에탄올의 양보다 더 많은 양의 에탄올이 포함된 제품도 있다. 음주 운전 측정에 충분히 대처하겠다고 그런 종류의 구강 청정 용액으로 입가심을 한다면 오히려 혈중 알코올 농도가 더 높게 나올 수 있다.

음주 운전에 대한 처벌 규정도 문화와 관습에 따라 나라마다 조금씩 다르지만, 선진국들은 음주 운전 단속에 따른 책임을 보다 무겁게 하는 방향으로 법 개정을 하고 있는 반면 국내의 처벌 규정은 아직도 비교적 너그러운 편이다.

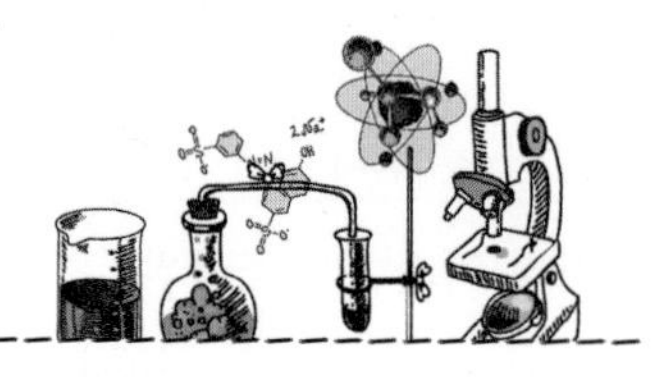

폭발로 안전 확보, 에어백

최근 들어 국내 교통사고 사망률이 조금씩 줄어들고 있다. 그러나 교통 선진국의 사망 사고율에 비해서는 아직도 한참 모자란 수준이다. 사망 사고를 줄이려면 반드시 안전벨트를 착용하고 교통 규칙을 엄격하게 지키는 자세가 중요하다. 그와 더불어 자동차 안전 운행에 필요한 장치도 필요하다.

에어백은 자동차 운행에 반드시 필요한 안전장치의 하나이다. 에어백 덕에 많은 사람이 생명을 구할 수 있었다. 에어백이 설치된 부분에 'SRS'라고 표기되어 있는데, 이것은 'Supplementary/Secondary Restraint System'의 약자이다. 즉 안전벨트의 보조 장치라고 볼 수 있다.

필요는 발명의 어머니

1952년도에 에어백을 처음으로 고안하여 특허를 받은 사람은 미국 해군 어뢰 기술자인 해트릭(John Hetrick)이다. 어느 날 딸과 함께 교통사고를 겪고 난 후에 안전장치에 대해 고민하다가 에어백을 고안하였다고 한다. 자동차 사고 경험을 통해서 안전 운행을 담보할 수 있는 방법을 고민한 결과이다. 그러나 그가 고안한 방법은 압축 공기를 이용한 것으로, 사고가 났을 때 압축 공기의 저장용기 때문에 또 다른 사고 위험성이 제기되어 실제로 응용되기는 힘들었다. 그 후 다른 발명가에 의해서 자동차용 에어백이 고안되었고, 1967년 크라이슬러(Chrysler) 자동차에 장착되어 판매되기 시작하였다.

감응시간과 작동원리

차량 간 충돌 등의 교통사고는 정말 눈 깜짝할 사이에 일어난다. 따라서 사람이 다치는 것을 예방하려면 에어백이 눈 깜짝할 사이보다 더 짧은 시간 내에 부풀어 올라야 한다. 보통 눈을 한 번 깜빡이는 데 걸리는 시간은 약 0.1~0.4초이고 에어백이 부풀어 오르는 시간은 약 0.015~0.03초로 에어백이 훨씬 더 짧다.

에어백의 재료는 플라스틱으로, 그 표면은 매우 작은 구멍이 수많이 뚫려 있는 모양을 하고 있다. 일단 매우 높은 공기 압력으로 부풀려진 에어백은 역할을 다한 후 순식간에 공기가 빠져나가야 질식사고로 이어지는 것을 방지할 수 있다. 조수석의 에어백이 운전석의 에어백 크기보다 일반적으로 큰데, 이것은 조수석과 글로브박스 사이의 공간이 운전석과 운전대 사이의 공간보다 상대적으로 넓기 때문이다. 한편 측면 에어백은 안정성을 한층 더 높여 줄 수 있다.

에어백의 작동은 정면 혹은 측면 충돌에 따라 약간 차이가 있다. 어느 속력 이상(시속 약 20 km/h)으로 자동차 혹은 물체와 충돌하면 센서가 이를 감지하고, 그 순간 에어백 내부에서 폭발 화학 반응이 진행된다. 그 결과 생성된 질소 가스가 에어백을 부풀어 오르게 하는 것이다. 그 후에 질소 가스는 즉시 에어백의 공기구멍을 통해서 빠져나간다. 질소의 순간압력이 매우 크기 때문에 비록 작은 구멍이 숭숭 뚫려 있음에도 부풀어 오를 수 있는 것이다. 이처럼 순식간에 높은 압력의 기체를 생성할 수 있는 것은 모두 화학 반응 때문이다.

안전을 위한 폭발 반응

에어백 안의 아자이드화나트륨(sodium azide)이 점화되는 순간 그야말로 폭발적인 화학 반응(분해)이 진행된다. 아자이드화나트륨의 분해 반응은 약 300°C에서 시작되므로 자동차의 전원으로 충분히 점화할 수 있다. 그런데 반응에서 질소 기체와 함께 생성되는 금속 나트륨이 문제가 된다. 금속 나트륨은 공기에 있는 수분과 반응하여 수산화나트륨을 만들 수 있기 때문이다. 수산화나트륨은 실험실에서 가장 흔한 강염기의 한 종류로, 잿물 혹은 부식을 잘 일으키는 화학 물질이다. 만약에 사고가 나서 에어백이 터진 후에 수산화나트륨 분말 혹은 증기가 자동차 내부를 채운다면 더 큰 재앙이 될 것이다.

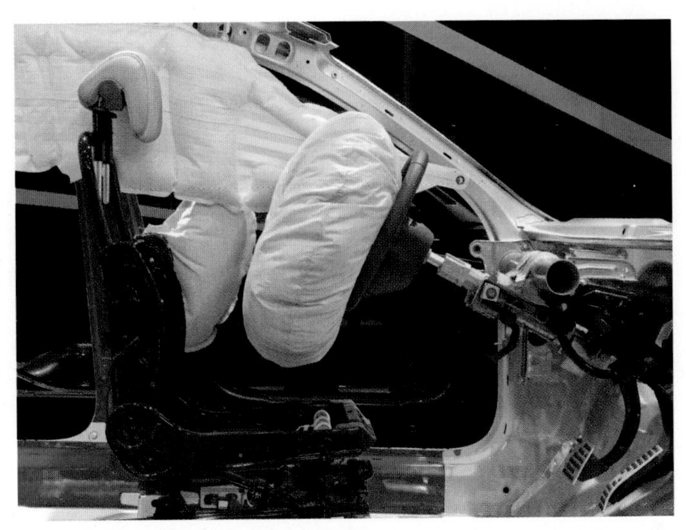

: 자동차에 장착된 에어백이 터진 모습

이에 보다 안정한 화학 물질을 생성시키는 방법이 고안되었다. 아자이드화나트륨 외에 질산나트륨(sodium nitrate) 혹은 질산포타슘(potassium nitrate) 및 이산화규소(silicone dioxide)를 함께 포함하여 반응시키는 방법이다. 이런 조건에서 생성되는 금속 나트륨은 질산염과 반응하여 산화나트륨 같은 금속 산화물을 생성한다. 더 나아가 금속 산화물은 이산화규소와 반응하면 규산화나트륨(sodium silicate) 혹은 규산화포타슘(potassium silicate)이 되는데, 이들은 다소 안전한 화학 물질로, 순식간에 최종 생성물이 만들어지는 매우 빠른 화학 반응을 이용한 것이다.

생성된 규산화나트륨 혹은 규산화포타슘의 안정성은 동물실험을 통해 확인되었다. 독성가스에 매우 민감한 새(카나리아)가 에어백이 터져 생성된 규산화나트륨의 양에도 살아남는 정도를 확인하였고, 그 결과는 만족스러웠다.

흰색 분말의 정체와 사고 후 대책

에어백이 터지면 흰색의 분말을 뒤집어쓰게 된다. 이 분말은 주로 옥수수 전분 혹은 탈크 분말(Talcum powder)이며, 에어백이 터질 때 윤활유 같은 역할을 한다. 탈크 분말은 규산화마그네슘(magnesium silicate)이 주성분이다. 규산화마그네슘은 광물 중에서도 가장 무른 물질로, 단단함 정도를 표현하는 모스(Mohs) 단위로 1이다. 다이아몬드는 모스 단위로 10이다.

에어백이 터지는 자동차 사고를 경험한 사람들은 눈과 목의 따끔거림을 느끼는 이들도 있다고 한다. 그것은 완전히 반응하지 않은 금속 나트륨과 수분이 결합하여 소량의 수산화나트륨이 생성되었을 수도 있고, 윤활유 역할을 하는 탈크 분말 등에 의해 알레르기 반응이 일어났을 수도 있다. 일단 에어백이 터지면 빨리 창문을 열어 환기를 시키는 것이 중요하다. 물론 사고 후 몸을 움직일 수 있을 때 가능한 일이겠지만 말이다.

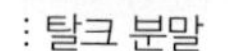

: 탈크 분말

에어백에 사용되는 화학 물질의 특징

아자이드화나트륨은 흰색이며 냄새가 없고 독성이 강한 고체 화학 물질이다. 강한 독성으로 잘 알려진 사이안화 화합물(cyanide)과 거의 유사한 독성을 띤다. 아자이드화나트륨은 물과 반응하여 역시 독성이 강한 아자이드화수소(HN_3) 기체를 발생시킨다. 이 가스를 흡입하면 매우 위험하다. 또한 이 화합물은 구리, 납과 같은 금속과 쉽게 반응하여 매우 불안정하고, 폭발성이 강한 아자이드화 금속 화합물을 생성한다. 그러므로 에어백이 장착된 자동차를 폐차할 경우에는 에어백의 아자이드화나트륨을 완전히 제거해야 한다. 처리하지 않은 아자이드화나트륨이 물과 반응하면 매우 위험한 일이 벌어질 수 있으므로 반드시 미리 대비해야 한다.

주행 중에 과속으로 충돌사고가 일어나면 에어백의 효과도 당연히 줄어들 수밖에 없다. 어느 정도 충돌 시에는 에어백이 몸을 보호해 주지만, 가능한 에어백이 터지는 일은 만들지 말아야 한다. 자동차 사고가 나지 않으면 에어백을 사용할 일이 없어서 좋고, 위험한 화학 물질이 사용되지 않아서 더욱 좋은 것이다. 다시 말해 안전 운전은 누이 좋고 매부 좋은 일이라고 할 수 있다.

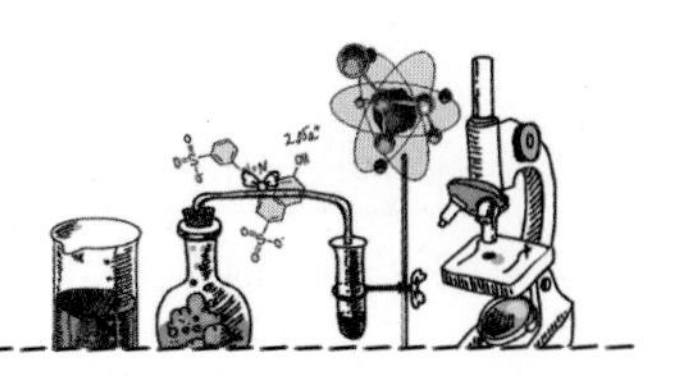

맑은 창과 시야, 와셔 액

자동차 운행 중에 갑자기 앞 유리에 흙탕물이 튀면 시야가 가려져 당황할 수 있다. 와이퍼 스위치를 올려 노즐로부터 와셔 액이 뿜어지고 와이퍼가 좌우로 움직여야 비로소 시야가 확보된다. 비가 오는 날이면 그나마 낫지만, 비도 안 오고 와셔 액도 떨어진 상태에서 이런 일이 벌어지면 굉장히 위험하다. 이번에는 와셔 액의 화학에 대해 알아보자.

와셔 액의 성분과 색

와셔 액 대신에 물을 사용하면 겨울철에 낭패를 볼 수 있다. 온도가 영하로 내려가면 물이 얼기 때문이다. 결빙되는 것을 방지하기 위해서는 물에 비누를 풀거나 혹은 다른 용질(소금 혹은 설탕 등)을 녹여 만든 수용액을 와셔 액으로 사용할 수도 있다. 그러나 이러한 용액들도 기온이 많이 내려가면 얼을 수 있고, 수분이 증발하고 남는 찌꺼기로 인해 유리가 더러워질 수도 있다. 와셔 액은 쉽게 증발되어야 하며, 닦고 난 후에는 유리 표면에 지저분한 찌꺼기가 남지 않아야 한다.

와셔 액은 물과 메탄올이 주성분이며, 계면활성제 등 기능성 물질이 소량 포함되어 있다. 메탄올은 물과 잘 섞이며, 다른 물질을 녹이는 역할도 할 수 있어서 제격이다. 메탄올이 혼합된 와셔 액은 유리 표면에 들러붙어 있는 기름과 같은 오염 물질을 녹일 수 있다. 부피로 약 40퍼센트의 메탄올을 섞은 와셔 액은 어는점이 약 -40℃로 우리나라에서는 겨울철에도 무난히 사용할 수 있다. 참고로 메탄올과 물이 부피비로 1:1인 용액의 어는점은 -50℃ 이하이다.

와셔 액은 대체로 파란색 염료로 색을 낸 것을 많이 볼 수 있다. 그 이유는 물로 착각하여 마시는 사고를 미연에 방지하기 위해서이다. 또 변기 세척액과 동일한 색을 하고 있으면 왠지 세척이 잘 될 것이라는 이미지를 주려는 의도도 포함되어 있다고 생각된다. 하지만 요즈음에 판매되는 스포츠 음료 중에는 와셔 액과 같은 색을 띠는 것도 있으므로 주의해야 된다. 가끔 어린이들이 스포츠 음료로 착각하고

: 자동차에 사용되는 와셔 액

와셔 액을 마셔 사고가 나는 것도 두 용액의 색이 동일하기 때문이다. 이 때문에 사고 방지를 위해서 와셔 액에 역겨운 냄새가 나는 물질을 첨가하기도 한다. 또한 겨울철에는 결빙을 방지하려고 부동액의 성분인 에틸렌 글리콜을 소량 첨가한 와셔 액을 사용할 때도 있다. 그런데 여름철이라고 해서 물을 와셔 액으로 사용하는 것은 삼가는 것이 좋다. 왜냐하면 와셔 액 통 속에 갇혀 있는 물에서 균들이 증식할 우려가 있는데, 이 균들이 포함되어 있는 와셔 액을 공기 중으로 뿌리면 사람들의 건강에 위협이 되기 때문이다.

메탄올의 어원과 독성

와셔 액에 포함된 메탄올은 매우 위험한 물질이다. 이 때문에 와셔 액에 메탄올 사용을 금지하거나 규제하는 나라들이 점점 늘고 있다. '메틸(methyl)'은 그리스어에서 '와인'을 뜻하는 'methe'와 나무를 뜻하는 'hyle'의 합성어로, 메틸알코올이라고 부르기도 한다. 그래서 메탄올은 '나무의 와인'이라는 별칭이 붙었지만 마셨다간 큰코다칠 수 있다. 메탄올을 한 모금(약 10밀리리터)이라도 마시면 시신경이 손상을 입어서 영구 실명이 되고, 30밀리리터 정도를 마시면 목숨을 잃을 수 있다. 과거에는 메탄올을 에탄올로 착각하고 마셔서 인명 사고도 종종 발생하였다. 메탄올을 메틸알코올이라고 부르고, 술의 성분인 에탄올은 에틸알코올이라고 부르는데, 사람들이 이를 모두 술 성분이라고 착각하여 사고가 발생한 것이었다. 또한 못된 주류업자들이 값싼 메탄올을 비싼 에탄올과 섞어서 술로 판매해서 발생하는 후진국형 사고도 있었다. 두 종류의 알코올을 혼합한 가짜 술이 더 나쁜 점은 많은 양을 마시기 전까지는 메탄올의 피해 증상을 알아차리기 어렵다는 점이다. 메탄올이 간에서 에탄올과 경쟁적으로 분해되기도 하고, 에탄올로 인해서 중추신경이 마비되기 때문에 메탄올의 피해 증상이 늦게 나타나는 것이다.

술에 만취한 사람은 에탄올의 중추신경 억제 효과로 인해서 몸을 제대로 가누지 못한다. 메탄올 역시 에탄올과 마찬가지로 중추신경을 억제하는 특성이 있다. 또한 메탄올은 간에서 대사 작용을 거쳐서 폼알데하이드로 변하고, 결국에는 폼산(formic acid, 개미산) 혹은 폼산 이온(formate ion)으로 변한다. 폼산 이온은 몸속에 있는 특정 효소의 기능을 방해하여 세포를 저산소증(hypoxia) 상태에 빠지게 한다. 세포에 산소가 부족하면 활동에 필요한 에너지를 생산할 수 없다. 고도가 높은 산에 올라가면 건강한 사람도 저산소증에 걸리기 쉬운 것도 산소가 희박하기 때문이며, 그 정도가 심하면 목숨을 잃게 된다. 또 다른 위협은 혈액에 폼산이 너무 많아져 혈액의 pH가 낮아지는 것이다. 정상 혈액의 pH는 약 7.4인데, pH가 정상치보다 조금만 낮아도(약 7.35 이하) 산독증(acidosis)이 일어나 위험하다. 반대로 pH가 정상치보다 조금만 높아도(약 7.45 이상) 알칼리증(alkalosis)이 되어 위험하기는 마찬가지이다.

메탄올의 생산과 이용

메탄올은 메테인을 이용하여 만든다. 천연가스의 대부분을 차지하는 메테인은 높은 온도와 압력에서 수증기와 반응하면 합성가스(syngas)가 된다. 합성가스의 주성분은 일산화탄소, 이산화탄소, 수소이며, 촉매를 사용하면 쉽게 메탄올로 바꿀 수 있다. 산업체에서 메탄올은 용매로써 여러 종류의 물질을 녹이고, 분리하는 용도로 대량으로 사용된다.

또한 메탄올은 연료 전지의 연료로, 휘발유의 연비를 높이기 위해 첨가하는 물질(MTBE)의 원료로 사용되기도 한다. 흥미로운 사실은 과거에는 경주용 자동차의 연료로 순수한 메탄올을 많이 사용하였으나 최근에는 보다 환경친화적인 에탄올 사용을 권장하고 있다. 메탄올 연료는 옥테인값도 높고(약 108), 압축비가 좋아서 자동차 경주용 연료로 적합하다. 그러나 메탄올은 경주용 자동차 엔진의 재질인 알루미늄의 부식을 잘 일으키고, 연료 장치와 연결된 플라스틱과 고무를 녹이는 부작용이 있다. 그러므로 자동차 경주가 끝나면 차량에 휘발유를 주입하여 다시 운행을 하여 남아 있는 메탄올을 씻어 내야 한다. 그래야 엔진의 부식도 완화시키고, 고무나 플라스틱을 보호하는 효과를 볼 수 있다.

시야 확보와 안전 운행

자동차의 안전 운행을 위한 시야를 확보하기 위해서 와셔 액을 사용하는 것은 사람이 나이가 들거나 병으로 인해서 눈물샘이 마르면 인공눈물을 넣어 눈의 건강을 유지하려고 애쓰는 것과 마찬가지이다. 와셔 액이나 인공눈물은 단순해 보이지만 안전한 행보를 위해서는 없어서는 안 될 중요한 요소들이다. 사람이나 자동차나 모두 앞이 잘 보여야 일단은 안전하게 앞으로 나아갈 수 있는 것이다.

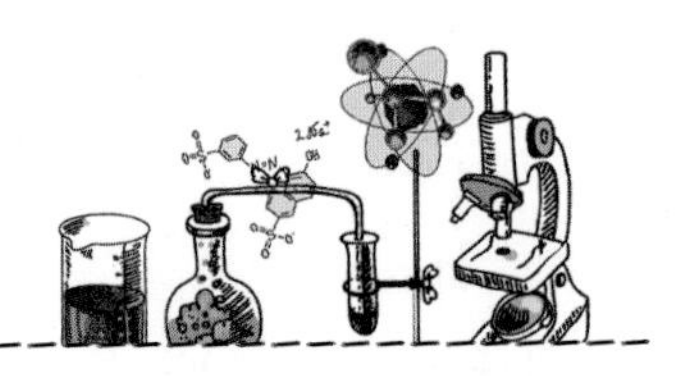

새집의 고민, 새집증후군

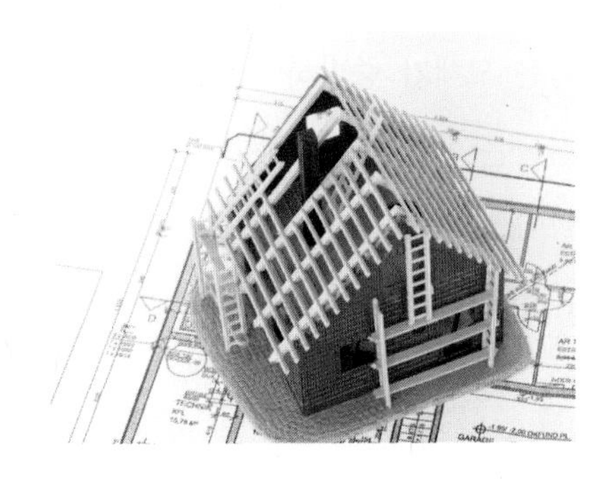

새집증후군

갓 결혼한 신혼부부들에게는 신혼집을 얻는 일이 중요하고도 어려운 문제이다. 어느 정도 안정을 찾아 집을 장만하려고 하는 사람들도 원하는 집을 찾기까지는 많은 시간이 걸린다. 그리고 대부분 낡은 집보다는 같은 값이면 새집을 선호하는데, 새집에 이사를 가서 겪게 되는 새집증후군(sick house(building) syndrome)을 생각하면 여간 머리 아픈 일이 아닐 수 없다. 특히 유아 혹은 어린 자녀들이 있는 경우 새집증후군 후유증이 만만치 않다. 종종 언론매체를 통해 심각한 경우도 보게 되는데, 이와 같이 자주 매체에 등장하다 보니 새집증후군이란 단어도 낯설지 않다.

새집증후군의 원인물질

집을 짓는 데 필요한 건축 재료 혹은 내장 재료에서 방출되는 각종 화학 물질이 건강 문제를 일으키거나 심한 불쾌감을 일으켜서 생활에 불편을 주는 현상을 새집증후군이라고 한다. 문제를 일으키는 화학 물질은 주로 휘발성 유기 화합물(VOC, volatile organic compounds)로, 이들 물질의 공통적인 특징은 모두 증기압(vapor pressure)이 높다는 것이다. 증기압은 액체 혹은 고체가 증발하여 형성된 기체의 압력을 말한다. 증기압이 높은 물질들은 휘발성이 강하며, 증기압은 온도가 증가하면 따라서 증가하는 경향이 있다.

물을 높은 온도로 가열하면 증발이 활발해져 수증기를 쉽게 볼 수 있

: 새집을 지을 때 사용하는 건축자재나 벽지 등에서 유해물질이 나와 건강상의 문제나 불쾌감을 느끼게 된다.

다. 수증기는 물 분자들의 집합체로, 기체 물 분자가 많을수록 증기압이 높아진다. 그러므로 물의 온도를 높이면 자연스럽게 물의 증기압이 증가한다. 물의 증기압은 25°C에서 24 mmHg(대기 압력은 760 mmHg)이고, 100°C에서 760 mmHg이다. 따라서 물은 물의 증기압과 대기 압력이 동일한 100°C에서 끓는다. 물보다 증기압이 큰 액체는 낮은 온도에서도 증기압이 이미 760 mmHg에 도달할 수 있다. 이러한 액체의 끓는점은 물의 끓는점보다 낮다. 한 예로 폼알데하이드(formaldehyde)는 상온에서 3,890 mmHg의 증기압을 갖는다. 대단히 증기압이 큰 특성을 나타내는 물질인 것이다. 따라서 폼알데하이드의 끓는점은 물의 끓는점보다 현저히 낮은 -19.3°C이다.

휘발성 유기 화합물들

휘발성 유기 화합물은 동물과 식물 모두에서 배출된다. 동물이 방출하는 메테인, 나무가 내뿜는 아이소프렌 같은 탄화수소가 대표적인 휘발성 유기 화합물이다. 집 단장 혹은 건물의 외관 보호를 위해 페인트칠을 하는데, 보통 신나라고 부르는 휘발성 유기 화합물을 사용하여 페인트를 녹이고 희석시킨다. 또한 세탁 과정에서 기름얼룩을 없애기 위해서 사용하는 물질(흔히 솔벤트)도 증기압이 높은 휘발성 유기 화합물이다.

사실 집을 짓거나 실내 장식에 이용되는 각종 재료들 대부분이 화학 물질이다. 천연 재료라고 하지만 오래 보존하거나 멋진 치장을 위해서는 어쩔 수 없이 화학 물질을 사용하여 마무리를 하는 경우가 많다. 새집 내부에서 검출되는 대표적인 휘발성 유기 화합물로는 아세톤(증기압 230

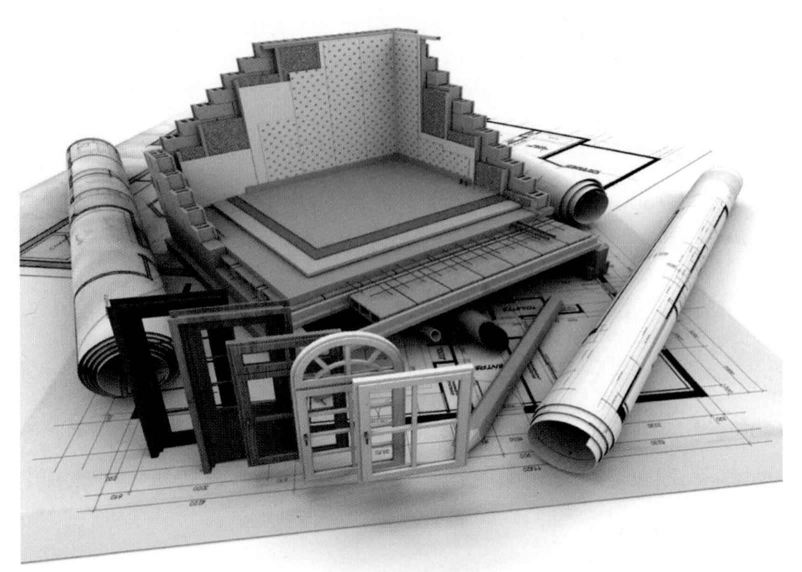

: 합판, 장판 재료, 접착제 등 많은 건축 자재에 유기 화합물이 포함되어 있다.

mmHg), 벤젠(증기압 95mmHg), 폼알데하이드(증기압 3,890mmHg), 톨루엔(증기압 28 mmHg) 등을 꼽을 수 있다. 합판, 장판 재료, 접착제, 나무 바닥재, 카펫 등 휘발성 유기 화합물이 뿜어내는 원천은 다양하며, 그 종류도 수십 가지가 넘는다.

폼알데하이드의 특징 및 다양한 모습

특히 증기압이 매우 높은 폼알데하이드는 새집증후군의 주범이다. 폼알데하이드는 일상생활에서 광범위하게 사용되고 있는데, 건축 재료용 접착제 혹은 곰팡이, 박테리아를 억제하기 위한 건축 재료에 사용되는 방부제 등에 사용된다. 증기압이 높은 폼알데하이드 분자들은 쉽게 용출

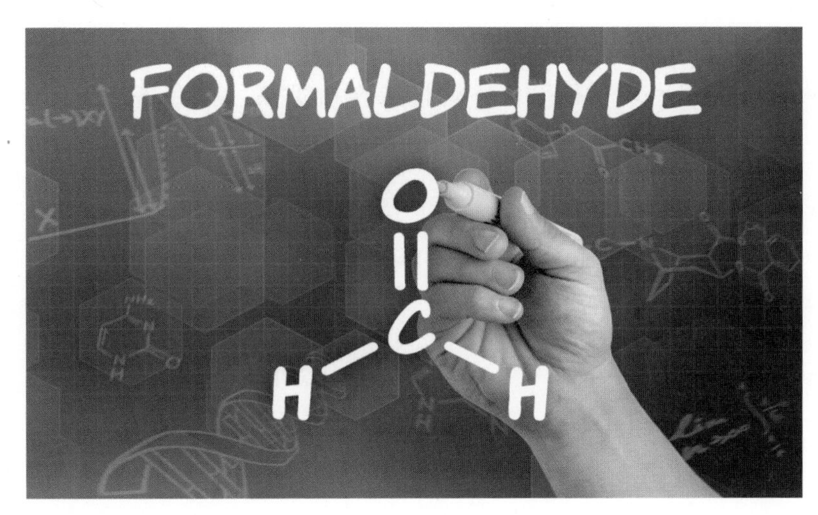

: 폼알데하이드의 분자 구조

되어 실내 공기를 오염시킨다.

실내 공기에 폼알데하이드가 약 1~5 ppm만 있어도 눈, 코, 목을 자극한다. 여기에서 ppm은 'parts per million'의 약자이며, 전체 100만 개 중에 관심의 대상이 되는 것이 몇 개가 되는지를 표시하는 단위이다. 예를 들어서 가로 세로 높이가 1미터인 공간(부피 1 m^3 =1,000 L=1,000,000 mL)에 폼알데하이드의 양이 1밀리리터 존재할 때 그것은 1 ppm의 폼알데하이드에 해당한다. 폼알데하이드가 매우 낮은 농도일지라도 만성 질병을 앓고 있는 노약자, 화학 물질에 예민하게 반응하는 사람들은 고통을 받을 수 있다. 또한 폼알데하이드에 장기간 노출되면 백혈병과 폐암에 걸릴 확률도 높아진다고 알려져 있다.

폼알데하이드가 약 37퍼센트 포함된 용액을 포르말린(formalin)이라고 부른다. 중고등학교 과학실에서 볼 수 있는 생생한 생물 표본들은 주로 이 용액에 담겨 있다. 이와 같이 포르말린은 대상 표본을 오래도록 썩지 않고 보관하는 데 이용된다. 물속에서 폼알데하이드 분자는 홀로 존재하지 못하고 여러 분자들이 결합하여 고분자로 존재한다. 때로는 고분자의 형성을 방지하려고 메탄올을 혼합하기도 한다. 폼알데하이드 분자 3개가 결합하면 트라이옥세인(trioxane)이 되며, 그것은 비교적 안정한 분자이다. 트라이옥세인을 헥사민(hexamine)과 혼합하여 제조한 고체는 연료로 사용된다. 따라서 캠핑 등과 같이 야외 활동에서 많이 사용되는 흰색의 고체 연료에도 폼알데하이드가 포함되어 있다.

다양한 플라스틱 제조에 사용

폼알데하이드는 매우 다양한 종류의 열경화성 수지를 만드는 데 이용된다. 페놀(phenol), 요소(urea), 멜라민(melamine) 등을 폼알데하이드와 반응시키면 여러 종류의 수지를 만들 수 있다. 열경화성 수지는 한 번 굳으면 열을 가해도 녹지 않고 타 버리는 플라스틱을 말한다. 건축 자재나 차량용 플라스틱 등에 주로 열경화성 수지가 사용된다. 반면에 열가소성 수지는 열을 가하면 부드러워지거나 녹는 플라스틱을 말한다. 따라서 열가소성 수지는 반복해서 사용이 가능하다. 음료를 담는 페트병, 하수도관으로 이용되는 PVC 파이프 등이 열가소성 수지로 만든 것이다.

새집으로 이사갈 때

실온에서 폼알데하이드는 물에도 무척 잘 녹는다. 약 100밀리리터의 물에 100그램 이상이 녹는데, 마치 스펀지에 물이 흡수되는 것처럼 녹는다고 해도 과언이 아니다. 따라서 집 안의 습도 조절을 위한 소규모 분수, 실내 정원의 소량의 물에도 잘 녹을 수 있다. 실내에 폼알데하이드가 녹을 수 있는 물그릇을 놓기만 해도 오염된 실내공기를 어느 정도 정화할 수 있다. 물을 자주 갈아 주지 않으면 쉽게 포화되어 정화능력이 떨어진다는 점도 유의를 해야 된다.

여름철에 이사를 하는 경우 문을 활짝 열어 놓고 환기를 시키면 휘발성 유기 화합물의 농도를 줄일 수 있다. 또한 여름철에는 높은 기온 때문에 건축 재료에서 폼알데하이드가 더 많이 그리고 더 빨리 빠져나올 수 있으므로, 환기를 자주 시키면 새집증후군에 따른 각종 이상 증세를 빠른 시일 내에 감소시키는 데 도움이 될 것이다. 겨울철에는 이사 전에 집이 비어 있게 되면, 난방을 하여 집 안의 온도를 높이는 것이 좋은 방법이다. 실내 온도가 높으면 휘발성 유기 화합물들이 더 쉽게 빠져나오므로 환기를 시켜 이를 어느 정도 제거할 수 있다. 또 2~3차례 같은 방법을 반복하면 폼알데하이드 같은 물질을 상당히 줄일 수 있을 것이다. 천연 재료라고는 하지만 그 재료의 마감처리에 사용된 물질 혹은 접착제 등에서도 얼마든지 휘발성 유기 화합물이 배출될 수 있다. 즉 천연 재료라는 단어가 주는 안도감은 있을지 모르지만 실제로는 별 도움이 안 될 수 있다.

어릴 때 "두껍아 두껍아 헌 집 줄게 새집 다오."를 부르며 놀았던 기억이 있다. 요즈음에는 "두껍아 두껍아 헌 집 줄게 일정기간 살아 본 후에 새집 다오."로 바꾸어 불러야 될 것 같다.

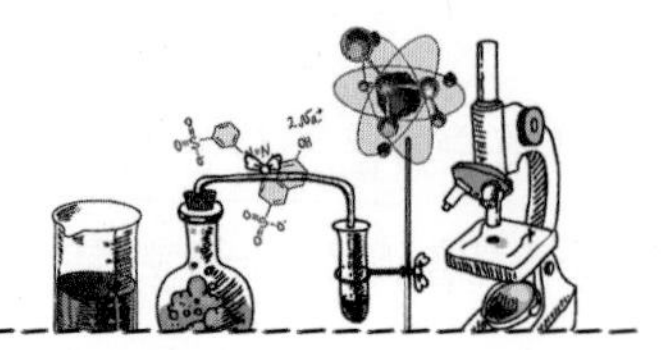

정말 무서워요, 산성비

pH는?

공기에 있는 이산화탄소가 녹은 자연 상태에서 비가 내릴 때 빗물의 pH는 5.6 정도이다. 만약에 빗물의 pH가 5.6보다 작으면 산성비(acid rain)라고 부른다. pH는 용액에 있는 하나의 특별한 화학 물질인 하이드로늄 이온(hydronium ion, H_3O^+ 혹은 줄여서 H^+라고 표시)의 농도를 나타내는 수이다. 용액에 존재하는 화학 물질의 농도는 상당히 넓은 범위에 걸쳐 변화를 나타내기 때문에 이를 간략히 나타내려고 정한 것이 pH이다. 식으로 나타내면 $pH = -\log[H_3O^+]$이다. 이때 $[H_3O^+]$라고 표시된 것은 하이드로늄 이온 농도이다. 즉 숫자로 표시되는 pH는 결국 H_3O^+라는 특수한 화학 종의 농도를 나타내는 방법인 것이다.

이론적으로 순수한 물 1리터에는 10^{-7}몰(mole)의 H_3O^+가 포함되어 있다. 몰이란 일정한 개수의 개체(원자, 분자, 이온, 혹은 화학 물질)의 양을 나타내는 화학의 기본단위이다. 용액의 농도는 일정한 부피(1리터)의 용액에 녹아 있는 개체의 몰로 나타낼 수 있는데, 이를 몰 농도(molarity, mole/L)라고 한다. 따라서 순수한 물 1리터에 포함된 H_3O^+의 양은 10^{-7}몰이므로, 그것의 농도는 10^{-7}몰 농도(mole/L)이다.

몰은 물질의 양을 나타내는 단위이며, 몰 농도는 용액의 농도를 표기하는 단위인 것이다. 따라서 식에 10^{-7}을 대입하면 숫자 7이 된다. 즉 순수한 물의 pH는 7이며, 용액의 pH가 7인 경우 중성 용액이라고 한다. 어떤 용액의 H_3O^+몰 농도가 순수한 물의 H_3O^+몰 농도보다 크면 그 용액의 pH는 7보다 작은 반면에 어떤 용액의 H_3O^+몰 농도가 순수한 물의 H_3O^+몰 농도보다 작으면 그 용액의 pH는 7보다 크다. 앞의 경우를 산성 용액, 뒤의 경우를 염기성 용액이라고 부른다. 예를 들어 pH = 4인 용액은 pH = 7인 순수한 물에 포함된 H_3O^+의 농도보다 1,000배나 더 진한 산성 용액이다. 반면에 pH = 10인 용액은 pH = 7인 순수한 물보다 H_3O^+의 농도가 1/1,000밖에 안 되는 염기성 용액이다.

생활 속의 pH

일상에서도 pH 개념 혹은 단위가 많이 사용된다. 사람의 위에서는 염산(HCl)이 분비되는데, 염산은 강산(strong acid)의 한 종류로, 위산의 pH는 1 정도이다. 위산과 맞먹는 정도의 pH 용액에서는 단백질이 분해되고, 금속 분말도 금속 이온으로 변할 수 있다. 우리가 먹는 각종 음식이 일단

위에서 분해되는 이유도 위에 매우 강한 산성 용액이 있기 때문이다. 음식을 섭취하면 위장 내의 pH는 2~3 정도로 증가하고, 십이지장을 거쳐서 장에 도달하면 pH가 7을 넘는다. 그것은 십이지장에서 탄산수소 이온(bicarbonate, HCO_3^-)이 분비되어 중화되기 때문이다. 탄산수소 이온은 염기성 화학 물질이다. 위에서 산성으로 변환된 음식물들은 십이지장을 거치면서 탄산수소 이온으로 중화되어 소장으로 내려간다. 그래서 소장에서는 pH가 약염기성을 나타내는 8 정도로 변한다.

피부의 pH는 약한 산성인 4~6 정도이다. 피부가 산성인 이유는 박테리아, 병원균 등이 산성 조건에서는 견디기 어렵기 때문이다. 물론 헬리코박터균처럼 염산과 같은 강산에서도 살아남는 것들도 있다. 그러나 많은 균들이 온도와 pH에 민감하기 때문에 약산성을 띠는 피부에서는 오래 견디지 못한다.

산성비의 기준 pH가 5.6인 이유

대기에 있는 각종 기체가 비에 녹으면 H_3O^+가 많이 생성될 수 있다. 그렇게 되면 빗물의 pH는 7보다 작게 된다. 물에 녹아서 H_3O^+ 화학종을 생성할 수 있는 기체는 이산화탄소, 아황산을 비롯한 이산화황, 각종 산화질소를 비롯한 이산화질소 등 여러 종류가 있다.

이런 종류의 기체들은 화산 분출 과정에서도 발생하지만 인간의 산업 활동, 자동차 연료의 연소 과정에서도 많이 발생한다. 즉 공장 지대와 산업화가 된 지역의 대기에는 이런 종류의 가스 농도가 청정 지역 혹은 농촌 지역보다 높다. 대기에 존재하는 이산화탄소의 농도는 약 390 ppm

인데, 농도가 점점 더 증가하는 추세이다. 이를 부분 압력으로 환산하면 390×10^{-6}기압이다. 이 정도 압력의 이산화탄소가 물에 녹은 용액의 pH를 계산해 보면 대략 5.6이다.

따라서 이산화탄소의 농도가 390 ppm보다 크거나 혹은 이산화질소, 이산화황과 같이 H_3O^+를 잘 생성시키는 기체들이 빗물에 녹으면 그 빗물의 pH는 5.6보다 낮아진다. 이들 지역에서 내리는 비에는 자연 상태의 이산화탄소 기체가 만들어 내는 H_3O^+의 양보다 훨씬 많은 양의 H_3O^+가 포함되어 있다. 주로 황, 질소 등이 포함된 화석연료가 연소될 때 황 산화물, 질소 산화물이 기체 상태로 공기 중으로 배출되고 이것이 물에 녹으면 자연 상태보다 더 많은 H_3O^+가 포함된 비가 내리게 된다. 미국

: 공장에서 배출되는 황 산화물과 질소 산화물이 대기 중에서 수증기와 만나 비로 내리면 산성비가 된다.

의 버지니아 주에서는 pH가 1.4인 비가 내린 적도 있다. 이것은 기록으로 남아 있는 산성비의 pH 중 가장 작은 수치이다. 빗물의 pH가 이 정도라면 이산화납 배터리에 포함된 황산의 pH에 근접한다. 하늘에서 마치 산이 쏟아진다고 해도 과언이 아닐 정도로 심한 산성비였다.

산성비와 자연 그리고 인간

비는 흘러서 강이나 바다로 간다. 산성비도 마찬가지이다. 산성비는 토양에 포함된 알루미늄을 녹여 강물 혹은 호수에 알루미늄 이온의 농도를 급격히 높인다. 알루미늄 이온의 농도가 약 130 ppb를 초과하는 물에서는 물고기가 살지 못하며, 인간도 해를 입게 되는 것은 물론이다. 의학적 증거가 완벽하지는 않지만 치매, 빈혈, 뼈가 물러지는 원인으로 알루

: 산성비가 내려 식물이 황폐해진 모습과 부식된 건물 장식

미늄 이온을 지목한 연구결과도 있다. 산성비 때문에 인체가 입는 피해는 계산이 불가능할 정도로 매우 크며, 그 범위도 넓고 엄청나다. 게다가 인류의 유산인 대리석 혹은 금속으로 제작한 각종 예술품도 산성비의 피해를 입고 있다. 산성비로 인해서 전 세계적으로 피해를 입는 산림의 면적은 대단히 광범위하다. 특히 독일을 비롯한 공업이 많이 발달한 서유럽에서는 산림의 약 20~60퍼센트 이상이 산성비의 피해를 입는다고 한다.

: 산업 활동과 자동차 운행 등으로 인한 오염 물질 배출도 산성비의 한 원인이다.

국내 산성비의 원인도 산업활동과 자동차 운행 등으로 너무 많은 오염물질이 배출되어 생긴 것이다. 따라서 이제부터라도 자동차의 운행을 줄이려는 노력을 해야 한다. 경제가 활발해진 중국에서 사용되는 많은 양의 화석연료도 국내 산성비의 일부 원인을 제공하고 있다. 내뿜는 대기에 산성비의 원인이 되는 기체 혹은 물질이 바람을 타고 국내까지 날아오는 것이다. 따라서 우리의 노력도 중요하지만 국제적인 협력으로 산성비를 줄이려는 시도도 병행해야 할 것이다.

두 얼굴의 친구, 오존

오존의 이중성

오존 농도가 시간당 0.12 ppm을 초과하면 오존주의보가 발령된다. 자연에서 측정되는 오존 농도는 약 0.02 ppm으로, 이 정도의 농도는 식물 혹은 동물 모두에게 비교적 안전하다. 그러나 다른 화학 물질과 마찬가지로 오존도 이중적이다.

오존은 상층권에서 자외선을 막아 주어 유익하기도 하지만, 공기에 일정 농도 이상이 되면 건강을 위협하는 화학 물질이다.

: 오존의 분자 구조

오존층의 특징과 역할

오존(O_3)은 산소 원자 3개가 결합하여 형성된 분자이다. 오존이라는 이름은 '냄새'를 뜻하는 그리스어 'Ozein'에서 유래되었다. 성층권(stratosphere)에 존재하는 오존은 태양으로부터 지구로 날아드는 자외선을 차단하는 역할을 한다. 오존은 비교적 짧은 파장의 자외선 C와 자외선 B의 상당 부분을 차단해 준다. 즉 자외선의 위협에서 지구 생명체를 보호해 주는 역할을 한다.

미국 캘리포니아 어바인(Irvine)대학교 롤란드 교수(F. Sherwood Rowland)와 몰리나 교수(M. Jose Molina) 연구팀은 1974년에 「네이처」에 클로로플루오로탄소(CFC, chlorofluorocarbon)가 오존층 파괴의 원인이라는 결과를 발표하였고, 이 연구업적으로 1995년에 노벨 화학상을 수상하였다.

클로로플루오로탄소는 한동안 냉매, 용매, 추진제 등 매우 다양한 용도로 이용되었으나, 1987년부터 생산 판매를 금지하는 노력을 기울였고, 2010년에 사용이 완전히 금지되었다.

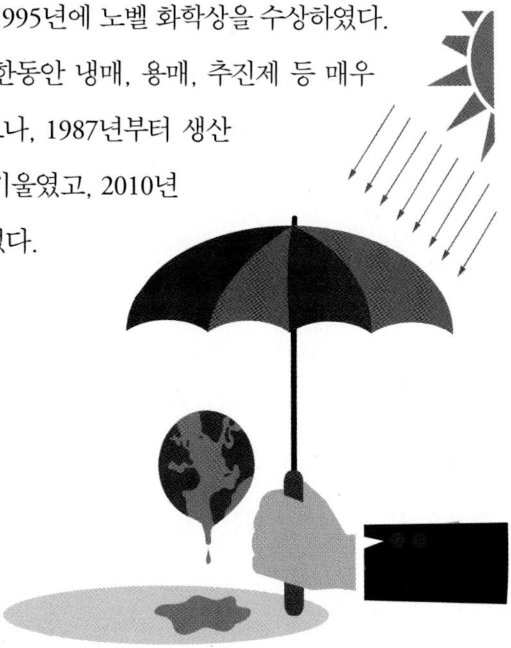

오존의 발생

성층권에서는 지구를 보호하지만, 지표면에서는 건강을 위협하는 물질이 오존이다. 오존은

: 태양 볕이 강한 여름철에 자동차 운행이 활발한 도로에서도 오존 발생이 증가한다.

번개가 칠 때 대기에서 자연적으로 발생하며, 고전압 기기(복사기, 레이저 프린터)를 사용하는 사무실 혹은 고전압 방전의 용접 장소에서도 발생한다. 이 때문에 이런 곳에서는 오존 특유의 냄새를 쉽게 맡을 수 있다.

태양 볕이 강한 여름철에 자동차 운행이 활발한 도로 혹은 공장 밀집 지역에서도 오존 발생이 증가한다. 그렇다고 자동차 혹은 산업 시설에서 오존이 직접 형성되는 것은 아니다. 연소될 때 발생하는 산화질소(NO)가 산소와 결합하면 일단 이산화질소(NO_2)가 되는데, 자동차 매연이 심할 때 눈이 따끔거리고, 목에 자극이 느껴지는 것도 이산화질소 때문이다. 그것은 붉은 갈색을 띠는 기체이지만 농도에 따라 갈색을 보이기도 한다. 대기 오염이 심할 때 서울 도심의 상공이 엷은 갈색을 띠는 것도 이산화질소 때문이다. 자연 혹은 인공으로 형성된 이산화질소는 강력한 햇볕에 의해 산화질소(NO)와 산소 원자(O)로 분해된다. 이때 생성되는 산소 원자가 산소 분자(O_2)와 반응하면 오존이 만들어진다. 따라서 햇볕이 강한 낮에는 오존의 발생이 활발하며, 햇볕이 약한 아침과 저녁에는 오존의 발생이 현격히 줄어든다.

공기정화와 오존

오존으로 공기를 정화시키는 기기도 있다. 이 기기는 즉석에서 만들어진 오존과 공기에 있는 냄새 원인이 되는 화합물을 반응시키는 것이다. 주로 휘발성 유기 화합물이 원인이 되는 이 냄새는 오존과 반응하여 전혀 다른 분자로 변하게 된다. 그 결과 공기가 상큼하게 느껴지게 된다.

: 오존은 공기를 정화하는 역할도 한다.

오존이 냄새의 원인이 되는 유기 화합물과 반응하여 환원되고, 유기 화합물이 산화되기 때문이다. 그렇지만 산화된 유기 화합물이 새로운 냄새의 원인이 될 수도 있다. 번개가 치면서 비가 온 후에는 공기가 더 상큼하게 느껴지는데, 그것은 대기의 많은 물질들이 비에 녹아 씻겨버려 농도가 대폭 감소하였기 때문이다. 또한 번개로 인한 오존 발생도 한몫할 수 있다.

소독제로써 오존의 장점과 생산

오존을 자외선으로 광분해(photolysis)시키면 수산화 라디칼이 형성된다. 수산화 라디칼은 매우 강력한 산화제이기 때문에 탄화수소 등과 같은 유기 화합물을 산화시켜서 공기를 맑게 한다. 또한 오존은 표백제 혹은 소독제로도 사용된다. 물의 정수 혹은 소독에 사용되는 염소가스(Cl_2)는 물에 녹아 있는 유기 화합물과 반응하여 몸에 해로운 유기염소(organochlorine)를 발생시키지만, 오존은 역할을 마친 후에는 흔적도 없이 사라진다. 특히 오존은 즉석에서 생성되고 사용되기 때문에 염소가스와 달리 운반에 따른 위험도 없다.

오존을 생성하는 또 다른 방법으로 전기화학적 방법이 있다. 진한 황산 용액에 탄소 막대(연필심) 2개를 6볼트 이상 전압의 전지에 연결하면 탄소 막대 주위에서 기체가 발생하는 것을 볼 수 있다. 탄소 막대는 전기화학 반응에 필요한 전극이다. 전지의 마이너스 극과 연결된 탄소 전극에서는 수소 이온 혹은 물이 환원되어 수소 기체가 발생한다. 동시에 전지의 플러스 극과 연결된 탄소 전극에서는 물이 산화되어 산소 기체와 오존 기체가 발생한다. 두 기체의 생성은 경쟁적으로 진행되며, 오존 발생 여부는 특유의 냄새로 쉽게 확인할 수 있다.

오존은 약 500 ppm 이상 물에 녹으며, 오존이 많이 녹아 있는 용액일수록 살균력은 증가하지만 불안정하다. 수영장에서는 오존을 이용해 살균 혹은 소독도 하는데, 계속해서 효과를 보려는 곳에서는 아직도 하이포염소산 나트륨(sodium hypochlorite)을 많이 사용하고 있다. 오존은 사용 후에 금방 사라지기 때문에 시간 간격을 두고 물을 공급하는 곳 혹은 오랫동안 깨끗한 물을 유지하는 곳에서는 정수에 그다지 실용적이지 못할 수 있다.

다른 종류의 화학 물질과 마찬가지로 오존도 주변에 많이 있으면 공해 물질이 된다. 그러나 많이 있어도 성층권에 있다면 지구의 생명체를 보호하는 귀중한 자원이 된다. 지킬 박사와 하이드처럼 상황, 용량, 때에 따라 특성이 돌변하는 화학 물질의 이중성이 오존에도 정확히 적용된다.

우연한 독극물, 다이옥신

자연에는 독성을 띤 화학 물질이 많이 있다. 2011년 5월, 경상북도 칠곡 미군 기지에서 수십 년 전 묻었던 화학 물질이 문제가 되었고, 동시에 고엽제와 깊은 관련이 있는 다이옥신이 화제가 되었다. 다이옥신은 쓰레기 소각장은 물론 미국의 토네이도 피해 지역에서도 발생되는 문제의 화학 물질이다. 악명이 높은 다이옥신, 무엇이 문제일까?

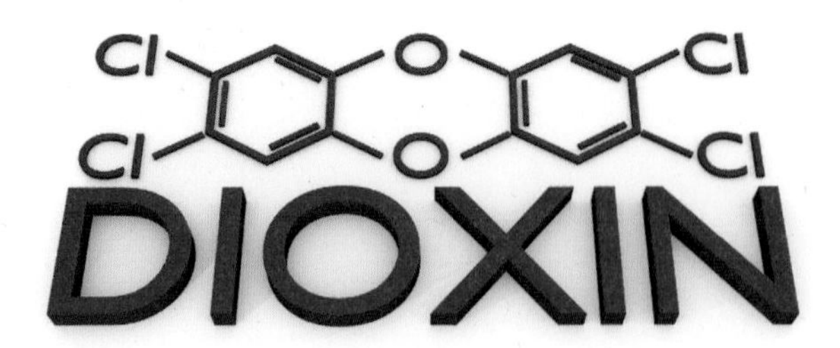

: 다이옥신의 분자 구조

다이옥신의 다양성

다이옥신은 산소 원자 2개를 포함한 분자를 부르는 보통명사이다. 그러므로 다이옥신이라고 부를 수 있는 화학 물질은 수없이 많다. 악명이 높은 다이옥신은 염소가 결합된 벤젠 2개가 2개의 산소 원자로 연결된 폴리클로로다이벤조-파라-다이옥신(PCDD, polychlorinated dibenzo-p-dioxin) 종류이다. 폴리클로로다이벤조-파라-다이옥신 분자는 벤젠(benzene, 벤젠은 탄소 6개가 육각형의 고리 모양으로 결합하고 있는 구조를 하고 있다.)을 구성하는 6개의 탄소 중에서 이웃에 위치한 2개의 탄소에 각각 산소 원자가 1개씩 결합되어 있고, 산소 원자의 다른 결합자리에는 또 다른 벤젠이 대칭적으로 결합한 구조이다. 이때 산소와 결합하고 있지 않은 벤젠의 8개 탄소(각 벤젠에는 산소와 결합하지 않은 탄소가 4개씩 남아 있다.)에 염소 원자가 결합되어 생성된 것이 폴리클로로다이벤조-파라-다이옥신이다.

염소의 개수와 위치가 다른 다이옥신은 그 성질도 각각 다르다. 약 75종류나 되는 폴리클로로다이벤조-파라-다이옥신 중에서 7개 정도가 독성이 있으며, 그중 가장 독성이 강하다고 알려진 다이옥신은 각각의 벤젠에 염소 원자가 각각 2개씩 대칭적으로 결합된 2,3,7,8-테트라클로로다이벤조-파라-다이옥신(TCDD, 2,3,7,8-tetrachlorodibenzo-p-dioxin)이다.

다이옥신의 형성

생활 주변에서 검출되는 다이옥신의 약 90퍼센트는 쓰레기 소각로에서 발생된다. 유기 화합물의 연소 과정에서 염소가 존재하면 다이옥

: 우리 주변에서 검출되는 다이옥신의 약 90퍼센트가 쓰레기 소각로에서 발생한다.

신이 발생할 개연성이 충분히 높은데, 특히 낮은 온도에서 불완전 연소가 일어나면 더 많은 다이옥신이 방출된다. 종이, 플라스틱의 한 종류인 PVC(polyvinyl chloride), 심지어 사람이나 동물도 염소를 포함하고 있다. 소각장 부근에서 다이옥신이 검출되는 이유는 쓰레기 혹은 동물의 사체에 다이옥신 생성에 필요한 재료들(즉 유기 화합물, 염소 이온, 금속들)이 모두 들어 있기 때문이다. 따라서 소각 등을 할 때 완전연소에 필요한 적정온도를 유지해야 하며, 특별한 주의를 기울여야 다이옥신이 생성되는 것을 줄일 수 있다.

다이옥신이 생성될 때는 금속이 촉매 역할을 한다. 유기 화합물이 불완전 연소하면서 다이옥신 생성 조건을 갖출 경우에도 구리 혹은 알루미늄과 같은 금속이 있으면 더 많은 다이옥신이 생성된다. 구리 혹은 알루미늄과 같은 비철금속 제련소는 물론 철 제련소에서도 상당한 양의 다이옥신이 검출되는 이유도 바로 이 때문이다.

다이옥신의 독성

다이옥신은 세계보건기구에서 발암물질로 분류하고 있다. 다이옥신은 먹이사슬을 통해서 우리 몸으로 들어오는데, 다이옥신이 축적되면 면역체계에 이상을 가져오며, 호르몬 조절 기능에 이상이 생겨 간암 등을 유발한다는 연구결과들이 발표되고 있다. 효소에 의해 분해되는 다이옥신 종류들은 그나마 해를 끼치지 않지만, 특히 TCDD와 같은 독성이 강한 다이옥신은 수용체에 단단히 결합된 후에 효소에 의해서 분해되지도 않고 DNA와 결합하여, 결국 유전정보를 교란시켜서 세포의 성장과 분할에 이상을 일으킨다. 이 때문에 다이옥신은 환경호르몬이라는 별칭이 붙어 있다. 방향족 수용체를 갖고 있지 않은 동물에게는 TCDD의 독성이 관찰되지 않는다는 결과는 이러한 사실들을 뒷받침하고 있어 주목할 만하다.

다이옥신과 고엽제

미국은 베트남 전쟁에서 나뭇잎을 제거하여 시야를 확보하기 위한 목적으로 고엽제(defoliant)를 사용하였다. 고엽제는 오렌지색의 띠를 두른 드럼통에 운반하였기 때문에 에이전트 오렌지(agent orange)라고 불리기도 한다. 한때 우리나라 DMZ에서도 사용하였다는 기록이 있다. 고엽제 자체 혹은 고엽제의 주성분이 다이옥신은 아니다. 고엽제는 인공적으로 합성된 유사 식물 호르몬의 일종으로, 식물 대사에 혼란을 일으켜 식물이 제어할 수 없을 정도로 신속하게 성장하게 만든다. 급속히 성장함에 따라 잎이 떨어지고, 결국에는 고사하게 되는 것이다. 고엽제는 제초제(herbicide)로 쓰이던 2,4-D(2,4-dichlorophenoxyacetic acid)와 2,4,5-T(2,4,5-trichlorophenoxyacetic acid)를 혼합해서 만들었다. 그런데 2,4,5-T를 만들 때

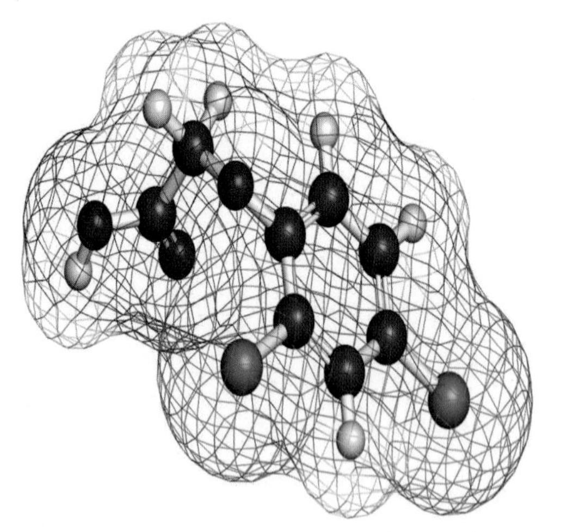

: 2, 4-D(2,4-dichlorophenoxyacetic acid)의 분자 구조

부수적으로 다이옥신이 소량의 불순물로 생성되었고, 이것이 고엽제에도 그대로 포함되었는데, 이 다이옥신이 문제를 일으키는 것이다.

다이옥신의 규제 기준

우리나라는 다이옥신의 규제기준을 처음에는 0.5 ng/m^3로 하였다가 2005년도부터 0.1 ng/m^3로 더욱 엄격하게 규정하고 있다. 단위 ng/m^3은 ppq(part per quadrillion)로 표시되며, 1 ppq는 공기 1리터에 1피코그램(pg: 10^{-12}g)의 물질이 들어 있는 양이다. 이것은 엄청나게 적은 양으로, 이러한 극미량의 다이옥신을 검출하여 그 농도를 정확히 분석하는 작업은 상당한 수준의 전문가가 아니면 해내기 어려우며, 비용도 많이 든다.

인체에 대한 영향

베트남 전쟁 당시 미국은 다이옥신의 효과에 대해서 제대로 파악하지 못한 채 군사용으로 사용하였다. 그 결과 베트남 참전 군인들은 물론 민간인들도 많은 피해를 입었다. 미국에서는 아직도 베트남 참전 군인들의 고엽제에 포함된 다이옥신의 피해에 대한 법정 논쟁이 계속되고 있다. 몇 백만 명에 달하는 베트남 사람들이 에이전트 오렌지에 의한 직접 피해를 입었고, 그 물질에 노출된 임산부로부터 기형아들이 속출하였다. 제초제로서 안전한 양보다 수십 배를 초과하는 많은 양의 고엽제를 지속적으로 살포하였기 때문에 엄청난 결과를 초래한 것이다.

1976년 이탈리아 세베소(Seveso) 지방에서는 다량의 다이옥신이 일시적으로 누출되는 사고가 있었다. TCDD가 몇 kg 이상 유출되었다고 하지만 지역 사람들에게 나타난 증상은 염소여드름(chloracne) 같은 방향족 염소화합물로 인한 독성 증세와 크게 다르지 않았다. 또한 그 지역 사람들이 앓고 있는 암을 비롯한 각종 질병과 다이옥신과의 상관관계를 연구한 결과들이 나왔으나 다이옥신이 특정 질병의 원인이라는 확증은 아직 내리지 못하고 있다. 사고 직후에 그 지역의 토끼나 닭같이 작은 동물들이 수천 마리 이상 즉사한 것에 비하면 그나마 인간의 다이옥신에 대한 저항력은 동물보다는 큰 것으로 보인다.

그러나 다이옥신은 동물성 지방을 섭취하는 우리 몸에 축적될 수 있다. 기름에 잘 녹는 지용성 다이옥신이 일차로 동물 지방에 축적되고, 이어 동물을 먹는 인간의 몸에 축적된다. 불행 중 다행인 것은 다이옥신의 증기압이 매우 작아서(7.4×10^{-10} mmHg, 25°C) 기체로 되기는 어렵다는 것이다. 아마도 세베소 지방의 다이옥신의 피해가 상대적으로 적었던 것도 다이옥신의 낮은 증기압 덕분인 듯하다. 2011년에는 독일에서 발암물질인 다이옥신에 오염된 달갈이 유럽 여러 나라에 수출되어 다이옥신 달걀 파문이 일기도 하였다.

다이옥신의 발생 원인과 검출 방법은 알아냈으나 우선은 피해를 최소한으로 하는 예방과 사후 대책에 많은 노력을 기울이는 것이 중요하다. 특히 쓰레기 소각 등 우연하게 생성되는 다이옥신으로 인한 피해를 줄이려는 노력이 지속적으로 이루어져야 한다.

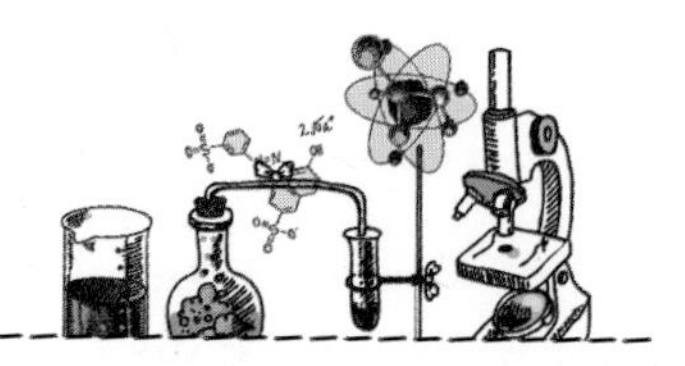

방사성 물질, 아이오딘

지난 2011년 3월 11일, 일본에서는 쓰나미로 센다이 지방의 마을들이 지도에서 지워져 버렸다. 지진의 여파로 근처에 있는 원자력 발전소가 통제 불능 상태에 빠지면서 많은 사람들을 공포에 빠트렸다. 원자력 발전소에서 일어난 사고에 사람들이 느끼는 심한 공포감은 방사선을 방출하는 방사성 원소들 때문이다.

특히 문제가 되는 방사성 원소인 아이오딘은 통상적으로 요오드(원소기호 I, 원자번호 53)라고 불린다. 이러한 아이오딘은 우리 몸에 꼭 필요한 원소이며, 미역, 다시마와 같은 해초류에 풍부하게 들어 있다.

아이오딘의 동위원소, 반감기

몸에 꼭 필요한 아이오딘과 방사능 아이오딘의 차이는 무엇일까? 그것을 이해하려면 우선 동위원소(isotope)를 알아야 한다. 수소 원자의 핵은 양성자 1개로 구성되어 있고, 그 외의 모든 원자의 핵은 양성자와 중성자로 구성되어 있다. 특정 원자의 양성자의 수는 원자번호와 같고, 양성자와 중성자의 개수를 합한 총 수는 그 원자의 질량수(mass number)와 같다. 아이오딘의 경우 원자번호가 53이므로 아이오딘 원자의 핵에는 53개의 양성자가 있다. 아이오딘은 30종류 이상의 동위원소가 있으며, 가장 안정한 동위원소는 ^{127}I(양성자 53, 중성자 74, 질량수는 원소기호 앞에 위 첨자로 표시한다.)로 우리 몸에 꼭 필요한 아이오딘이다.

원자력 발전소 사고 혹은 핵폭탄 실험 과정에서는 ^{129}I와 ^{131}I(양성자 53개, 중성자 78개)이 생성되며, 그중에서도 ^{131}I이 더 많이 생성된다. 자료에 따르면 전체 핵분열 생성물의 약 3퍼센트가 ^{131}I이며, 그것의 반감기는 8.04일이다. 반감기란 불안정한 핵을 포함하는 동위원소들이 최초의 양에서 그 양이 반으로 줄어드는 데 걸리는 시간을 말한다. 그러므로 ^{131}I은 발생한 날로부터 8일이 지나면 최초로 발생한 양의 반으로 줄고, 그 다음 8일이 지나면 처음 양의 1/4 수준까지 줄어들며, 몇 달이 지나면 흔적도 없이 사라진다. 발전용으로 정상적인 수명을 다한 핵연료에는 ^{131}I보다 ^{129}I가 더 많이 존재한다. 왜냐하면 ^{129}I도 핵분열 생성물이지만 반감기가 약 1,570만 년이나 되기 때문이다. 대기 중에서 검출되는 ^{129}I는 주로 핵폭탄 실험 또는 사용후 핵연료 처리과정에서 방출된 것이다.

방사성 아이오딘의 형성과 소멸

원자력 발전은 핵분열 결과 발생되는 에너지로 증기를 만들고, 증기를 이용하여 발전용 터빈을 돌려 전력을 생산하는 것이다. 이때 이용되는 것이 ^{235}U(우라늄 235, 양성자 92, 중성자 143)의 핵분열이다. 일반 교과서에서는 ^{235}U의 핵분열 반응식을 보통 ^{235}U 원자가 중성자(n, neutron)와 반응하여 스트론튬(^{90}Sr), 제논(^{143}Xe), 새로운 중성자(2n)를 생성하는 것으로 간단히 표현하고 있다. 그러나 원자력 발전소에서 핵연료에 포함된 ^{235}U는 핵분열을 하면서 대략 30개 이상의 생성물을 쏟아낸다. 양성자 92개와 중성자 143개가 뭉쳐 있는 조그마한 덩어리(^{235}U의 핵)가 쪼개진 후, 양성자와 중성자가 다시 합쳐지는 경우의 수가 한두 가지가 아니기 때문이다.

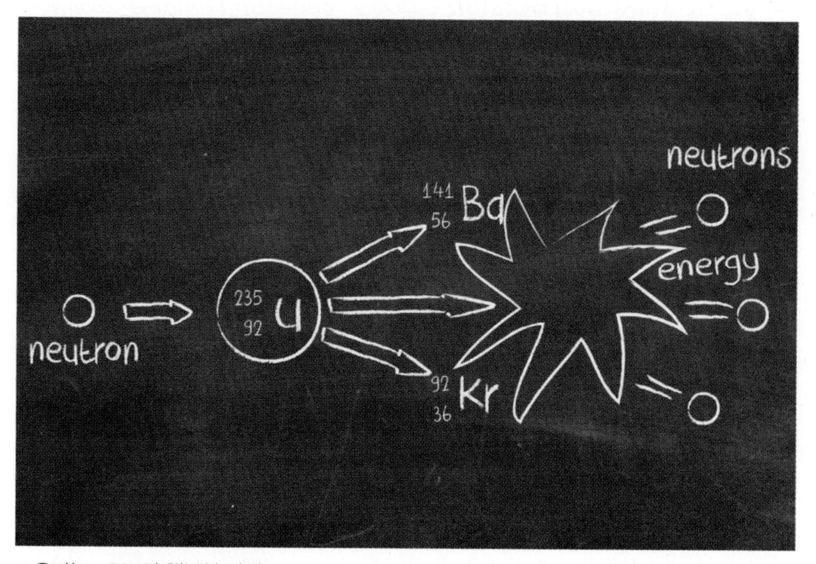

: 우라늄–235의 핵분열 과정

실제로 ^{235}U의 핵분열 생성물을 분석하면 생성된 원자의 질량수는 독특한 분포 양상을 보인다. 질량수가 118~120 정도 되는(235의 반은 117.5) 핵을 가진 원자들은 적게 생성된다. 대신 그 질량수를 중심으로 질량수가 작은 원소와 큰 원소들이 상대적으로 더 많이 생성되는데, 그 각각의 양이 매우 비슷하다. 따라서 생성되는 원자의 양과 질량수 분포를 표시하는 그림은 질량수 118~120 정도에서는 움푹 들어가고, 그것을 중심으로 양쪽은 불쑥 튀어나온 곡선을 하고 있어, 마치 낙타의 등처럼 보인다. 질량수가 약 130~140인 원자들도 많이 생성되는데, 그 중에는 방사성 아이오딘(^{131}I)도 상당수 포함되어 있다.

방사성 아이오딘의 특성

^{131}I을 포함하여 아이오딘이라는 물질은 휘발성이다. 고체로 존재하는 아이오딘도 실온에서 액체를 거치지 않고 곧바로 기체로 승화(sublimation)된다. 승화의 예로 교과서에 자주 등장하는 물질이 아이오딘이다. 그런데 일반적으로 반감기가 매우 긴(몇 천 년, 몇 억 년) 방사성 동위원소들은 안정한 상태를 유지하지만, ^{131}I과 같이 반감기가 짧은 동위원소들은 다량의 방사선을 일시에 방출하여 안정한 상태로 변하므로 문제가 된다. 이번 사고에서 ^{131}I과 함께 발생된 ^{137}Cs(세슘)은 반감기가 약 30년이므로 ^{131}I에 비해 비교적 오랜 기간에 걸쳐 문제를 일으킬 가능성이 농후하다.

한편 ^{131}I은 붕괴하면서 약한 감마선을 동반하여 주로 베타(β) 입자(선)를 방출한다. 베타선은 굉장히 빠른 전자의 흐름으로 핵분열 직후에는 거의 광속에 가깝다. 베타선의 에너지는 방사능 핵종에 따라 크기가 다르며, 일반적으로 매우 넓은 범위에 걸쳐 에너지 분포를 갖는 특성이 있다. 그런데 ^{131}I이 붕괴되면서 방출하는 베타선은 세포에 침투하여 세포의 변형(mutation)을 일으켜서 확률적으로 암을 유발한다. 방출되는 베타선의 에너지가 크다면 세포를 죽이는 결과를 가져오므로 사고로 ^{131}I 증기에 노출된 시간이 길었다면 세포가 괴멸하거나 혹은 일부 세포가 나중에 암세포로 변질될 가능성이 있다.

몸이 필요로 하는 아이오딘

몸은 아이오딘을 필요로 하지만, 불행히도 안정한 ^{127}I과 해로운 ^{131}I을 구별하지 못하고 흡수한다. 기체로 된 ^{131}I은 호흡을 통해서도 쉽게 우리 몸에 들어온다. 일상에서 음식을 통해 몸으로 흡수된 아이오딘은 갑상샘 호르몬을 만드는 데 이용된다. 갑상샘 호르몬인 티록신과 티록신 유도체를 형성하는 과정에는 아이오딘이 필수적이다. 이들 갑상샘 호르몬들은 대사 과정에 관여하며 거의 모든 세포에 영향을 미치므로 아이오딘은 반드시 섭취해야만 되는 화학 물질인 것이다.

방사능 ^{131}I도 흡수되면 갑상샘에 축적되는데, ^{131}I이 방출하는 베타선을 쪼인 갑상샘 세포들은 나중에 암으로 발전할 가능성이 높다. 이 때문에 ^{131}I은 핵분열 원소 중에 암 유발 물질로 꼽힌다. ^{131}I이 우리 몸에 흡수되는 것을 막으려면 미리 아이오딘이 포함된 화학 물질(예: KI, 아이오딘화포타슘 혹은 요오드화 포타슘)을 해독제로 먹어야 한다. 우리 몸에 이미 많은 양의 안정한 ^{127}I이 있어야 ^{131}I이 흡수되지 못하고 땀과 소변으로 방출될 가능성이 높기 때문이다. 많은 양의 ^{131}I에 노출된 사람이 배출하는 땀과 소변

: 아이오딘이 풍부하게 들어 있는 해초류

에도 휘발성 ^{131}I이 포함되어 오염이 전파될 가능성도 배제할 수 없다. 다행히 아이오딘이 다른 분자와 화학 결합을 하면 고정이 되겠지만 여전히 위험이 내포되어 있다. 해독제로 필요한 아이오딘은 약 130밀리그램이지만, 평소에 필요한 아이오딘은 하루에 2밀리그램 이하이다. 과량 복용하면 탈이 날 수 있으므로 주의해야 된다.

옥도정기, 해독제, 아이오딘화포타슘

원자 아이오딘은 전자를 잘 받아들여서 음이온인 아이오딘화 이온(I^-)이 되려는 경향이 있고, 그 결과 다른 양이온과 잘 결합하여 화합물을 만든다. 해독제로 사용되는 아이오딘화포타슘(KI)도 그런 종류의 화합물이다. 피부의 상처와 소독에 이용되는 아이오딘 팅크는 아이오딘(I_2)과 아

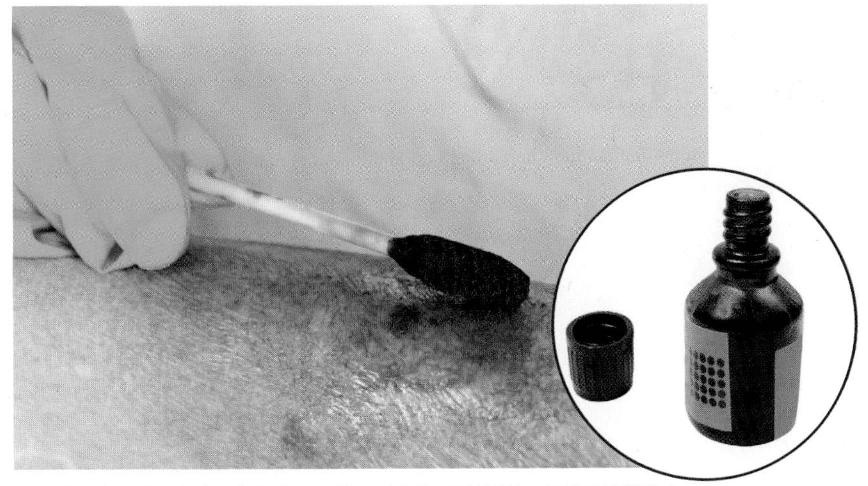

: 아이오딘 팅크는 아이오딘과 아이오딘화포타슘을 에탄올에 녹여 만든 용액이다.

이오딘화포타슘(KI)을 에탄올에 녹여 만든 용액이다. 빨간색을 띠는 아이오딘 팅크 용액은 옥도정기라고도 부르며, 일반 가정에서는 상비약으로 많이 사용한다. 아이오딘 화합물이 첨가된 식용 소금도 판매된다. 바다에서 멀리 떨어져 살고 있는 사람들은 아이오딘이 풍부하게 포함된 해초류 먹거리가 익숙하지 않은 경우가 많다. 따라서 그런 사람들은 아이오딘 화합물이 첨가된 소금을 섭취하여 부족한 아이오딘을 보충해야 한다. 일본 사람들은 평소에 아이오딘이 많이 포함된 해초류인 다시마, 미역, 김을 즐겨 먹는데, 그런 식습관이 ^{131}I 의 흡수를 방해하여 쓰나미로 인한 원자력 사고의 희생자 수가 최대한 없었으면 하는 바람이다.

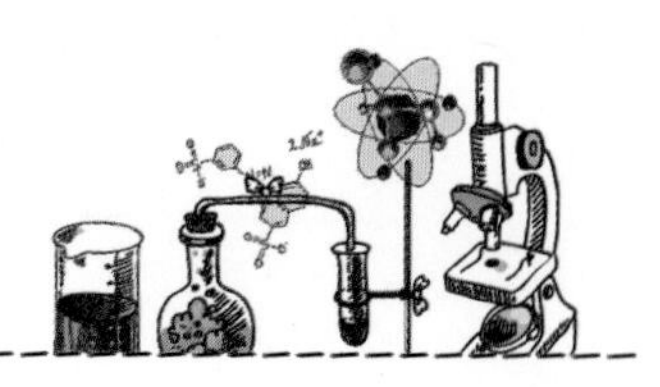

무서운 에어로졸, 불산

2012년 9월 27일 경상북도 구미의 한 화학공장에서 플루오린화수소(Hydrogen Fluoride, HF) 가스 누출 사고가 발생하였다. 그 결과 작업자 5명이 목숨을 잃었고, 해당 지역의 2차 피해도 심각하였다. 또 2013년 1월에는 경기도 화성의 한 공장에서 플루오린화수소 가스에 노출된 작업자가 사망하는 사고가 있었다. 매체를 통해 플루오린화수소 가스가 마치 연기처럼 공중으로 퍼져 나가는 것을 보았을 텐데, 본래 플루오린화수소는 무색의 기체이므로 눈에 보이지 않는다. 공기에 포함된 수분과 혼합되어 플루오린화수소산(Hydrofluoric acid, 여기에서는 불산이라고 하기로

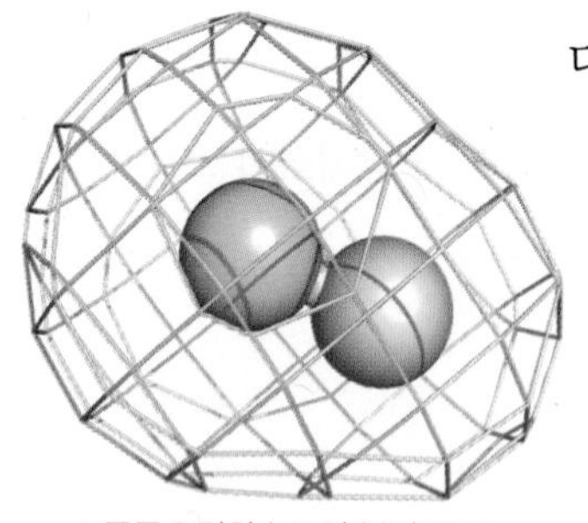

: 플루오린화수소의 분자 구조

하자.)이 형성되고, 불산 에어로졸이 빛에 산란되면서 뿌연 연기처럼 보였을 것으로 생각된다. 이러한 위험한 화학 물질인 불산은 무엇일까?

플루오린화수소 및 불산의 생산

불산은 1771년에 스웨덴의 화학자 셸레(Carl Wilhelm Scheele)가 처음 발견하였다. 그는 발견 당시 불산이 유리를 녹이는 성질이 있다는 것도 알고 있었다고 한다. 플루오린화수소는 플루오린화칼슘(형석, $CaF_2(S)$)과 진한 황산(H_2SO_4)을 반응시켜 제조하며, 플루오린화수소를 냉각시켜서 액체로 만들면 순수한 불산이 만들어진다. 인산칼슘염과 황산을 반응시켜서 인산을 생산하는 공정에서도 플루오린이 불순물로 결합된 인산칼슘염을 사용하는 경우 플루오린화수소가 부산물로 나올 수 있다.

불산의 독성과 치료

불산은 피부 조직에 침투하는 성질로 인해서 특히 위험하다. 플루오린화 이온(F^-)의 크기는 다른 할로젠화 이온들(Cl^-, Br^-, I^-)의 크기보다 작아서 쉽게 피부로 침투된다. 또한 플루오린화 이온을 제외한 다른 할로젠화 이온은 수소 이온과 결합하여 수용액에서 완전 해리되는 강산(HCl, HBr, HI)이다. 그러나 불산은 완전히 해리되지 않는 약산($pKa=3.17$)이다. 그러므로 피부에 침투될 때에도 불산 분자가 흡수되는 경우가 대부분이다.

불산이 양이온(H^+)과 음이온(F^-)으로 해리되는 정도도 농도에 따라 다르며, 해리되지 않은 분자일지라도 크기가 작아서 쉽게 피부에 흡수될

: 불산의 일부가 해리되면서 플루오린화 이온이 생성되는데, 플루오린화 이온이 뼈와 반응하면서 뼈가 상하고 식물의 경우 대사작용을 제대로 할 수 없게 된다.

수 있다.

일단 흡수된 불산의 일부는 해리되고, 그로 인해서 플루오린화 이온이 생성되는데, 바로 플루오린화 이온이 문제가 된다. 왜냐하면 플루오린화 이온이 체내에 존재하는 칼슘 이온(Ca^{2+}) 혹은 마그네슘 이온(Mg^{2+})과 반응하여 불용성 염($CaF_2(s)$ 혹은 $MgF_2(s)$)을 형성하기 때문이다. 화학 반응으로 인해서 전해질의 칼슘 이온과 마그네슘 이온의 농도가 정상 수치보다 낮아지면서 전해질 균형이 깨지고, 플루오린화 이온이 뼈와 반응하면서 뼈가 상하게 된다. 식물의 경우에도 잎이나 줄기에 내려앉은 불산 에어로졸이 식물 조직으로 흡수되면 대사작용을 제대로 할 수 없게 된다. 그 결과 잎이 누렇게 변하고 결국에는 고사한다.

불산을 다룰 때는 피부 전체는 물론 보호 안경까지 착용해야 사고로 인한 피해를 막을 수 있다. 간단한 마스크만 착용한 작업자들은 불산의 후유증을 겪을 가능성이 높다. 불산에 노출된 피부 조직은 점성을 띠는 액체 덩어리처럼 변하고 이어 괴사가 진행된다.

불산의 피부 접촉 및 흡입에 의한 피해는 염산 혹은 황산과 같은 강산의 피부 접촉으로 인한 피해보다 훨씬 크다. 음이온의 크기가 큰 염산 혹은 황산은 접촉되어도 불산과 달리 피부 침투가 느리거나 되지 않아서 피부 겉면에만 손상을 입히는 경우가 많은데, 불산은 피부를 통해서 흡수되어 몸 안에서 화학 반응을 일으키고 독성 자체도 매우 크기 때문이다. 피부에 닿아서 통증을 느끼는 정도는 불산의 농도와 노출 지속 시간에 따라 달라지겠지만, 일단 불산 용액에 접촉되면 농도가 높을수록 위험할 수밖에 없다. 플루오린화 이온과 칼슘 이온(Ca^{2+})이 결합되면서 신

: 불산을 다룰 때는 피부 전체는 물론 보호 안경까지 착용해야 한다.

경말단을 자극하는 포타슘 이온(K^+)이 대량으로 방출되기 때문에 심한 통증을 느끼며, 심할 경우 심장마비까지 이어진다고 한다. 불산으로 인한 사망자의 혈액에서 칼슘 이온과 마그네슘 이온의 농도가 정상치보다 낮고, 포타슘 이온의 농도는 정상치보다 높은 것도 다 이유가 있는 것이다.

불산은 끓는점이 19.5°C이므로 상온에서 쉽게 기체로 변한다. 따라서 불산이 액체로 누출되더라도 기온이 약 20°C를 넘으면 문제는 더욱 심각해진다. 기화된 플루오린화수소가 호흡을 통해서 폐로 들어가면 점액질에 포함된 물과 반응하여 불산이 만들어지며, 그것은 폐 조직을 괴사시킬 것이다. 또한 그 양이 적더라도 폐 내에 물집을 형성하여 호흡이 곤란해지면 생명을 위협할 수 있다.

불산의 접촉 정도가 비교적 심하지 않을 경우에, 접촉된 피부는 글루콘산칼슘(calcium gluconate) 젤로 응급처치를 한다. 접촉된 피부에 젤을 문질러 칼슘 성분을 흡수시켜 국부적으로 존재하는 플루오린화 이온과 결합시키는 것이다. 일단 염($CaF_2(s)$)이 형성되면 플루오린화 이온에 의한 2차 피해를 막을 수 있다. 글루콘산칼슘 10퍼센트 용액은 저 칼슘증을 치료하는 약으로 이용되고 있다.

불산으로 오염된 물건은 일단 물로 철저히 씻어 내야 한다. 땅이나 건물에는 수산화칼슘($Ca(OH)_2$), 산화칼슘(CaO) 혹은 염화칼슘($CaCl_2$)을 뿌려서 불용성 염을 형성시킴으로써 안정된 형태로 변형시키는 것이 급선무이다. 물에 씻긴 불산은 물속에서 칼슘 이온 혹은 실리콘 등과 반응하면 보다 안정한 형태로 바뀔 수 있다.

제품 생산에 필요한 불산

불산도 다른 산과 마찬가지로 산업에 다양하게 이용된다. 유리를 가공할 때도 쓰이고, 테플론(PTFE, Polytetrafluoroethylene)을 생산할 때도 쓰인다. 실리콘이나 실리콘 산화물을 깎아 낼 수 있어 실리콘 웨이퍼를 미세 가공할 때 사용되기도 한다. 불산의 농도, 불산 용액의 이온 세기를 조절하면 깎는(etch) 속도를 조절할 수 있기 때문에 나노미터 크기의 매우 정교한 미세가공도 가능한 것이다. 테플론 제조에 필요한 원료인 테트라플루오로에틸렌(CF_2CF_2)를 합성하는 경우에도 불산이 사용된다. 프라이팬 중에서 바닥 면을 테플론으로 코팅한 제품은 요리할 때 들러붙지 않아서 가정에서 인기가 높다.

플루오린이 첨가된 치약은 충치 예방에 효과가 있다고 하여 어떤 치약에는 플루오린화나트륨(NaF) 혹은 플루오린화주석(SnF_2)이 약 1,000 ppm

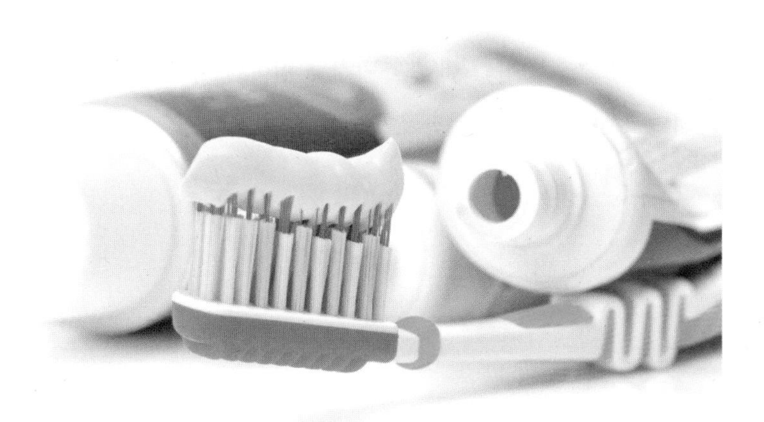

: 플루오린이 포함된 치약은 충치 예방 효과가 있다.

까지 포함되어 있다. 수산화나트륨과 불산을 반응시키면 플루오린화 나트륨염을 만들 수 있다. 치아 표면에 있는 에나멜 성분[$Ca_5(PO_4)_3(OH)$]의 일부가 플루오린과 결합하여 산에 더 강한 새로운 성분[$Ca_5(PO_4)_3(F)$]이 되도록 만들면 충치 예방 효과가 있기 때문이다. 일부 국가에서는 충치 예방 효과를 높이기 위해서 수돗물에 일부러 플루오린을 첨가하기도 한다. 플루오린이 결합된 우라늄 화합물(UF_6)을 합성할 때에도 불산이 사용된다. 핵 연료로 사용되는 우라늄 동위원소를 농축하려면 우선 우라늄 화합물을 합성해야 되기 때문이다.

안전을 위한 사전 대책

화학 물질에 관련된 치명적인 사고를 접한 일반인들의 뇌리에는 화학 물질에 대한 공포와 혐오가 쉽게 사라지지 않는다. 그러나 사실 오늘날 인간은 화학 물질 없이는 살 수 없다. 우리가 먹고 입고 마시는 것 모두가 화학 물질이기 때문이다. 화학 물질로 인한 사고가 발생하기 전에 사고가 날 경우에 대비한 대안을 미리 준비하여 화학 물질과 안전하게 동거하면서 사는 길 또한 선진국이 되는 길이다.

5장

재료

퀴리부인은 무슨 비누를 썼을까?
2.0

휴대전화의 생명줄, 리튬 이온 전지

2011년 4월, 자동차용 전지를 생산하는 세계 최대의 공장이 청주에 세워졌다. 연간 10만 대의 자동차에 필요한 리튬 이온 전지를 생산하여 공급하는 규모라고 한다. 리튬 이온 전지는 납 축전지, 니켈카드뮴, 니켈 수소 전지와 같은 2차 전지이다. 2차 전지는 방전과 충전을 반복해서 여러 번 사용할 수 있으며, 전기 자동차에는 물론, 로봇을 비롯하여 전동용 공구, 전력 저장용 장치에 다양하게 사용된다.

충전하여 반복 사용하는 2차 전지

전지는 자발적인 화학 반응으로 생성되는 에너지를 전기 에너지로 이용할 수 있도록 고안된 장치이다. 자발적인 화학 반응이 진행될 때 전지는 방전된다고 표현한다. 1차 전지는 완전 방전된 후에는 다시 사용할 수 없어서 버리지만, 2차 전지는 충전을 해서 다시 사용할 수 있다. 충전이란 전기 에너지를 전지에 주입하여 방전할 때 일어나는 화학 반응을 역으로 진행시키는 작업이다. 따라서 충전이 완료된 전지 내부에는 자발적인 화학 반응을 일으킬 준비가 완료된 화학 물질이 들어 있다.

리튬 이온 2차 전지

리튬 이온 전지 역시 다른 전지와 마찬가지로 2개의 전극(플러스, 마이너스 극), 분리막, 전해질로 구성되어 있다. 플러스 극으로 이용되는 전극 물질은 리튬 이온이 쉽게 들락거릴 수 있는 공간을 포함하는 결정 구조를 지녀야 되고, 산화와 환원이 될 수 있는 금속 이온이 포함되어 있어야 한다. 리튬과 전이금속 이온이 포함된 산화물, 인산염들이 플러스 극에 알맞은 특징을 지니고 있다. 플러스 극으로 사용되는 대표적인 물질로는 리튬코발트 산화물, 리튬철인산염, 리튬망가니즈 산화물 등이 있다. 순수한 물질로 만든 전지보다 성질이 다른 금속 이온을 첨가한 복합 물질들로 만든 전지의 성능이 우수하다는 연구결과들이 계속 발표되고 있다.

마이너스 극으로 사용되는 전극 물질에는 금속 리튬, 흑연 등이 있다. 또한 리튬타이타늄 결정, 실리콘, 흑연 복합물을 마이너스 극으로 사용한 전지들도 개발되었다. 리튬 금속을 마이너스 극으로 사용하면 충·방전을 반복할 때 본래의 전극 모양을 유지하기 힘들고, 그 결과 플러스 극과 접촉되면 전지가 망가질 수 있다. 흑연 혹은 결정 격자를 가진 물질을 이용하여 이런 문제를 해결하기도 한다. 충전할 때 결정 격자 내에 리튬을 석출하면 마이너스 극의 전극 모양을 유지할 수 있고 플러스 극과의 접촉으로 인한 전지 파괴 문제도 해결할 수 있기 때문이다. 또한 나노 크기의 결정을 이용하여 전극 면적을 넓히면 충전과 방전 속도 증가, 에너지 밀도의 상승과 같은 효과가 나타난다. 그렇지만 전극 물질이 달라지면 충전과 방전 속도도 달라지고 전압과 용량이 변할 수 있다.

전지 내부에는 2개의 전극 외에도 전해질과 분리막이 있다. 전해질은 리튬 이온염(예: $LiPF_6$)을 물이 전혀 없는 유기용매에 녹인 것을 사용한다. 전해질에 물이 있으면 리튬 금속과 폭발적인 반응을 일으키므로 사용하기도 전에 전지가 망가질 것이다. 전기가 통하지 않는 고분자 분리막은 플러스 극과 마이너스 극이 직접 접촉되는 것을 막는 역할을 한다. 만약에 분리막이 없으면 플러스 극과 마이너스 극이 직접 접촉되고, 소위 말하는 쇼트가 일어나 전지를 사용할 수 없게 된다.

왜 리튬 이온 전지인가?

리튬을 포함하여 알칼리 금속으로 분류되는 금속들은 쉽게 전자를 잃어버리고 양이온이 되려는 경향이 강하다. 금속들이 양이온이 되려는 경향은 유사하며, 정량적인 단위로 표시하면 -3볼트 정도가 된다. 그러므로 적절한 플러스 극과 짝을 이루어 전지를 구성하면 3볼트 이상의 전압을 얻을 수 있다. 왜냐하면 전지의 전압은 두 개의 전극이 나타내는 전압의 차이이기 때문이다. 보통 전지의 전압은 기껏해야 약 1.3~2볼트이지만, 리튬을 사용하면 3볼트 이상의 전지를 만들 수 있다. 더구나 리튬 이

: 리튬 이온 전지

온은 다른 금속 이온에 비해 가벼운 데다가 특히 다른 알칼리 금속 이온보다 크기가 작기 때문에 전극 물질의 격자 사이로 이동하는 것도 수월하다. 또한 가벼운 리튬 이온을 활용하면 단위 무게당 큰 에너지(에너지 밀도)를 얻는 것이 가능하다. 다른 알칼리 금속보다 리튬을 선호하는 것도 이 때문이다.

충·방전할 때 리튬 이온의 이동

필요한 장치에 전지를 연결하면 전지 내부에서는 자발적인 화학 반응, 즉 방전이 시작된다. 이때 마이너스 극에서는 전극 물질에 포함된 리튬이 산화되어 리튬 이온이 생성되는 산화 반응이 자발적으로 일어나는데, 이러한 산화가 진행되는 전극을 애노드라고 부른다. 마이너스 극에서 리튬 이온과 함께 생성된 전자는 전선을 통해서 플러스 극으로 이동하고, 플러스 극의 전극 물질에 포함된 금속 이온을 환원시키는데, 이러한 환원이 진행되는 전극을 캐소드라고 부른다. 그 결과 전해질 속의 리튬 이온이 플러스 극으로 흡수된다. 플러스 극의 금속 이온이 환원되어 줄어드는 플러스 전하의 양만큼 리튬 이온(+1의 전하를 띠고 있다.)이 채워지면서 보충되는 것이다. 이때 리튬 이온은 플러스 극으로 사용되는 층간 삽입 물질 사이로 들어간다. 반면에 충전할 때는 플러스 극에 포함된 금속 이온이 산화되고, 그 결과 증가하는 플러스 전하의 양만큼 리튬 이온이 플러스 극으로부터 방출된다. 마이너스 극에서는 리튬 이온이 환원되어 리튬이 되면서 본래의 마이너스 전극 물질 상태로 되돌아간다. 그러므로 충전할 때는 플러스 극이 애노드, 마이너스 극이 캐소드이다. 반면에 방전할 때는 플러스 극이 캐소드, 마이너스 극이 애노드이다.

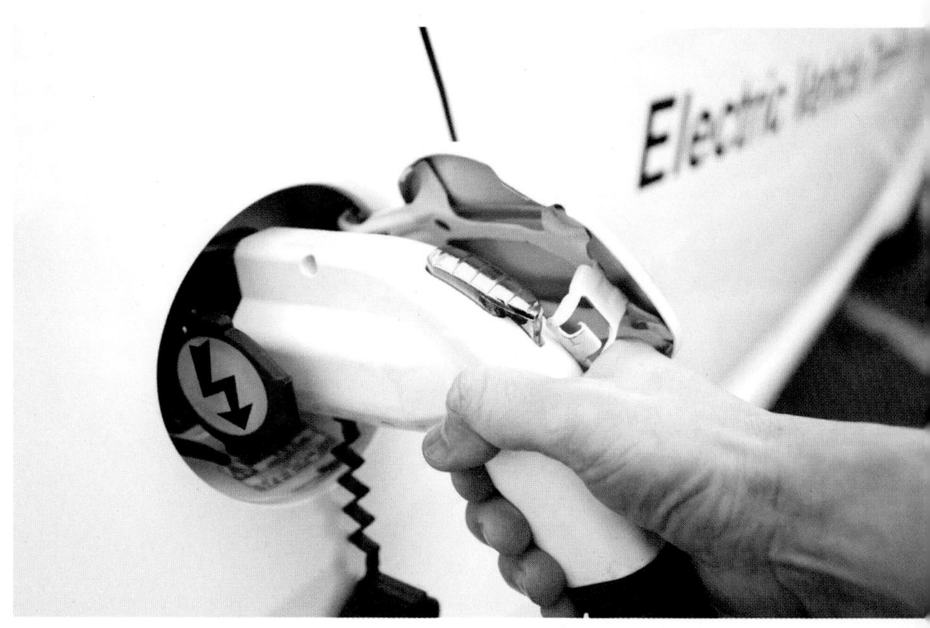

: 전기 자동차를 충전하는 모습

전망과 기대

향후 전기 자동차용 리튬 이온 전지 시장 규모가 크게 늘어날 것으로 전망되고 있다. 전지를 구성하는 플러스 극, 마이너스 극, 분리막, 전해질 등 모든 구성 요소의 성능이 최대로 발휘되는 설계와 제조가 있어야 우수한 성능을 지닌 전지를 만들 수 있는데, 리튬 이온 전지를 둘러싼 산업계의 시장 점유율 경쟁 못지않게, 새로운 개념이나 물질의 전지를 만들려는 연구 열기가 뜨겁다. 전지에 필요한 각종 원천기술, 재료 연구와 개발에 참여한 과학기술자들이 흘린 땀과 노력에 걸맞은 부와 명예가 돌아가길 바란다.

우주로 나간다, 로켓연료

나로호는 2009년의 실패를 거울삼아서 노력을 거듭한 끝에 2013년에 드디어 발사에 성공하였다. 과학기술에서 실패는 완전히 망하거나 없어지는 것이 아니라 기술이 축적된다는 긍정적인 시각으로 보는 것이 타당하다. 실패를 하지 않고 성공을 한다면 그보다 더 좋은 일은 없겠지만, 불행히도 많은 과학기술은 실패를 바탕으로 성공에 이르는 길을 걸어왔다. 그 길은 험난하고, 쉽지 않으며, 많은 돈과 땀이 요구된다. 특

히 발사체 개발은 물론 위성의 운용과 관련된 기술들은 선진국에서 이전하기를 꺼리는 분야이다. 왜냐하면 그들도 많은 돈과 인력, 인고의 세월을 보낸 후에 확보한 기술이기 때문이다. 여하튼 공짜가 없는 세상이니 비용을 지불하고 경험을 쌓는 일은 당연하다고 할 수 있다.

발사체 질량의 대부분은 연료와 연료탱크

발사체가 싣고 가는 위성(과학기술 위성 2호, STSAT-2)의 질량은 겨우 100 kg(0.1톤)에 불과하다. 하지만 발사체의 총질량은 무려 140톤에 달한다. 나로호의 1단 엔진은 170톤의 질량을 발사할 수 있는 정도로, 2단 엔진은 8톤의 질량을 추진할 수 있는 정도로 설계되었다고 한다. 이와 같은 무지막지한 힘을 발휘하기 위해서는 엄청난 양의 연료가 필요하기 때문에 연료와 연료탱크가 발사체 질량의 대부분을 차지하고 있는 것이다.

지구 표면에 놓여 있는 질량 1 kg의 물체에는 약 9.8뉴턴(N)의 힘이 작용하므로, 140톤의 물체를 발사하려면 엄청난 힘이 필요할 것이다. 로켓이 지구를 벗어나는 데 필요한 이론적인 최소 속도, 공기의 저항 등의 변수들을 고려하면 위성을 안정하게 궤도에 진입시키는 일은 정밀한 과학이 뒷받침되는 예술이라고 할 수 있다.

로켓의 추력

로켓이 지구 중력을 벗어나는데 필요한 힘, 즉 추력(thrust)은 연소실에서 연료가 연소되면서 발생하는 가스가 노즐을 통해 분사되면서 내는 힘의 반대 방향으로 작용하는 힘이다. 뉴턴의 작용 · 반작용 법칙이 그대로 적용되는 것이다. 로켓의 추력(T = dm/dt×v)은 연소 반응 결과로 노즐 밖으로 방출되는 질량 변화율(dm/dt)에 가스의 분출 속도(v)를 곱한 양으로 표현된다. 추력(kg/sec×m/sec=kg×m/sec²)은 단위를 뉴턴(kg×m/sec²)으로 표시할 수 있는 힘인 셈이다.

연료의 효율과 비추력

비추력(specific impulse)은 로켓 추진제의 효율을 판단하는 요소 중 하나이다(초(sec) 단위로 표현). 그것은 추력(T)을 태운 연료의 중량 변화율(dW/dt)로 나타낸다. 비추력은 분출 속도(v)가 클수록 더 큰 값을 가지며, 따라서 비추력이 큰 연료는 효율이 좋은 추진제라고 할 수 있다. 다시 말해서 비추력이 큰 추진제를 사용하면 적은 양의 연료를 가지고도 큰 추력을 유지할 수 있다. 예를 들어 나로호에 사용된 액체 추진제(연료로는 등유, 산화제로는 액체 산소를 사용)의 비추력은 대략 300 sec일 것으로 추산된다. 액체 수소를 연료로 사용하면 비추력은 좋지만 수소의 밀도(약 0.071 g/mL)가 매우 낮아서 발사체의 부피가 커지는 단점이 있다. 그럼에도 불구하고 액체 수소를 연료로 사용하면 매우 큰 비추력을 얻을 수 있고, 환경친화적이라는 좋은 점이 있다.

폭발 반응 결과 발생하는 불꽃과 굉음

로켓이 발사될 때 볼 수 있는 거대한 불꽃과 굉음은 연소 반응 결과 생

: 로켓이 발사될 때는 거대한 굉음과 불꽃이 발생한다.

기는 것이다. 연소 반응은 물질이 산소와 반응하면서 열이나 빛을 내는 것을 말한다. 폭발은 연소 반응의 일종으로 속도가 엄청 빠르며, 부피 변화가 매우 크다는 특징이 있다. 로켓에 사용되는 폭발 반응을 정교하게 제어하기 위해서는 연료는 물론, 연소탱크를 만드는 재료, 연소 과정에서 일어나는 급격한 압력, 발생된 가스 배출의 동역학 등을 고려한 세심한 설계가 필요하다.

대표적인 폭약, 화약과 불꽃놀이의 화학

화학자의 입장에서 보면 로켓 발사에 사용되는 화학 물질과 반응이 주요 관심사이다. 먼저 규모가 작은 폭약의 성분과 폭발 반응이 어떻게 일어나는지 알아보자. 폭약의 주성분은 액체 화합물, 혼합물 혹은 고체 화합물이다. 폭발은 매우 짧은 순간에 액체 혹은 고체 상태로 있는 화학 물질이 갑자기 질소, 이산화탄소와 같은 기체 상태로 변하면서 폭음, 빛, 연기가 발생하는 화학 반응이다. 대표적인 폭약인 화약은 중국에서 처음 제조되었고, 주요 성분은 질산포타슘(KNO_3)이 약 75퍼센트, 목탄(charcoal, C)과 황(S)이 약 25퍼센트이다. 각 성분의 비율에 따라 화약의 종류가 다르다. 질산포타슘은 연료로 사용되는 목탄에 산소를 공급해 주는 역할을 하고, 황은 점화속도를 높여 주고 점화온도를 낮추어 주는 기능을 한다. 성냥에도 같은 이유로 황이 포함되어 있다. 성냥을 인(P)이나 염소산포타슘($KClO_3$)의 혼합물로 만들면 실온에서 마찰에 의해 쉽게 불이 일어날 수 있다.

: 불꽃놀이용 화약에는 알루미늄과 같은 금속 분말, 과염소산포타슘 등이 포함되어 있다.

불꽃놀이는 화약과 폭발 반응을 이용하여 사람들의 눈과 귀를 사로잡는 놀이이다. 불꽃놀이용 화약에는 색을 나타낼 수 있는 물질, 알루미늄(Al)과 같은 금속 분말, 과염소산포타슘($KClO_4$)이 포함되어 있다. 물질들이 순간적으로 반응하여 가스가 분출되면서 충격파로 인해 요란한 소리와 함께 화려한 색상이 우리 눈을 어지럽히는 것이다. 공기에 포함된 산소만으로는 급격한 폭발을 유도하기 어렵기 때문에 과염소산포타슘과 과염소산암모늄(NH_4ClO_4)과 같은 산소를 공급할 수 있는 산화제를 첨가하는 것이다.

액체 추진제(연료와 산화제) - 나로호 1단의 추진 방식

액체 추진제는 로켓 발사의 1단계 연료로 많이 사용된다. 액체 연료와 액체 산화제는 로켓에 내장된 탱크에 분리된 상태로 보관된다. 발사 직전에 연소실에서 혼합되어 점화되면 연소 폭발 반응이 시작된다. 반응 결과 생성된 높은 압력과 고온의 가스가 노즐을 통해 힘차게 분출되면 로켓이 지구의 중력을 거슬러 하늘로 치솟게 된다. 액체 추진제를 압력이 높은 연소실로 계속 공급하려면 액체 추진제에 일정한 압력을 가하는 비활성 기체를 보관하는 탱크가 있어야 한다.

액체 연료로는 액체 수소(H_2), 액체 하이드라진(N_2H_4), 등유(kerosene) 등이 있다. 액체 수소는 환경친화적이며 비추력이 매우 큰 연료이다. 하이드라진은 촉매와 접촉하면 질소, 수소, 암모니아 가스로 분해된다. 발열이 되면서 나오는 온도는 무려 1,000℃ 이상이 된다. 등유 연료는 액체 산소를 산화제로 하여 1단계의 추진 동력으로 사용하는 경우가 많다.

나로호도 등유와 액체 산소를 사용하였으며, 220여 초 동안 연소하였다. 등유는 가연성 탄화수소로, 원유를 분별 증류하면 얻을 수 있다. 원유를 가열하여 약 150～275℃에서 증발되어 나온 기체를 실온으로 식히면 등유를 얻을 수 있다. 등유는 제트 엔진의 연료로 흔히 사용되는 기름이다. 등유를 로켓 연료로 사용할 때에는 훨씬 더 엄밀하게 정제해야 한다. 특히 로켓용 등유에는 황, 방향족 화합물을 포함한 불포화 탄화수소들이 다른 항공유보다 훨씬 적게 포함되어 있다. 황은 높은 온도에서 로켓 엔진을 망가뜨리는 원인 물질이며, 불포화 탄화수소들은 보관 중에 연료가 변질되어 원하는 만큼의 비추력을 얻을 수 없기 때문이다.

액체 산화제에는 플루오린(F_2), 질산(HNO_3), 과산화수소(H_2O_2), 산소(O_2) 등이 있다. 액체 플루오린을 산화제로 사용하면 로켓의 추력이 좋아진다. 그러나 플루오린은 부식성이 매우 강하고, 연소실의 온도를 매우 높이기 때문에 다루기 힘들다는 단점이 있다. 강산인 질산은 산소 원자가 3개나 포함되어 있어 산화제로는 좋지만, 강산을 다루어야 하고 연소 과정에서 생성되는 부산물이 해롭다는 단점이 있어 특정 목적에만 사용된다. 많은 로켓 발사에서 액체 산소가 자주 등장하는 것도 환경에 덜 해롭고 상대적으로 다루기가 쉽기 때문이다. 그러나 액체 산소를 유지하기 위해서는 탱크의 온도를 -183℃ 이하로 유지해야 하며, 발사 전에 탱크에 액체 산소를 충전할 때 많은 양이 공중으로 사라진다는 단점이 있다.

고체 추진제(연료와 산화제) – 나로호 2단의 추진 방식

고체 추진제를 사용한 로켓은 일단 점화가 되면 반응을 중단할 수 없다는 단점이 있지만 보관이 용이하고 다루기가 편리하다는 장점이 있다. 우주 왕복선의 발사에 이용되는 보조 로켓의 추진제도 고체이다. 고체 추진제는 연료와 산화제가 혼합된 재료를 사용하며, 이 둘을 묶어 주는 결합제(binder)도 포함하고 있다. 결합제로 사용되는 고분자는 일정 부분 연료로도 이용된다. 그 밖에도 고체를 안정화시키는 첨가물 등이 포함되어 있다.

고체 연료로는 금속 알루미늄 분말과 마그네슘 분말이 흔히 사용된다. 고체 산화제로는 과염소산암모늄(NH_4ClO_4), 질산암모늄(NH_4NO_3)이 사용되는데, 이들에는 보통의 폭약에 사용되는 산화제인 질산포타슘보다 단위 무게당 산소가 더 많이 포함되어 있다. 이들 산화제는 더 많은 산소를 공급해 줄 수 있어 공기가 희박한 대기권 밖에서도 로켓의 추진력을 높이는 데 도움이 된다. 자연 발생적으로 생성되기도 하는 과염소산 이온은 생체 내에서 아이오딘 결핍을 유도하여 갑상샘 관련 질병을 일으키는 물질로도 알려져 있다. 몇 년 전 미국에서는 모유와 시판 우유에서 과염소산 이온이 다량 검출되어 이 물질의 사용에 대한 법적 규제가 한층 강화되었다.

고체 추진제는 알루미늄 18퍼센트, 과염소산암모늄 70퍼센트, 고분자인 HTPB(hydroxyl terminated polybutadiene) 10퍼센트, 기타 첨가제 2퍼센트로 구성되어 있으며, 비추력이 260초 이상 된다. 물론 각 성분의 비율에 따라서 비추력이 조금씩 다르다. 나로호의 2단 추진에 사용된 고체 추진제도 이와 유사한 것으로 추정되며, 약 50여 초 동안 연소되도록 설계되었다. 1단 엔진이 분리되고 나머지 발사체의 중량에 맞는 비추력을 얻으려면 각 물질의 비율을 정교하게 조절해야 한다. 또한 일정 추력을 유지하기 위해서는 고체 연료의 알갱이 크기와 연소실의 압력을 비롯한 여러 변수들을 고려해야 되므로 매우 어려운 일이 아닐 수 없다.

우리에게 좌절은 없다

폭발 반응을 연구하여 반응을 제어하고 자료를 얻는 일은 소규모로도 벅찬 일이다. 로켓 발사에 필요한 연료와 산화제를 개발하고 실험하는 일은 더욱 어려운 일이 될 것이다. 그러나 언젠가는 순수 국내 기술로 만든 발사체를 올릴 수 있다는 희망을 갖고 도전한다면 꼭 이루어질 것이라고 생각한다. 맨바닥에서 연구하여 주화(로켓무기)를 발명한 최무선을 생각하면 못할 일도 없지 않나 싶다.

새로운 동소체, 풀러렌과 나노튜브

전통 축구공의 모양

지구촌 축제인 월드컵에서 사용하는 축구공은 여전히 둥글지만 공의 디자인과 재료는 많은 변화를 겪어 왔다. 정오각형 12개와 정육각형 20개의 가죽 조각으로 만든 다면체(polyhedron) 축구공은 현재 월드컵 공식 축구공은 아니지만, 아직도 많은 사랑을 받고 있는 전통적인 축구공이다. 그런데 맨눈으로 볼 수도 없고, 공놀이도 할 수 없지만 축구공을 꼭 닮은 풀러렌이라는 분자가 있다. 그것은 탄소 원자로만 구성된 분자로, 과학자(화학자, 물리학자, 재료과학자)들의 축구공이라고 할 수 있다.

풀러렌(C_{60})의 발견

정오각형 12개와 정육각형 20개의 다면체는 꼭짓점이 모두 60개이다. 그런 다면체의 꼭짓점 60개가 모두 탄소 원자로 치환된 것처럼 보이는 분자가 발견되었다. 그 분자가 바로 풀러렌(C_{60})이다. 풀러렌은 1985년에 처음 발견되었고, 그것을 발견한 세 명의 과학자 컬(Robert Curl), 크로토(Harold Kroto), 스몰리(Richard Smalley)는 1996년에 노벨 화학상을 수상하였다. 실제 축구공 크기의 약 3억 분의 1밖에 안 되지만 축구공을 꼭 빼어 닮았다. 이 분자는 미국 건축가 벅민스터 풀러(Buckminster Fuller)가 1967년 몬트리올 세계 박람회장에 세운 건물 모양과 닮은꼴이어서 벅민스터 풀러렌(Buckminster fullerene)이라는 별명이 붙어 있다.

: 벅민스터 풀러가 만든 반구형 구조

풀러렌의 형성과 탄소 동소체, 탄소 나노 튜브

사람이 만든 최초의 풀러렌은 레이저를 사용해서 탄소(흑연)를 증기 상태로 만들 때 형성되었다. 엄청난 에너지를 받아서 형성된 기체 상태의 탄소들이 온도가 낮아지면서 덩어리(클러스터)를 형성한 것이다. 탄소 원자 60개로 구성된 풀러렌 외에 C_{70}, C_{76}, C_{84} 등과 같은 탄소 동소체(allotrope)들이 발견되었다. 동소체는 동일한 원자로 구성된 순물질이지만 특성과 모양이 다른 물질군을 말한다. 비록 동일한 원자로 구성되었어도 원자들의 결합 방식 또는 원자의 개수가 달라지면 전혀 다른 특성의 분자 혹은 물질들이 생성된다. 또 다른 탄소의 동소체인 다이아몬드와 흑연은 이미 18세기 말에 알려졌다. 다이아몬드와 흑연은 모두 탄소 원자로만 구성된 물질이지만, 원자의 결합 방식에서 차이가 나서 두 물질은 전혀 다른 특성을 띠고 있다.

한편 풀러렌을 발견한 지 얼마 지나지 않아서 탄소 원자들이 한 방향으로 길게 결합되어 마치 원통 기둥 모양을 한 탄소 동소체도 발견되었는데, 이것을 탄소 나노튜브라고 한다. 그것은 조상들이 삼복 더위에 사용하였다는 대나무로 만든 죽부인의 모양과 매우 흡사하다.

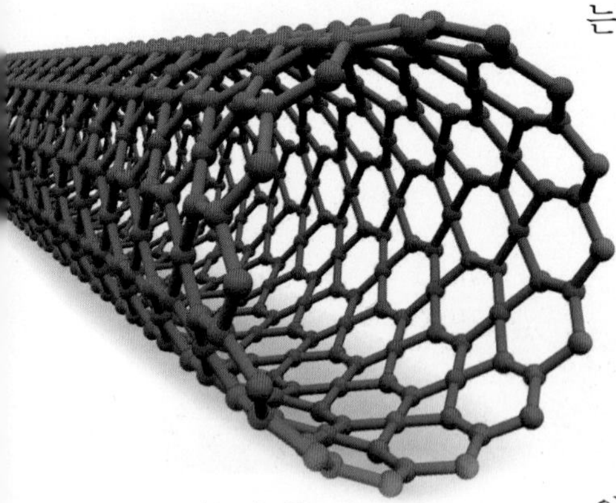

: 탄소 나노튜브

그래핀

약 10년 전에 원자 한 개의 두께를 가진

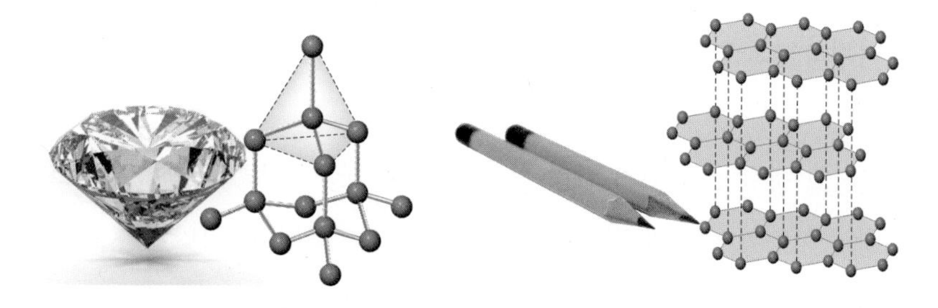

: 다이아몬드와 흑연의 구조

6각형 구조의 얇은 막으로 이루어진 2차원 탄소 동소체가 발견되었으며, 그것을 그래핀(graphene)이라고 한다. 그래핀은 3차원 구조의 흑연 구조에서 2차원 평면층을 별도로 분리해 놓은 구조이다. 그것은 매우 가볍지만 강철보다 단단하며, 열 전도도와 전기 전도도가 뛰어나서 현재 많은 응용 연구가 진행되고 있다. 많은 연구자들은 그래핀에 대해 기존 재료와 융합되어 수많은 분야에서 응용이 가능할 것이라고 기대하고 있다.

그래핀은 흑연의 얇은 막을 만들려는 과정에서 우연히 발견되었다. 탄소 원자의 두께로 이루어진 흑연의 한 층이 갖는 독특한 물리화학적 특성과 그것의 응용 연구에 많은 연구자들이 몰두하고 있다. 그래핀의 발견과 연구로 2010년 노벨 물리학상을 수상한 가임(Andre Geim)과 노보셀로프(Konstantin Novoselov)는 그래핀이 플라스틱처럼 세상을 또 한 번 획기적으로 바꿀 수 있는 물질이라고 주장하고 있다.

: 그래핀의 구조

풀러렌의 탄소 결합과 특성

풀러렌 내의 탄소 원자 간의 결합은 다이아몬드 혹은 흑연에서의 탄소 원자들 사이의 결합과 다르다. 풀러렌의 각 탄소 원자는 또 다른 3개의 탄소 원자와 결합되어 있다. 각종 실험을 통해서 풀러렌에는 두 종류의 탄소 결합이 존재하는 것이 밝혀졌다. 정오각형과 정육각형이 맞닿아 형성되는 결합과 육각형과 육각형이 맞닿아 형성되는 결합이 있는 것이다. 그 결합의 세기와 길이도 다르다. 풀러렌의 영어 이름으로부터 풀러렌에는 이중 결합 특성(영어 이름이 대개 -ene로 끝난다.)이 있다는 것을 어느 정도 눈치 챌 수 있다.

다이아몬드의 각 탄소 원자들은 4개의 다른 탄소 원자들과 3차원 공간에서 모두 균일한 결합을 하고 있다. 다이아몬드의 단단함 역시 이런 독특한 결합 특성에서 나오는 것이다. 반면에 흑연의 탄소 원자들은 2차원의 6각형 모양으로 결합된 망상구조를 하고, 그런 망상구조의 평면 층들 간에는 약한 탄소-탄소 결합을 이루면서 3차원 공간을 채우고 있다. 평면 층 간의 결합은 약한 힘만 주어도 끊어질 정도로 매우 약하다. 종이 위에 연필로 쉽게 글씨를 쓸 수 있는 것도 이런 결합 특성 때문에 가능한 것이다.

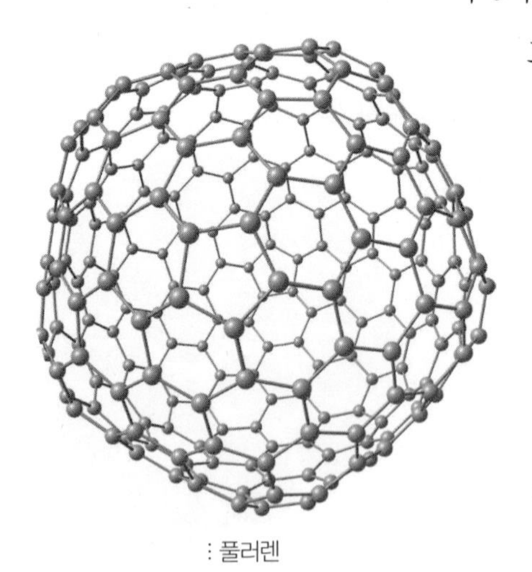

: 풀러렌

풀러렌의 응용

그래핀 못지않게 풀러렌 탄소 동소체도 인기가 높다. 그것은 비교적 어렵지 않게 화학 반응을 통해서 수많은 유도체를 만들 수 있는데, 그 이유는 풀러렌의 표면을 변화시키거나 풀러렌 안쪽의 비어 있는 공간에 다른 분자를 집어넣어 물리화학적 특성의 변화를 이끌어 낼 수 있기 때문이다. 그렇게 변형된 화합물들은 고온 초전도체, 윤활제, 촉매 등으로 이용된다. 에이즈(AIDS) 치료약으로 풀러렌 화합물을 이용한다는 연구결과도 발표되었는데, 핵심은 풀러렌 유도체가 에이즈 바이러스를 재생시키는 효소와 결합해서 그 효소의 본래 기능을 빼앗아버리는 데 있다. 그러나 풀러렌이 약으로 사용되기까지는 생체 적합성, 운반성, 부작용, 독성 효과 등 돌파해야 할 난관이 무수히 많다.

궁금하면 알아보자

풀러렌이 알려진 후에 과학자들은 촛불의 그을음에서도 그 흔적을 찾아냈다. 등유를 태워서 어둠을 밝혔던 때에는 방을 도배한 지 얼마 지나지 않아서 벽지가 시커멓게 변해 버렸는데, 비록 적은 양이지만 풀러렌을 비롯한 다양한 탄소 동소체들 때문이었다. 만약에 일찌감치 그런 종류의 검댕을 연구하였더라면 새로운 탄소 동소체 발견의 업적이 우리 과학자의 차지가 되었을 가능성이 높아 보여 아쉬움이 남는다. 어쨌든 궁금한 대상 물질 혹은 자연현상이 있다면 집요하게 파고들어 연구하는 것이 새로운 것을 발견하는 첫걸음인 것은 틀림없다.

구멍 크기의 비밀, 고어텍스

요즘에는 기록을 단축하려는 운동선수들은 물론 야외활동을 즐기는 일반인들도 기능성 옷을 많이 애용하고 있다. 기능성 옷은 방수가 잘되면서 몸에서 배출되는 땀을 신속히 옷 밖으로 빼낼 수 있는 소재로 만든 것을 일컫는다. 기능성 옷을 생각하면 고어텍스(Gore-tex)를 떠올리는데, 고어텍스는 방수와 땀 배출 기능을 지닌 소재로 많은 곳에 활용되고 있다.

고어텍스의 발견과 고분자

고어텍스를 처음 고안한 사람은 다국적 화학회사인 듀폰의 연구원이었던 고어(Bill Gore)이다. 그는 이 발명으로 2006년도에 발명가 명예의 전

당에 등록되는 영광을 안았다. 고어텍스는 이 물질을 제조하는 회사의 등록상표이다.

고어텍스의 방수와 땀 배출 비결은 고어텍스에 포함된 매우 작은 구멍의 크기와 개수에 있다. 고어텍스는 섬유를 만들 때 일반적으로 사용되는 나일론 혹은 폴리에스터 등과 같은 고분자 소재에 다공성의 얇은 고분자 막을 화학적으로 결합시켜 만든 것이다. 고분자는 분자량이 작은 분자들이 반복 결합한 것이다. 따라서 고분자는 분자량이 크며 단분자와는 다른 물리, 화학적 특성을 지닌다. 분자량이 작고 분자 구조가 같은 분자들이 계속 반복해서 결합을 하거나 혹은 분자량이 작고 분자 구조의 종류가 다른 분자들이 결합을 하여 만들어진 고분자도 있다.

생활을 편리하게 해주는 각종 생활도구와 산업용으로 많이 사용되는 소위 '플라스틱'은 모두 고분자를 가공해서 만든 것이다. 원래 플라스틱은 모양을 마음대로 만들 수 있다는 뜻을 갖고 있다.

: 일상생활에서 많이 쓰이는 플라스틱도 고분자를 가공해서 만든 것이다.

고어텍스와 테플론

에틸렌(C_2H_4)은 탄소 원자 2개와 수소 원자 4개가 결합된 분자이고, 2개의 탄소 원자들은 이중 결합으로 되어 있는 특징이 있다. 즉 각 탄소 원자에 2개씩의 수소 원자가 결합되어 있다. 수소 원자 4개를 모두 플루오린 원자로 바꾼 것이 테트라플루오로에틸렌(TFE, tetrafluoroethylene, C_2F_4)이라는 이름을 가진 단분자이다. 이들 분자들을 수없이 많이 결합시켜 만든 것이 폴리테트라플루오로에틸렌(PTFE, polytetrafluoroethylene)이다. '폴리'는 '많다'라는 뜻의 접두사로 사용된다. 이것이 고어텍스의 재료로 사용되는 고분자이다. 결국 고어텍스는 이 고분자를 가공해서 기능성 옷의 재료로 만든 것이다.

폴리테트라플루오로에틸렌이라는 물질은 1938년에 듀폰의 한 과학자인 플렁킷(Roy J. Plunkett)이 우연히 발견한 것이다. 상품명 테플론으로 더 유명한 이 물질은 우리 주변에 널려 있다. 예를 들어 테플론을 입힌 프라이팬이나 음식 조리기구는 거의 모든 가정에 있을 정도로 주부들에게 인기가 높은 제품이다. 테플론을 입힌 제품을 사용해 본 사람들은 경험하였겠지만 음식을 조리할 때 가열을 해도 음식이 들러붙지 않는 특성이 있다. 테플론은 화학적으로 안정한데, 화학적으로 안정하다는 것은 테플론이 다른 화학 물질과 반응하지 않는다는 것을 의미한다. 실험실에서 뷰렛의 꼭지, 테플론 테이프, 비교적 저온의 반응 장치나 저장 용기의 마개 등에 테플론이 널리 애용되고 있는 것도 바로 이러한 특징 때문이다.

방수와 땀 배출의 비밀

섬유 고분자에 테플론을 결합시켜 혹은 접합하여 제조한 고어텍스에는 눈에 보이지 않는 매우 작은 수많은 구멍들이 있다. 고어텍스의 방수와 땀 배출 기능의 우수성 여부는 매우 작은 구멍들의 크기와 개수에 달려 있다. 고어텍스에는 제곱센티미터당 약 14억 개의 구멍이 있다. 구멍의 크기는 보통 물 1방울의 크기의 20,000분의 1 정도로 매우 작은 것으로 알려져 있다. 간단히 근사계산을 통해 구멍의 크기를 어림짐작해 보자. 용량이 1.0밀리리터(mL, 1리터의 1000분 1)인 피펫(액체를 옮기는 유리기구)에 물을 담은 후에 자연스럽게 방출하면 약 20~30개의 물방울로 나누어 전부 방출된다. 물방울의 개수가 차이 나는 것은 피펫의 출구 크기가 약간씩 다르기 때문이다.

따라서 이 자료를 근거로 물 1방울의 부피를 계산해 보면 대략 0.03~0.05밀리리터임을 알 수 있다. 만약에 물방울의 크기를 0.05밀리리터로 생각하

: 테플론을 입힌 프라이팬(왼쪽), 고어텍스에 물방울을 떨어뜨린 모습(오른쪽)

면 고어텍스에 존재하는 구멍의 부피는 약 2.5×10^{-6}밀리리터(0.05밀리리터/20,000구멍 = 0.0000025밀리리터/구멍)이다. 가습기에서 뿜어져 나오는 증기 상태의 물 덩어리(수많은 물 분자로 이루어져 있다.) 한 개의 지름은 약 2~5마이크로미터(μm, 1밀리미터의 1000분의 1)이다. 이것을 근거로 물 덩어리 한 개의 부피를 계산해 보면 6×10^{-11}밀리리터 정도가 된다. 결론적으로 고어텍스의 구멍의 크기를 부피로 비교해 보면 증기 상태의 물 덩어리 1개의 크기보다 약 40,000배 이상 큰 셈이며, 액체 상태의 물 1방울의 크기보다 20,000배 작은 셈이다. 고어텍스에 있는 구멍의 평균 지름을 측정하고, 액체 물방울과 증기 상태로 있는 물 집합체의 평균 지름을 측정하면 보다 정확한 비교가 될 수 있을 것이다.

어림계산 값으로 짐작해 보아도 액체 상태의 물방울이 통과하기는 무척 어렵고, 증기 상태의 물 덩어리가 통과하기는 무척 쉬운 구멍이 고어텍스의 구멍이다. 방수는 되면서 통풍이 되는 구조인 것이다. 더구나 테플론은 물에 잘 젖지 않는 특성이 있어서 외부에서 물방울이 침투하는 것이 어렵다. 따라서 고어텍스로 만든 옷을 입고 운동이나 야외 활동을 할 때 발생하는 땀은 증발되어 구멍을 통해서 밖으로 배출되고, 외부에서 들어오는 물방울은 구멍이 작아서 통과하지 못하므로 물을 막아 주는 것이다.

환경문제에 대한 단상

고어텍스로 만든 옷은 편리함과 뛰어난 기능성 때문에 그 활용도가 매우 높다. 그러나 옷이 낡아서 버려진다면 커다란 공해가 될 수도 있다.

왜냐하면 고분자 물질은 분해되어 없어지는 기간이 매우 길며, 분해되면서 발생하는 물질들도 유익하지 못하기 때문이다. 따라서 버려지는 고어텍스 옷들에 대한 처리나 재활용 방법을 연구하고 적절한 방법을 강구하지 않으면 상당한 골칫거리가 될 날이 올 수도 있다.

꺼진 불도 다시 보는 지혜

이미 개발되어 활용되고 있는 물질을 옷에 적용하여 뛰어난 기능성을 가진 제품을 만들려고 생각한 고어의 아이디어는 정말 놀랍다. 고어는 테플론이 처음 개발되고 사용된 후 몇 십 년이 지난 뒤에 연구개발을 통해서 새로운 용도로 만들어 냄으로써 돈방석에 앉았다. 새로운 재료를 만들고 연구하는 것도 중요하지만 이미 100퍼센트 활용된 것처럼 보이는 오래된 재료라고 할지라도 다시 잘 활용할 수 있는 혜안을 갖춘 과학자가 우리에게도 필요하다. "꺼진 불도 다시 보자."라는 구호처럼 현재 이미 잘 알려진 재료들도 새로운 용도로 활용할 수 없을지 다시 찾아보고 연구할 필요가 있다.

불순물의 조화, 보석

봄이 오면 결혼식 준비로 바쁜 연인들이 많다. 특히 5월은 신록과 함께 생기가 넘쳐나서 결혼식이 유난히 많다. 예나 지금이나 신부들은 결혼 예물로 마음이 담긴 예쁜 보석을 받고 싶어 하는데, 보석은 우리가 알고 있는 매우 흔한 화학 물질이다. 다이아몬드도 흑연과 동일한 성분인 탄소의 또 다른 모습일 뿐이다.

오팔과 회절

오팔은 이산화규소가 주성분이며, 물이 최대 약 20퍼센트까지 포함되어 있다. 이산화규소는 바다 혹은 강가에서 흔히 볼 수 있는 모래의 주성분으로, 특히 차돌이라고 부르는 흰색의 자갈에 많이 포함되어 있다. 현대산업의 쌀이라고 불리는 반도체의 재료인 실리콘도 모래나 자갈을 가공하고 정제하여 얻는다.

오팔은 매우 다양한 색상과 크기를 갖고 있다. 색상은 물의 함량, 불순물, 그리고 물을 포함한 조그마한 공간의 밀도와 공간의 크기에 따라 변화무쌍하게 변한다.

물 혹은 불순물이 포함된 작은 구 모양의 공간에서 빛의 회절이 일어나는데, 그것은 보는 각도에 따라 오팔의 색이 달라 보이는 이유이기도 하다. 빛이 매우 작은 구멍(슬릿)을 통과하거나 혹은 매우 날카로운 정점에 닿으면 빛의 파장(길이)만큼 빛의 진행 거리에 차이가 생기고 휘어지기도 한다. 이때 구멍 및 정점의 크기가 빛의 파장과 거의 같거나 작을 때 회절이 일어난다. 회절이 진행된 빛을 스크린에 비추면 밝은 부분과 어두운 부분이 교대로 나타나는 둥근 동심원을 볼 수 있다. 이런 것을 회절무늬라고 한다. 태양 빛을 영상 혹은 음악 시디의 거울 같은 면에 비추면 다양한 색깔이 나타난다. 또한 태양 빛은 작은 물보라를 통해서 아름다운 무지개 색으로 보인다. 이 모든 것이 빛의 회절이 만들어낸 자연 현상이다. 따라서 오팔 내에 있는 매우 작은 수많은 구 모양의 공간에서 빛의 회절이 진행되면 보는 각도에 따라 다른 색의 빛을 관찰할 수 있다.

: 오팔

수정

이산화규소를 모체(matrix)로 생성된 또 다른 보석은 수정이다. 수정은 크리스털(crystal)이라고 부르기도 한다. 크리스털이란 원자, 분자 혹은 이온들이 3차원으로 규칙적 배열을 하고 있는 결정을 나타내는 보통명사이다. 만약에 결정 전체가 규칙적인 배열을 하고 있으면 단결정(single crystal)이라고 한다. 결정의 형성 과정에서 규칙적인 배열에 다른 결정들이 합쳐질 수도 있는데, 이런 것을 다결정(polycrystal)이라고 부른다. 주변에서 흔히 볼 수 있는 수정은 보통 다결정이며, 반투명한 결정도 있다.

자수정은 보라색을 띤 수정이다. 보라색을 띠는 원인은 이산화규소에 산화철이 불순물로 포함되어 있기 때문이다. 이산화철의 양이 많으면 많을수록 진한 자주색을 띤다. 자주색이 수정 전체에 균일하게 퍼져 있는 것은 불순물인 이산화철이 수정 전체에 걸쳐서 균일하게 분포되어 있기

: 수정(왼쪽), 자수정(오른쪽)

때문이다.

수정은 매우 독특한 성질이 있다. 수정에 기계 에너지를 가하면 전기가 발생하며, 반대로 전기 에너지를 가하면 기계적인 운동을 한다. 그래서 수정은 압전 효과(Piezoelectric effect)를 보여 주는 결정 중 하나이다. 압전 효과란 수정에 압력(기계적인 스트레스)을 가하면 전하가 축적되는 현상을 말한다. 크리스털 시계는 전기 에너지가 가해진 수정의 기계적인 진동을 감지하여 시간을 나타내기 때문에 정확하다는 특징이 있다. 시계에는 인공적으로 합성된 크리스털이 주로 사용된다.

루비, 사파이어, 산화알루미늄

빨간색의 자태를 뽐내는 루비는 산화알루미늄이 모체이며, 불순물로 크로뮴(Cr)이 포함되어 있다. 그러므로 루비의 특징 색깔은 크로뮴에서

: 루비(왼쪽), 사파이어(오른쪽)

나온 것이다. 실험실에서 사용되는 루비 레이저 제작에는 보통 합성루비를 사용한다.

사파이어 역시 산화알루미늄을 모체로 하는 보석이다. 순수한 사파이어는 투명한 반면에, 철과 타이타늄이 불순물로 포함되면 파란색을 띤다. 사파이어는 다이아몬드 다음으로 단단한 물질로 알려져 있다. 최고급 시계의 유리는 종종 사파이어를 사용하는데, 그런 시계 유리와 다이아몬드 장신구가 부딪치면 흠집이 날 수 있다. 단결정의 투명한 사파이어는 발광체의 제조에 필요한 웨이퍼(wafer)로 이용된다.

다이아몬드

다이아몬드는 결정 전체가 순수하게 탄소 원자로 이루어진 가장 단단한 물질이다. 흑연도 다이아몬드와 같이 모두 탄소로만 구성된 물질이지만 단단함과 값어치는 다이아몬드를 따라갈 수 없다. 탄소의 삼차원 배열과 결합의 차이에 따라 다이아몬드가 되기도 하고 흑연이 되기도 하는 것이다. 사실 에너지로 볼 때는 흑연의 구조가 다이아몬드의 구조보다 더 안정하다. 그렇다면 궁극적으로는 다이아몬드도 흑연으로 변할 것이다. 하지만 그 과정은 매우 느려서 결혼식에서 받은 다이아몬드 반지가 흑연 반지로 변하는 일을 볼 수는 없을 것이다.

다이아몬드는 열전도율이 높고 빛을 잘 분산시키며 매우 단단하다. 그런 특성 때문에 보석 이외의 용도로 많이 이용된다. 다이아몬드 자체는 전기 전도성은 거의 없으나 붕소 원자를 불순

: 다이아몬드반지 세공 모습

물로 포함시키면 푸른색을 띠며, 전기 전도성이 향상된다. 붕소를 혼입하여 다이아몬드의 전기적 특성을 변화시킬 수 있는 것이다. 붕소가 혼입된 다이아몬드 전극은 반도체 전극으로 이용된다.

매우 비싸게 팔리는 보석이나 다이아몬드도 알고 보면 우리 주변에 널려 있는 흔한 물질일 뿐이다. 비록 흔한 물질이지만 원재료가 결합되는 방식, 불순물의 첨가 여부, 불순물 양의 과다, 빛의 작용에 따라 매우 다른 모습을 띠게 되는 것이다. 어떤 것은 귀한 대접을 받고, 어떤 것은 천덕꾸러기가 된다. 사람들은 복권에 당첨된 사람들의 인생이 역전되었다고 말한다. 그러나 흑연이 다이아몬드로 변하는 것보다 더한 역전은 없을 듯싶다. 황금 보기를 돌같이 하라고 말씀하신 옛 어른들은 물질에 대한 화학 공부를 하지 않았음에도 불구하고 직관으로 그 내용을 파악한 것처럼 보인다.

천의 얼굴, 알루미늄

알루미늄이라는 이름은 고대 그리스 로마의 옛 이름인 알루멘(Alumen)에서 유래된 것이다. 패러데이(Michael Faraday)의 스승인 데이비(Humphry Davy)는 1808년 알루미늄 금속의 존재를 확인하였으며, 그것을 처음에는 알루미엄(Alumium)이라고 하였다가 나중에 알루미늄이라고 바꾸어 불렀다. 그리고 1825년에 외르스테드(Hans Christian Ørsted)는 비록 순수한 금속 알루미늄은 아니었겠지만 알루미늄을 금속 형태로 처음 만들었다.

지각에서 가장 흔한 금속의 하나, 알루미늄

알루미늄은 지각에 존재하는 가장 흔한 금속으로, 원소로 따지면 산소, 실리콘 다음으로 많다. 그렇지만 순수한 금속 알루미늄으로 발견되는 일은 거의 없다. 왜냐하면 알루미늄은 산소와 쉽게 반응하기 때문에, 자연에서 발견되는 알루미늄은 대부분 산화물로 존재한다.

알루미늄은 가볍고 단단하기 때문에 순수한 상태 혹은 합금 형태로 비행기 · 자동차 · 자전거와 같은 운송수단의 제작에 이용된다. 매끈하게 표면 처리된 알루미늄이 다른 금속 면보다 더 반짝거려 보이는 까닭은 빛의 반사율이 높기 때문이다. 가시광선 영역에서는 은의 반사율이 알루미늄보다 높아서 거울을 만들 때 은을 많이 사용해 왔다. 하지만 자외선

: 알루미늄은 지각에 존재하는 가장 흔한 금속이다.

이나 적외선 영역에서는 알루미늄의 반사율이 어떤 금속보다 높아서 광학기기에는 알루미늄으로 코팅한 반사거울들이 많이 사용된다.

알루미늄의 대량 생산

알루미늄 광석은 프랑스 레보(Les Baux)지방에서 발견되었다고 해서 보크사이트(Bauxite)라고 부른다. 보크사이트를 빙정석(cryolite)에 녹여서 용융된 용액에서 전기분해를 하면, 순수한 알루미늄을 얻을 수 있다. 그런데 이때 필요한 에너지가 매우 크다. 알루미늄을 생산하는 공정은 미국의 홀(Charles Martin Hall)과 프랑스의 에루(Paul Louis T. Heroult)가 각자 독립적으로 발명을 하여 홀-에루(Hall-Heroult) 공정이라고 부른다. 말은 간단하지만 빙정석의 녹는점은 약 1,000°C 이상이며, 산화알루미늄의 녹는점은 거의 2,000°C에 가깝기 때문에, 전기분해를 하기 위해서 이들 물질을 녹여서 용액으로 만드는 일에도 많은 에너지가 필요하다.

하지만 전기분해를 하는 셀(cell)의 온도는 약 950°C로 산화알루미늄의 녹는점보다 훨씬 낮다. 그 이유는 고체 빙정석과 고체 산화알루미늄을 일정 비율로 섞어서 온도를 올리면, 순수한 빙정석과 순수한 산화알루미늄의 녹는점보다도 더 낮은 온도에서 녹아서 액체가 되기 때문이다.

전기분해로 생산되는 알루미늄

두 개의 탄소 전극을 용융 용액에 넣고 전류를 흘려주면 한쪽 탄소 전극에서는 알루미늄 이온이 환원되어 금속 알루미늄이 생성되고 다른 쪽

탄소 전극에서는 산소가 발생되는 산화 반응이 진행된다. 그리고 전극에서 즉석에서 만들어진 산소와 탄소 전극의 탄소가 반응하여 이산화탄소가 만들어진다. 따라서 산화 전극으로 이용되는 탄소 전극은 닳아서 없어지므로 주기적으로 갈아 주어야 한다.

알루미늄 제련에는 전기가 많이 사용되므로, 제련 공장들은 유휴 전력의 활용을 위해 주로 발전소 근처에 위치해 있다. 알루미늄을 재생하는데 필요한 에너지는 새롭게 알루미늄을 만들 때 필요한 에너지의 5퍼센트 정도면 충분하다고 한다. 따라서 알루미늄은 에너지 절약을 위해서도 반드시 재활용해야만 되는 물질이기도 하다.

알루미늄 표면의 부동화 막

요즈음에는 집이나 아파트의 창틀을 주로 알루미늄으로 제작한다. 예전에는 철제 창틀을 많이 사용하였는데, 부식 방지를 위해 칠한 페인트가 벗겨져 몰골이 흉해지고 건물 미관을 해치는 경우가 많았다. 알루미늄 창틀이 오랫동안 품위를 유지하는 이유는 알루미늄 표면이 단단하고 조밀한 산화물 막으로 덮여 있어서 더 이상 부식이 진행되지 않기 때문이다.

금속이 부식된다는 것은 표면에서 금속이 금속 산화물로 변하고, 그 산화물이 떨어져 나가서 금속의 본래 모습이나 중량을 유지하지 못하는 것을 말한다. 예를 들어서 철은 부식이 되면서 산화철이 되고, 부서지기 쉬운 산화철이 표면에서 떨어져 나가 철이 본래 지닌 모습을 유지할 수 없게 된다. 그러나 알루미늄의 경우에는 알루미늄 금속 표면에 형성된

: 요즘에 지어지는 건축물의 창틀 대부분은 알루미늄 소재로 제작된다.

산화물이 매우 견고하게 알루미늄에 붙어 있다. 이때 알루미늄 산화막(Al_2O_3)의 두께는 보통 몇 나노미터 정도로 매우 얇아서 알루미늄 특유의 금속광택은 유지되면서 그 모습이 오랫동안 변치 않는 것이다. 즉 일차로 산화 반응이 진행되어 얇은 금속 산화물 막(film)이 형성되면 더 이상의 부식이 진행되지 않는다. 이런 현상을 부동화(passivation)라고 부르며, 그 결과 생긴 막이 부동화 막이다.

알루미늄 템플릿을 이용한 나노 물질의 제작

알루미늄이 산화되는 조건을 조절하면 산화막을 형성하는 대신에 박막의 알루미늄 표면에 매우 작은 크기의 구멍이 균일하게 분포되어 있는 구조물을 만들 수 있다. 알루미늄 전극에 산화 전압을 걸어주어 형성되는 알루미늄 이온이 산화물을 형성할 수 없는 조건이 되면 신기하게도 알루미늄 박막 표면에 균일한 육각형 모양의 구멍을 만들 수 있다.

전자 주사 현미경으로 박막 표면을 관찰해 보면 구멍의 생김새가 마치 벌집 모양과 비슷해 보인다. 구멍을 만드는 산화 전압과 전해질의 조건을 조절하면 원하는 크기의 지름과 깊이를 가진 구멍과 그것의 밀도를 조절한 템플릿(template)을 만들 수 있다. 알루미늄 템플릿을 이용하여 나노 굵기를 가진 전도성 고분자 선이나 탄소 나노튜브를 제작하여 그것의 특성을 조사한 흥미로운 연구결과들이 발표되고 있다.

산화막 두께 변화와 색깔 차이

알루미늄은 두께를 조절하거나, 염료를 넣어 다양한 색상으로 만들 수 있다. 주변에서 볼 수 있는 알루미늄으로 만든 제품 중에는 mp3 플레이어 케이스와 카라비너(karabiner)가 있다. 카라비너는 등산이나 번지점프를 할 때 사람과 줄을 매어 연결해 주는 타원형으로 생긴 연결고리를 말한다. 또한 부엌에서도 알루미늄으로 만든 금속 기구들을 흔히 볼 수 있다. 제품이 모두 금속 알루미늄으로 만들어졌음에도 매우 다양한 색깔을 띠고 있다는 점이 이채롭다. 그 비결은 알루미늄 표면에 인위적으로 두께를 조절한 산화알루미늄(보통 alumina, 즉 알루미나라고 부른다.)이 있기 때문이다. 제품 표면에 산화알루미늄 층을 형성해 주면 부식과 마모되는 속도를 줄일 수 있을 뿐 아니라, 채색에 사용되는 염료의 접착도도 향상된다. 게다가 염료를 사용하지 않고도 표면에 형성되는 산화알루미늄의 두

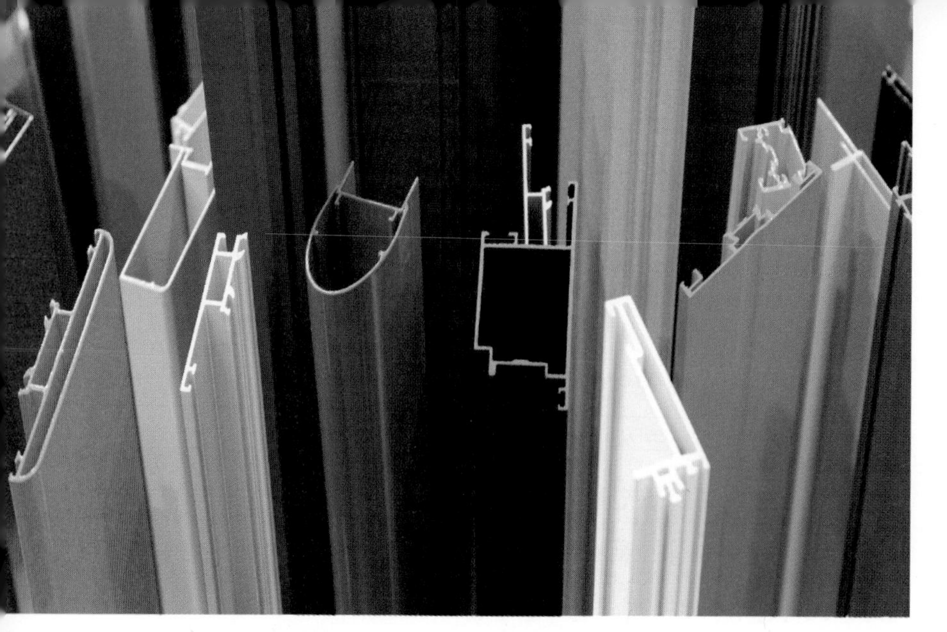

: 여러 가지 색깔의 알루미늄 틀

께를 조절하여 다양한 색을 만들어 낼 수 있다. 빛이 산화물 박막을 통과해 반사되는 과정에서 간섭이 일어나면, 산화물의 두께에 따라 눈으로 들어오는 빛의 파장이 달라진다. 그것이 바로 알루미늄의 색상을 조절할 수 있는 비밀이다. 일반적으로 산화물 두께의 2배에 해당하는 빛의 파장은 보강 간섭을 일으킨다. 예를 들어서 빨간색의 파장은 대략 600나노미터에 해당하므로 빨간색의 제품을 원하면 알루미늄 산화물의 두께를 약 300나노미터로 조절하면 된다.

산화알루미늄을 형성시킬 때 사용하는 용액에 첨가하는 물질에 변화를 주어도 다양한 색을 구현할 수 있다. 즉 산화물 층을 형성시키는 용액의 성분을 조절하면 산화알루미늄 막이 형성되는 과정에 불순물이 고르게 침투하여 균일하고 아름다운 색상을 만들 수 있다. 호화로운 색을 띤

루비나 사파이어 같은 보석들은 산화알루미늄에 특정 색을 나타낼 수 있는 금속이 불순물로 소량 들어 있는데, 산화알루미늄에 크로뮴이 섞여 있으면 붉은 루비 색을 띠고, 철과 타이타늄이 들어 있으면 파란 사파이어 색을 띤다.

알루미늄 포일, 광택의 차이

알루미늄 포일은 음식을 포장 · 요리 · 보관할 때 주로 사용한다. 종이나 플라스틱에 알루미늄 박막을 입혀서 식품 포장으로 사용하는 경우도 흔히 볼 수 있다. 예를 들어 감자를 알루미늄 포일에 둘둘 말아서 불(숯불 혹은 오븐)에 구워서 먹어 보면, 감자 맛이 기막히게 좋다. 포일에 싸서 구우면 그냥 구울 때보다 수분이 보존되므로 퍽퍽하지도 않고 적절한 수분을 함유해 맛있는 감자가 만들어지는 것이다. 서양 식당에서 주로 스테이크와 함께 제공되는 구운 감자요리도 이런 방법으로 요리를 한 것이다. 우리나라 사람들이 좋아하는 불고기를 구울 때에도 알루미늄 포일을 이용하는 사람들이 적지 않다.

가정용 알루미늄 포일의 두께는 약 20마이크로미터 내외로 한쪽 면은 광이 나서 반짝거리고, 다른 쪽 면은 광이 나지 않는 것이 보통이다. 왜 알루미늄 포일은 회사에 상관없이 같은 모양새를 하고 있을까? 그것은 포일을 만드는 공정의 특성 때문에 생기는 것으로 두 면의 빛의 반사율은 약간 차이가 나겠지만 성분이 다른 것은 아니다.

금속의 순도가 높을수록 금속을 더 얇고 길게 뽑을 수 있는 것이 일반적이다. 알루미늄 강판을 롤러 사이에 두고 힘을 가하면 롤러 틈 사이에 해당하는 두께를 가진 알루미늄 박막이 만들어진다. 최종적으로 원하는 두께의 포일을 만들기 위해서는 최종 두께보다 2배만큼 벌어진 롤러 사이로 롤러 사이의 간격보다 더 두꺼운 박막 2장을 겹쳐서 밀어 넣는다. 그 결과 롤러를 빠져나오면서 최종 두께의 2배가 되는 알루미늄 박막이 형성된다. 마지막 공정에서 2장이 겹쳐진 박막을 각각의 포일로 분리하면 원하는 두께의 알루미늄 포일을 얻을 수 있다. 롤러가 닿았던 면은 광택이 나고, 두 장의 박막이 겹쳐졌던 면은 무광택으로 남아서 우리가 보는 알루미늄 포일의 모습을 하게 되는 것이다.

나폴레옹 3세와 알루미늄 식기

한때 알루미늄의 값이 엄청나게 비싼 시절이 있었다. 왜냐하면 광석으로부터 순수한 알루미늄 금속을 얻는 것이 쉽지 않았기 때문이다. 파리 박람회에서 나폴레옹 3세가 손님을 초대해서 음식을 대접할 때 자신과 귀한 손님은 알루미늄으로 만든 술잔이나 접시를, 초대된 일반 손님은 은이나 금으로 만든 것을 사용하게 하였다는 기록이 전해진다. 이런 기록으로 보아 알루미늄이 한때는 정말로 희귀한 금속으로 대접받았다는 것을 알 수 있다.

음료 병과 옷감, 페트

우리 주변을 돌아보면 플라스틱으로 만든 제품들이 넘쳐 난다. 거의 플라스틱에 포위되어 있다고 해도 과언이 아닐 정도로 그 용도와 종류도 매우 다양하다. 플라스틱 중에서 주로 음식을 보관, 운반하는 목적으로 이용되는 것들은 건강 문제와 관련이 있기 때문에 많은 사람들의 관심의 대상이 된다.

플라스틱

플라스틱은 인공적으로 제조한 고분자이다. 고분자는 상당히 많은 원자들이 규칙적 혹은 불규칙적인 결합 구조를 형성하면서 매우 특이한 물성을 나타내는 분자량이 큰 분자를 말한다. 고분자를 분자 수준에서 살펴보면 상당한 규칙성을 가진 단위들이 반복적으로 결합하여 거대한 분자를 형성하고 있다. 반복적으로 결합된 단위를 보통 단위체라고 부르며, 단위체들의 개수가 적게는 수십에서 많게는 수십만에 이르는 형태로 결합되어 하나의 고분자를 이룬다.

페트(PET)의 발견 및 특징

PET는 영국의 화학자 윈필드(Rex Whinfield)와 딕슨(James Dickson)이 1941년에 발명하였으며, 음료수 병으로 사용하는 특허는 1973년에 받았다. 제조 기술의 발전으로 인해서 현재 사용하는 PET 음료 용기의 무게는 초기에 사용하였던 것보다 가볍고 단단하다.

: PET로 만든 음료수 병

시판되는 생수, 식용유, 탄산음료는 주로 투명한 플라스틱을 사용하며, 과일 주스, 맥주 등은 색깔을 띠는 플라스틱 병을 사용하고 있지만 본질적으로는 같은 재질의 고분자 물질이다. 우리가 흔히 페트병이라고 부르는 음료수 병은 폴리에틸렌 테레프탈레이트(polyethylene terephthalate, PET 혹은 PETE라고 줄여서 말한다.)라는 고분자 물질로 만든다. 많은 종류의 플라스틱이 기체를 담는 목적으로는 부적절하지만 PET로 만든 용기에 산소나 이산화탄소 등의 기체를 담으면 빠져나가는 양이 현저히 줄기 때문에 탄산음료의 용기로 이용하는 것이다. 맥주병으로 사용할 때는 빛에 의해 맥주 내용물이 변질되는 것을 막기 위해 진한 갈색을 띤 PET 병을 이용한다.

다양한 응용 사례

PET는 음료수 병의 제조에 사용될 뿐만 아니라 옷을 만드는 합성 섬유로도 이용된다. 즉 폴리에스테르라고 부르는 합성 섬유의 일종이다. 폴리에스테르는 에스테르(ester)라는 특정한 결합 구조(RCOOR′)를 가진 작용기가 포함되어 있는 고분자를 일컫는 보통명사이다. 따라서 PET는 에스테르라는 작용기가 반복적으로 연결된 고분자라고 이해하면 된다.

PET는 제조 방법에 따라서 투명한 비결정성 고분자와 반 결정성 고분자로 만들 수 있으며, 생산되는 양의 약 60퍼센트는 합성 섬유로 사용되고, 약 30퍼센트는 음료수 병을 만드는 데 사용된다. 합성 섬유를 이용하여 옷이나 카펫 등을 만들기도 하며, 포장용으로도 이용하는 것이다.

보통 마일라(Mylar)라고 알려진 얇은 막의 투명한 필름도 PET를 가공해

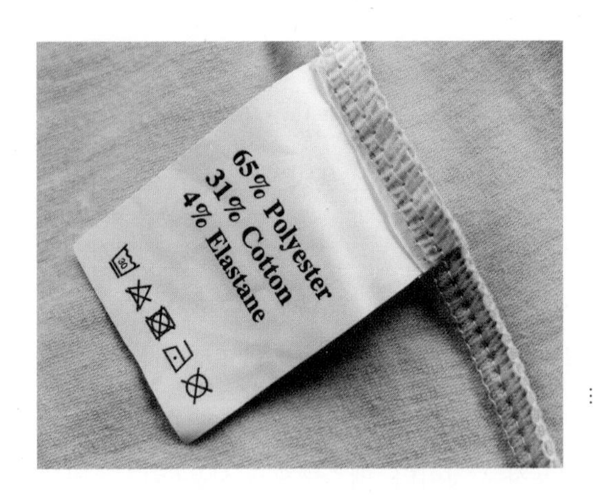

: PET는 음료수 병뿐만 아니라 폴리에스테르라는 합성 섬유를 만들 수 있는 고분자이다.

서 만든 것이다. 빛을 반사하는 반사체로 이용하거나 불투명한 병을 만들기 위해서는 고분자 표면에 알루미늄의 얇은 막을 입혀서 사용한다.

그 밖에도 사진용 필름이나 심지어 비디오 음향 테이프 등에도 이용되며, 의료용 작은 약병이나 의료용품을 포장할 때 충진 물질로도 이용된다. PET라는 기본 물질은 동일한데 음료수 병, 옷, 필름, 타이어 코드(tire cord)를 만드는 데 이용되는 것이다. 이것은 고분자가 가지고 있는 고유 점성도(intrinsic viscosity)를 변화시켜 각각의 용도에 맞게 사용하는 것이다.

고분자의 경우 고유 점성도는 고분자 사슬 길이에 의존하는 성질로, 사슬 길이가 길면 고유 점성도가 증가하며 경직성도 증가한다. 합성 섬유로 사용하는 PET의 고유 점성도는 비교적 작은 값을, 타이어 코드로 사용되는 PET의 고유 점성도는 큰 값을 갖는다. 타이어 코드는 타이어의 성질을 개선하기 위해서 첨가하는 재질을 말한다.

취급상 주의 및 재활용

PET를 제조하기 위해서 촉매로 산화안티몬을 사용한다. 따라서 음료 용기 중에서 안티몬이 검출될 수도 있지만 자연 상태의 음용수에서 검출되는 양보다 훨씬 낮은 농도이므로 문제될 것은 없다. PET가 서서히 분해되면서 생길 수 있는 물질인 아세트알데하이드는 과일에서도 자연발생적으로 만들어지는 화학 물질이다. 따라서 과일주스를 담은 용기에서는 문제가 되지 않지만 물맛을 떨어뜨리는 요인이 되므로 생수 용기에 압력이나 온도를 가하여 충격을 주지 않도록 하는 것이 중요하다.

PET는 화학 처리과정을 거쳐서 PET를 만드는 원재료(다이메틸 테레프탈레이트와 에틸렌 글리콜)로 되돌릴 수 있다. PET 고분자를 메탄올과 함께 고압에서 반응하여 얻은 생성물을 증류하면 다이메틸 테레프탈레이트와

: 재활용되는 패트병을 이용하여 만든 코끼리 모양의 구조물

에틸렌 글리콜을 얻을 수 있다. 현재 미국에서는 이 방법을 이용하여 많은 양의 PET를 재활용하고 있다. 재활용을 위해 수집하는 과정에서 다른 고분자 물질(특히 PVC, polyvinyl chloride)이 포함되면 품질을 떨어뜨리므로 섞이지 않도록 하는 것이 좋다. 재활용이 가능한 것은 PET가 열가소성 고분자이기 때문이다. 열가소성 고분자는 열을 가하면 성형이 가능할 수 있게 유동성을 지닌 액체처럼 부드러워지는 특성이 있다.

환경문제를 생각해서 음료수 병들을 모두 유리병으로 바꾼다고 해도 전체 환경문제로 볼 때 별 이득은 없어 보인다. 왜냐하면 유리병 생산 과정은 PET병 생산 과정보다 적어도 2배 이상의 원유를 소모해야 하고, 운반 과정에서 트럭에 적재할 수 있는 양도 훨씬 적어 더 많은 비용을 감수해야 하기 때문이다.

우리나라의 경우에도 PET의 재활용 비율이 50퍼센트를 상회하지만 아이슬란드 같이 거의 100퍼센트에 달하는 나라도 있다. 얼마 전에 PET 병을 이용하여 라면을 끓일 수 있다는 TV 방송을 본 적이 있는데, 열을 가한 조건에서 PET 재질과 반응하거나 PET에서 녹아 나올 수 있는 화학물질을 생각하면 라면을 플라스틱 용기에 끓여서 먹는 일은 하지 않는 것이 좋다.

탄력의 대명사, 고무

타이어, 지우개, 장화

거리에 나서면 무수히 많은 자동차를 볼 수 있다. 이때 고무 타이어가 없는 자동차는 상상하기조차 어렵다. 다양한 제품에 사용되는 고무를 전적으로 자연에 의지하지 않고 공장에서 만들어 내기 시작한 지 거의 100년의 세월이 흘렀다. 오늘날 고무는 인류의 문명을 떠받치고 있는 중요한 재료 중의 하나로 꼽힌다.

우리나라에 고무가 흔하지 않았던 시절에 값싼 고무지우개로 글씨를 지우다가 글씨는 지워지지 않고 오히려 공책이 찢어져 속상하였던 기억과 비 내리는 날 고무장화를 신고 진흙 길을 피하지 않고 과감하게 걷던 친구들이 부러웠던 기억이 새롭다.

아이소프렌과 탄력성 고분자

고무는 탄력성 고분자(elastomer)의 일종이다. 고무는 적절한 힘을 주어 잡아 늘리면 늘어나고, 힘을 멈추면 다시 본래의 상태로 되돌아가는 특성이 있다. 이중 결합이 2개 있는 아이소프렌 분자를 수없이 결합하면 고분자인 고무가 된다. 고무가 탄화수소인 아이소프렌 단량체로 구성되었다는 것을 밝힌 과학자는 전기화학의 아버지로 불리는 패러데이였다. 탄화수소란 탄소와 수소로 이루어진 유기 화합물이다. 벤젠고리가 포함되는 방향족 탄화수소도 있고, 사슬처럼 탄소 원자가 길게 연결되어 있는 지방족 탄화수소도 있다. 탄화수소에 포함된 탄소와 탄소의 결합이 단일 결합이면 알칸(alkane), 이중 결합이면 알켄(alkene), 삼중 결합이면 알킨(alkyne)이라고 부른다.

아이소프렌은 모두 5개의 탄소로 구성되어 있다. 단량체 분자의 양 끝에 위치한 이중 결합을 구성하는 탄소(1, 4번)는 다른 단량체의 이중 결합을 하고 있는 말단 탄소와 새로운 결합을 형성한다. 그 결과 중간 탄소(2, 3번)에 새로운 이중 결합이 형성되면서 길게 연결된다. 메틸기(CH_3-)와 수소가 이중 결합을 중심으로 같은 방향으로 결합이 이루어지면 시스 결합 고분자가 형성되며, 메틸기와 수소가 서로 대각선 방향에 위치한 형태로 결합이 이루어지면 트랜스 결합 고분자가 형성된다.

나무에서 얻는 천연고무

많은 천연고무는 파라 고무나무 수액을 처리하여 얻는다. 천연고무의

: 고무나무에서 고무를 채취하는 모습

결합 특성을 분석한 결과 아이소프렌이 시스 결합으로 이루어져 있다는 사실을 알아냈다. 또한 시스 결합을 한 고무의 탄성이 트랜스 결합을 한 고무의 탄성보다 크다는 것이 밝혀졌다. 자연에서 얻는 고무 중에는 아이소프렌이 모두 트랜스 결합으로 이루어진 고무도 있는데, 이것을 구타페르카(gutta-percha)라고 부른다. 구타페르카는 파라 고무나무와는 다른 종류의 고무나무로부터 얻을 수 있다. 구타페르카는 탄성이 약하지만 전기 절연 효과가 커서 바다에 잠기는 전선의 피막용으로 이용되기도 하고, 기계적 강도도 좋아서 한때는 골프공에 사용되기도 하였다. 시스 결합 고분자와 트랜스 결합 고분자가 뒤섞여 있는 자연산 고무도 있는데, 우리가 평소에 씹는 껌이 바로 그것이다. 껌은 이런 고무에 단맛을 내는 물질, 이를 보호하는 기능성 물질 등을 첨가하여 만든 것이다.

가황 공정과 굿이어

고무에 열을 가하면서 황을 첨가하는 과정을 가황(vulcanization)이라고 한다. 이 단어의 어원은 로마 신화에 나오는 불의 신 '벌칸(Vulcan)'에서 따온 것이다. 천연고무는 열을 가하면 탄성을 잃고 끈적끈적해진다. 이러한 고무의 특성을 획기적으로 바꾼 사람이 바로 굿이어(Charles Goodyear)이다. 일설에 의하면, 그는 고무 연구에 골몰하던 어느 날 우연히 천연고무덩어리와 황을 혼합한 물질을 뜨거운 난로 위에 떨어뜨렸고, 그 결과 만들어진 고무가 기존의 천연고무와는 달리 악조건에서도 탄성을 유지한다는 사실을 발견하였다고 한다. 후세 사람들은 이를 '어느 날 갑자기'라고 이야기하겠지만 위대한 발견은 많은 숨은 노력 끝에 얻어진 결과라고 생각한다. 왜 특별히 황을 넣었을까? 굿이어는 아마도 높은 온도에서 고무의 끈적끈적한 성질을 개선하려고 수많은 종류의 분말을 섞어서 많은 실험을 하였을 것이고, 우연한 기회에 황과 고무의 혼합물을 실수로 난로에 떨어뜨린 것이 대단한 발명으로 이어진 것이라고 추정할 수 있다. 우리도 어릴 때 찰흙의 점성도를 변화시키려고 흙 혹은 돌가루를 섞어 본 경험이 있지 않은가?

: 고무 타이어

굿이어는 굉장한 발명을 하였지만 왜 황이 첨가되면 고무의 특성이 변하는지를 알지는 못한 것 같다. 후에 고무가 가황 과정을 거치고 나면 긴 아이소프렌 고분자들이 이황화 결합으로 서로 교차 결합하여 고분자의 성질이 변한다는 것이 밝혀졌다. 이황화 결합이 없는 천연고무는 각 고분자들이 서로 뒤엉켜 뭉쳐진 상태로, 열을 가하면 고분자들이 각자 가닥으로 풀어지면서 끈적해지고 탄성을 잃어버리는 것이다. 굿이어는 발명을 통해 특허를 획득하였지만 돈도 벌지 못하고 심지어 빚만 잔뜩 걸머진 채 생을 마감하였다고 한다. 하지만 세계 최대의 자동차용 타이어 회사(Goodyear Tire & Rubber Company)의 회사명이 그의 이름을 본따 만든 것으로 일부는 보상을 받은 듯싶다.

세계대전을 계기로 발전한 합성고무

산업이 발전함에 따라 필요한 고무의 수요를 모두 자연산으로 충당할 수 없게 되었다. 따라서 자연산을 대체할 수 있는 합성고무가 중요해졌다. 특히 세계대전을 겪으면서 합성고무의 종류와 생산량이 급격히 늘어나기 시작하였는데, 중요한 전쟁 물자인 천연고무를 자유롭게 구할 수 있는 길이 막히자 새로운 합성고무의 연구와 생산에 많은 노력을 기울였기 때문이다.

독일은 천연고무의 생산지가 연합군에 의해 봉쇄되자 군수용 고무의 부족을 해결하기 위해 천연고무의 대체 물질을 찾는 연구에 많은 노력을 기울였다. 연구를 시작한 과학자들은 아마도 천연고무에 포함된 아이소프렌 혹은 아이소프렌과 유사한 구조를 지닌 단량체를 결합시켜서 고분자를 만들면 고무의 특성을 지닌 물질을 만들 수 있을 것이라고 생각하고 실험을 시작하였을 것이다. 최초의 합성고무 역시 아이소프렌을 이용하여 만들었으며, 합성고무의 특성을 분석하고 물성을 이해한 후에는 다양한 종류의 합성고무를 만들 수 있게 되었다. 아이소프렌의 메틸기 위

: 여러 크기의 고무 오링과 고무 호스

치에 염소 원자가 치환된 클로로프렌(chloroprene) 단량체로 합성한 고분자로부터 네오프렌(neoprene)이 만들어졌다. 이와 같이 가황 공정에서 황의 비율, 온도, 기타 첨가제를 조절하여 다양한 용도를 충족할 수 있는 합성고무를 만들 수 있었다. 네오프렌은 열에 강하고 유기 용매에 잘 녹지 않아서 자동차의 벨트, 연료의 고무호스, 가스킷, 고무 오링 등에 사용된다. 우주 왕복선 챌린저호의 폭발(1986년 1월)도 고무 오링 때문이었다. TV로 폭발 광경을 지켜본 저자는 후에 사고 원인이 고무 오링이라는 사실에 다시 한 번 놀랐다. 추운 겨울 날씨에 고무가 탄성을 잃고 굳어지면서 연료가 새어 나와 결국 폭발로 이어진 것이다.

합성고무 생산 1위, 대한민국

현재 널리 애용되는 합성고무는 스타이렌(styrene)과 뷰타다이엔(butadiene)의 공중합 고분자(copolymer)인 스타이렌-뷰타다이엔 고무(SBR, styrene-butadiene rubber)이다. 오늘날에는 화학산업의 발달로 인해서 이중 결합이 포함된 단량체(스타이렌, 에틸렌, 뷰타다이엔, 프로필렌 등)를 적절히 공중합하여 다양한 특성의 합성고무를 생산해 내고 있다. 자동차용 타이어는 주로 스타이렌-뷰타다이엔 고무를 기본으로 뷰타다이엔 고분자(BR), 혹연 혹은 실리콘 등을 첨가한 합성고무로 만든다. 자동차의 종류에 따라서 천연고무로 만든 타이어를 장착한 경우도 있다. 우리나라 금호석유화학에서 생산하는 합성고무(SBR+BR)의 생산량은 굿이어의 생산량을 제치고 세계 1위를 달리고 있다.

고무 축구공의 아쉬움

저자의 어린 시절에는 제대로 된 공을 구하기가 여간 어렵지 않았다. 볏짚으로 만든 새끼줄을 둘둘 말아 만든 공을 사용하여 축구를 한 적도 있었다. 어쩌다 운이 좋은 날은 돼지 방광에 바람을 넣은 공으로 축구를 하기도 하였다. 돼지 방광으로 만든 공은 짚으로 만든 공보다 탄력도 좋고, 공을 찼을 때 발에 닿는 느낌도 훨씬 좋았다. 그러나 짚으로 만든 공, 돼지 방광 공은 완전한 구 모양의 공이 아니므로 축구 실력과는 무관하게 승부가 나기도 하였다. 그저 고무로 만든 공 하나만 있었어도 승부는 달라졌을 텐데 하는 생각이 무심코 들었다.

비료와 폭탄, 암모니아

2013년 4월 18일 미국 텍사스의 비료 제조 공장에서 폭발 사고가 나서 많은 사상자가 발생하였다. 비료 생산에 필요한 원료인 암모니아는 폭약, 플라스틱, 의약품 제조 등 다양한 곳에 사용되며, 연간 약 2억 톤 이상 생산되는 물질이다.

암모니아의 특성

암모니아는 질소 원자 1개에 수소 원자 3개가 결합된 분자이다. 암모니아는 실온에서 무색의 기체로 존재하지만 독특한 자극성 냄새가 난다. 심하게 삭힌 홍어의 톡 쏘는 강렬한 맛과 냄새는 암모니아 및 휘발성 아민 때문이다. 암모니아는 끓는점이 약 -33℃이므로 실온에서는 기체이

: 암모니아의 분자 구조

다. 무수 암모니아란 말 그대로 물을 포함하지 않은 암모니아로, 공장에서 주로 취급되는 형태이다. 무수 암모니아 기체는 그 자체로 불이 나는 경우는 드물지만, 공기에 16~25퍼센트 섞여 있을 때 점화가 되면 폭발적으로 불이 나는 특성을 갖고 있다. 그러나 가정 혹은 실험실에서 사용되는 암모니아 용액은 암모니아 기체를 물에 녹여서 만든 것이다. 암모니아가 물에 녹을 때에는 열이 발생하지만, 그렇다고 그것이 직접 폭발의 원인이 되지는 않는다.

암모니아 기체가 녹아 있는 수용액을 암모니아 용액 혹은 수산화암모늄 용액이라고 부른다. 암모니아가 물과 반응하면 수산화암모늄이 형성되기 때문이다. 암모니아 기체 역시 다른 기체와 마찬가지로 온도가 낮을수록 또 압력이 높을수록 많이 녹는다. 포화 암모니아 용액의 밀도는 약 0.88g/mL이고, 무게 비(wt퍼센트)로 약 30퍼센트 전후이지만 그것도 온도에 따라 변한다. 실험실에서 주로 사용되는 진한 암모니아 용액의 농도를 계산해 보면 약 15M(mol/L)이다. 그런 진한 용액은 피부 혹은 점막에 닿으면 심한 상처가 나며, 금속과 접촉되면 급속히 부식이 진행되므로 주의해서 취급해야 된다. 가정에서 다양한 목적으로 사용되는 암모니아 용액에도 약 5~10퍼센트의 암모니아가 포함되어 있으므로 사용할 때 주의를 하는 것이 좋다. 유리창을 청소할 때 사용되는 세척 용액에도 암모니아가 소량 포함되어 있다.

암모니아와 비료

많은 식량을 생산하기 위해서는 비료가 필요하다. 20세기 초 독일의 화학자 하버(Fritz Haber)는 실험실에서 공기에 있는 질소를 이용하여 암모니아 합성에 성공하였고, 그 후에 보슈(Karl Bosch)가 암모니아의 상업 생산에 적합한 화학공정을 완성하였다. 그런 이유로 암모니아 생산 과정을

: 비료를 뿌리는 모습

하버-보슈 공정이라고 부른다. 오늘날 자연산 비료가 차지하는 비율은 매우 적으며, 화학공장에서 만든 것이 대부분이다. 현재 전 세계에서 생산되는 암모니아의 약 80퍼센트가 비료 생산에 이용된다. 암모니아는 실온에서 기체이므로 비료로 땅에 뿌리기에는 적합하지 않다. 암모니아를 액체 혹은 고체의 질소 화합물로 변형을 시켜야 식물에게 효율적으로 질소를 공급하는 수단으로 활용할 수 있다.

요소 비료

우리나라는 1960년대 초반에 충주에 비료 공장을 건설하고, 요소 비료를 생산하기 시작하였다. 당시 외국 원조 금액의 약 40퍼센트를 비료 수입 비용으로 지불하고 있었기 때문에, 비료 공장을 건설하여 비료를 자

: 암모니아 비료 공장

체 생산하는 일은 무엇보다 시급하고 중요한 일이었다.

요소는 암모니아와 이산화탄소를 반응시켜서 만든 화합물이다. 요소의 녹는점은 약 134°C이므로 상온에서는 고체이다. 물에 매우 잘 녹아서 물 1리터에 약 1킬로그램이 녹을 정도이다. 논밭에 그냥 뿌려도 수분이 조금만 있으면 녹아서 땅에 스며든다. 이렇게 잘 녹는 것은 가수분해 반응이 진행되기 때문이며, 생성물로 암모니아(NH_3) 혹은 암모늄 이온(NH_4^+)이 만들어진다. 요소는 요소 분해 박테리아 혹은 물과 반응하여 암모니아와 이산화탄소로 분해되며, 더 나아가 암모니아가 물과 반응하면 암모늄 이온이 형성된다. 또한 토양에 존재하는 생물체 혹은 화학 반응을 통해서 암모니아가 산화되면 질산 이온이 만들어진다. 물에 녹는 암모늄 이온 혹은 질산 이온은 식물이 흡수하기에 더 좋은 형태이다. 소변을 논과 밭에 뿌리면 훌륭한 비료가 되는 것도 소변에 요소가 포함되어 있기 때문이다.

한편 요소는 화학 물질의 역사에서 유기 화합물과 무기 화합물의 경계를 허물었던 매우 중요하고 상징적인 화합물이다. 19세기 초 벨러(Friedrich Wohler)는 시험관에서 요소를 최초로 합성하였다. 벨러가 시험관 합성에 성공하기 전에는 요소는 생물체를 통해서만 얻을 수 있는 유기 화합물로 생각되었다. 그러므로 시험관에서 유기 화합물을 합성하였다는 사실 자체만으로도 획기적인 사건이었으며, 더구나 무기 화합물(염화암모늄과 아이소시아네이트은)을 반응시켜서 유기 화합물인 요소를 처음으로 합성한 것은 화학 물질의 역사에 일대 획을 긋는 발견이었던 것이다.

질산암모늄, 비료와 폭약

질산암모늄($NH_4^+NO_3^-$)은 비료로서 다른 암모늄 화합물과 비교할 때 질소의 함량이 높아서 요소 비료와 함께 대표적인 질소 비료로 통한다. 질산암모늄 외에도 황산암모늄, 인산암모늄 등과 같은 질소 비료가 있으며, 이들 화합물은 각각 질산, 황산, 인산과 암모니아를 반응시켜 얻는다. 암모니아를 백금 · 로듐 촉매를 사용하여 산화시키면 질산이 생성된다. 이 반응은 20세기 초에 특허를 받았으며, 오스트발트 공정이라고 알려져 있다. 질산암모늄 형성 반응은 염기(암모니아)와 산(질산)이 반응하여

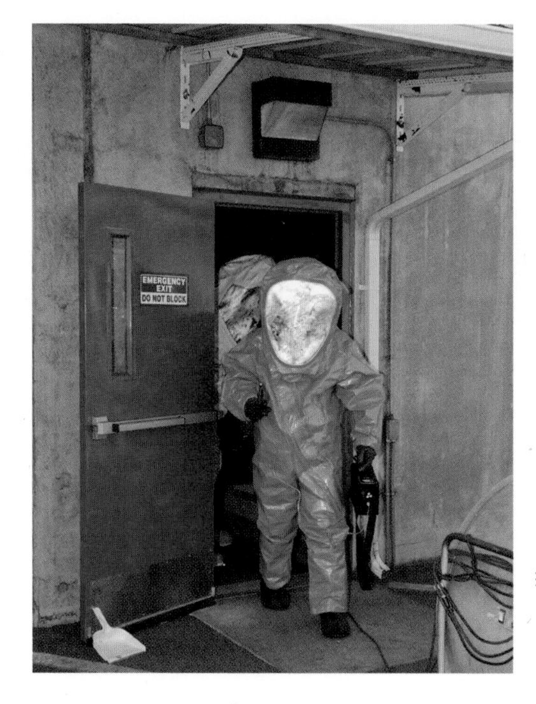

: 암모니아는 비료로 이용되는 한편, 폭약으로도 이용되는 물질이다. 암모니아 유출 시뮬레이션 실험을 하고 있는 모습이다.

물과 염이 생성되는 중화 반응의 한 예로, 물이 증발하면 질산암모늄 고체가 남는다.

질산암모늄은 비료이며, 동시에 폭약이기도 하다. 질산암모늄도 화학 물질이 갖는 이중성이라는 본질에서는 벗어날 수 없다. 1947년 미국 텍사스 주에서 600명 이상의 사상자를 낸 폭발 사고의 원인 물질도 질산암모늄이며, 1995년 미국 오클라호마 주에서 연방정부 건물을 폭파시켰을 때 범인들이 사용하였던 물질도 질산암모늄이다. 비료에 불을 지른다고 폭발로 이어지지는 않지만 방법을 알면 쉽게 비료를 폭약으로 전환할 수 있다. 그러므로 일부 국가에서는 질산암모늄의 판매를 극히 제한하고 있으며, 첨가제를 섞어서 폭약으로 사용되는 것을 막으려는 노력을 하고 있다.

폭약으로 사용되는 화학 물질에는 질소를 포함한 고체로 된 질소산화물이 많다. 폭발은 액체 혹은 고체 화합물이 순식간에 기체(질소 혹은 산소)로 변하여 부피가 엄청나게 증가하는 화학 반응이다. 같은 물질이지만 어떤 사람은 식량 증산을 위한 비료로 사용하고, 또 어떤 사람은 살상 무기로 사용하는 점이 다르다. 화학 물질은 그저 화학 물질일 뿐이다. 물질에게 책임을 물을 수 없으니, 잘못 사용한 책임은 순전히 우리 몫이라고 할 수밖에 없다.

물 잡아요, 실리카젤

수분 흡수제의 용도

장마철에는 습도가 높아 빨래를 건조하기가 쉽지 않다. 높은 습도에서는 음식물 보관은 물론 수분에 민감한 시약을 관리하는 것도 여간 어려운 일이 아니다. 수분 건조제로 사용되는 실리카젤(silica gel)은 비타민, 약, 카메라 렌즈를 비롯한 전자제품, 조미 김, 과자 혹은 스낵의 포장지 등 많은 곳에 들어 있다. 내용물을 개봉하게 되면 "먹지 마시오."라는 글귀가 적힌 별도의 봉지를 볼 수 있는데, 이 작은 봉지에 포함된 화학 물질이 실리카젤이다. 이것은 봉지 내의 수분을 흡수하여 내용물을 보호하는 역할을 한다.

발명과 수분 흡수의 원리

1919년에 미국 존스홉킨스대학교 화학과 교수인 패트릭(Walter A. Patrick)이 처음 실리카젤 특허를 받았다. 실리카젤은 제1차 세계대전 때 방독면의 공기 흡입 장치에 포함되어 유독가스 및 증기의 흡착에 이용되었으며, 제2차 세계대전 때에는 부상병 치료에 사용된 페니실린을 수분으로부터 보호하는 수분 흡습제로써 사용되었다.

수분 혹은 기체를 잘 흡수, 흡착하는 실리카젤은 다공성 물질로 표면적이 매우 넓다. 실리카젤 1그램은 약 300~800제곱미터의 표면적을 갖고 있다. 실감 나는 예를 들어 보자. 국제 규격의 축구장의 넓이는 약 8,000제곱미터보다 약간 넓다. 그러므로 실리카젤 10~30그램이 갖는 표면적은 거의 축구장 면적에 해당한다. 이처럼 표면적이 넓은 이유는 실리카젤이 벌집처럼 매우 작은 구멍(microscopic pores)들로 네트워크를 형성하고 있기 때문이다.

실리카젤은 물 분자의 흡착 및 모세관 응축(capillary condensation)으로 수분을 흡수한다. 흡수는 스펀지에 물이 스며드는 것, 흡착은 껌이 벽면 혹은 길바닥에 붙은 모습에 비유할 수 있다. 보통 구슬 모양의 실리카젤 내부의 작은 구멍의 지름은 약 수십 혹은 수백 옹스트롬으로 매우 작다. 1옹스트롬(Å = 10^{-8} cm)은 1억 분의 1센티미터를 나타내는 단위이다. 맨눈으로는 볼 수 없는 작은 구멍 및 구멍이 기다랗게 연결된 모세관 내부에서는 분자의 종류에 상관없이 증기(수분)의 응축이 진행된다. 응축은 기체가 액체로 상 변화되는 것으로, 모세관 내에서 진행되는 것을 모세관 응축이라고 한다. 모세관 응축은 구멍의 크기가 작을수록 잘 일어난다.

실리카젤의 생산

실리카젤은 규산화나트륨을 이용해 만든다. 규산화나트륨은 흰색의 고체로 물에 잘 녹는 염기성 염이다. 일반적으로 염기성 염의 음이온이 물과 반응하여 수산화 이온(OH^-)을 생성하기 때문에 염기성 염이라고 한다. 그런 종류의 염이 녹은 수용액은 염기성을 띠며, pH는 7보다 크다. 염기성 염은 중성이나 염기성 용액에서는 안정하며, 산성 용액에서는 더 잘 녹는 특징이 있다. 그러므로 규산화나트륨을 산성 용액에서 녹이고 가열하여 물을 없애면 실리카젤이 형성된다.

우리가 흔히 볼 수 있는 실리카젤은 작은 구슬 모양으로 제조된 것인데, 실리카젤의 형성 과정에서 많은 작은 구멍들이 네트워크로 연결되어 그물 조직을 이루고 그 사이에 용매인 물 등이 들어가 굳어버린 것이다.

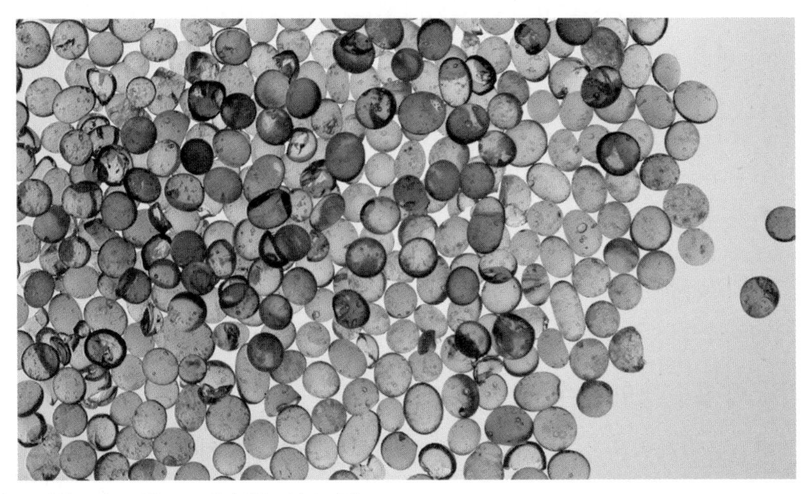

: 작은 구슬 모양으로 되어 있는 실리카젤

수분을 충분히 흡수해서 수명이 다한 실리카겔은 약 150°C에서 오븐 혹은 불, 전자레인지에 넣어 수분을 증발시키면 반복 사용이 가능하다.

수분 흡수 정도의 판별

흰색을 띤 실리카겔은 독성이 없다. 이것은 시약을 안전하게 보존할 때에도 사용된다. 실리카겔의 수분 흡수 정도를 육안으로 판별하는 것은 어렵다. 이에 수분의 흡수 정도를 쉽게 파악할 수 있는 방법이 고안되었는데, 실리카겔에 물의 흡수 정도에 따라 색이 달라지는 화합물을 소량 첨가해서 제조하여 흡수 정도를 파악하는 방법이다.

예를 들어 완전히 건조되어 물이 없는 염화코발트($CoCl_2$)는 파란색을 나타내고, 물 분자 2개가 결합된 염화코발트($CoCl_2 \cdot 2H_2O$)는 자주색, 물 분자 6개가 결합된 염화코발트($CoCl_2 \cdot 6H_2O$)는 분홍색을 띤다. 그러므로 소량의 염화코발트를 첨가한 실리카겔은 수분을 흡수하는 정도에 따라 색이 변하게 된다. 만약에 실리카겔의 색이 분홍색으로 보이면, 실리카겔은 이미 많은 수분을 흡수한 것으로 판단할 수 있다.

염화코발트는 발암물질(carcinogen)로 알려져 있다. 그러므로 염화코발트를 포함하고 있는 실리카겔은 따로 모아서 잘 처리해야 된다. 페놀프탈레인(phenolphthalein)을 소량 첨가한 실리카겔이 새롭게 고안되었는데, 이것은 수분을 흡수하면 노란색으로 변한다. 노란색의 농도에 따라 대략 수분의 흡수 정도를 판별할 수 있는 것이다.

페놀프탈레인은 실험실에서 산 염기의 농도를 결정하는 실험(산염기 적정)에서 지시약으로 흔히 사용되는 화합물이다. 이것은 얼마 전까지도 변비 치료에 사용되는 하제의 성분으로 사용되었지만, 현재는 발암성이 의심되어 약물로는 사용을 금지하고 있다.

화학 물질의 분석에도 이용

실험실에서 혼합물을 분리할 때에도 매우 작은 크기의 실리카젤 구슬(bead, 보통 40~60마이크로미터)을 이용한다. 실리카젤 구슬을 유리관에 채워 넣고 여러 종류의 물질이 혼합된 용액을 흘려주면 각각의 성분으로 분리된다. 실리카젤의 표면과 상호 작용이 약하거나 거의 없는 화합물은 곧바로 유리관에서 용출이 된다. 반면에 실리카젤의 표면과 상호 작용이 큰 화합물은 나중에 용출이 된다.

이런 과정을 통해서 혼합물이 각각의 성분으로 분리된다. 즉 실리카젤과 화합물의 상호 작용의 정도에 따라 혼합물의 각 성분들이 분리되는 것이다. 이러한 기술을 크로마토그래피 방법이라고 하며, 다량의 혼합물을 분리하거나 분석하는 데 많이 이용된다. 운동선수들의 금지 약물 복용 여부도 크로마토그래피로 분석해 낸다. 선수의 소변에 함께 배출되는 많은 물질들을 각 성분으로 분리하고, 각 성분의 분자를 분석하면 금지 약물의 복용 여부를 알 수 있다. 금지 약물은 체내 대사를 거쳐 변화되고 소변으로 배출되기 때문에 금지 약물의 대사 결과물을 찾아내어 검사하는 것이다. 그것이 바로 도핑 테스트이다.

정확히 알고 재사용해야 된다.

●

식품 포장 용기 내부에 "절대로 전자레인지에 넣지 마시오."라는 경고가 쓰인 조그마한 봉지를 종종 볼 수 있다. 열어 보면 주로 검은색 분말이 들어 있는데, 그것의 주성분은 철이다. 밀폐된 포장 용기 안의 산소와 반응하여 용기 내의 산소를 제거하기 위한 것으로, 이를 통해 식품 보존 기간을 연장할 수 있다. 다 사용한 분말은 철이 산화되어 산화철이 되었으므로 붉은색을 띤다. 이 분말을 실리카겔처럼 다시 사용하려고 전자레인지에 넣어 말리면 매우 위험한 상황이 벌어질 수 있으므로 주의해야 한다.

부록

퀴리부인은 무슨 비누를 썼을까?
2.0

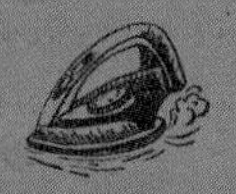

화학 물질의 명칭 / 분자식 화학식

구분	영문명	분자식 및 화학식
계면활성제		
레시틴	lecithin	$C_{42}H_{80}NO_8P$
과산화수소		
과산화수소	hydrogen peroxide	H_2O_2
탄산나트륨	sodium carbonate	Na_2CO_3
보톡스		
아세틸콜린	acetylcholine	$CH_3COOCH_2CH_2N^+(CH_3)_3$
비누		
글리세롤	glycerol	$C_3H_8O_3$
카복실산 염	sodium carboxylate	$RCOO^-Na^+$
설폰산 염	sodium sulfonate	$RSO_3^-Na^+$
선크림		
아미노벤조산	aminobenzoic acid	$C_7H_7NO_2$
벤조페논	benzophenone	$C_{13}H_{10}O$
역삼투 정수기		
염화나트륨	sodium chloride	NaCl
전지		
이산화망가니즈	manganese dioxide	MnO_2
삼산화이망가니즈	maganese trioxide	Mn_2O_3
이산화납	lead dioxide	PbO_2
황산납	lead sulfate	$PbSO_4$
황산	sulfuric acid	H_2SO_4
클로락스		
하이포염소산	hypochlorous acid	HClO
하이포염소산나트륨	sodium hypochlorite	NaOCl
과망가니즈산포타슘	potassium permanganate	$KMnO_4$

클로로폼	chloroform	$CHCl_3$
염소산나트륨	sodium chlorate	$NaClO_3$

파마

시스테인	cysteine	$C_3H_7NO_2S$
싸이오글라이콜레이트 암모늄	ammonium thioglycolate	$HSCH_2COO^-NH_4^+$
과산화수소	hydrogen peroxide	H_2O_2
알릴싸이올	allyl thiol	C_2H_3SH
뷰테인싸이올	butanethiol	C_4H_9SH
메테인싸이올	methanethiol	CH_3SH

무연휘발유와 옥테인값

뷰테인	butane	C_4H_{10}
아이소옥테인	isooctane 혹은	
	2,2,4-trimethylpentane	$C_8H_{18}/(CH_3)_3CCH_2CH(CH_3)_2)$
옥테인	octane	C_8H_{18}
노르말헵테인	normal heptane	C_7H_{16}
MTBE	methyl tertiary butyl ether	$C_5H_{12}O$

껌

아이소프렌	isoprene	C_5H_8
자일리톨	xylitol	$C_5H_{12}O_5$
카르본	carvone	$C_{10}H_{14}O$
멘톨	menthol	$C_{10}H_{20}O$
탄산수소나트륨	sodium bicarbonate	$NaHCO_3$

물 I

물	water	H_2O
황화수소	hydrogen sulfide	H_2S
DHMO	dihydrogen monoxide	H_2O
칼슘 이온	calcium ion	Ca^{2+}
마그네슘 이온	magnesium ion	Mg^{2+}

물 II

갈륨	gallium	Ga
비스무트	bithmuth	Bi
실리콘	silicon	Si
안티모니	antimony	Sb

오스뮴	osmium	Os
산소	oxygen	O_2
이산화탄소	carbon dioxide	CO_2

사카린

사카린	saccharin	$C_7H_4N_4NaO_3S$
아스파테임	aspartame	$C_{14}H_{18}N_2O_5$

소금

소금	table salt	$NaCl$
염화나트륨	sodium chloride	$NaCl$

초콜릿

페닐에틸아민	phenylethylamine	$C_8H_{11}N$
암페타민	amphetamine	$C_9H_{13}N$
카페인	caffeine	$C_8H_{10}N_4O_2$
테오브로민	theobromine	$C_7H_8N_4O_2$

콜라

카페인	caffeine	$C_8H_{10}N_4O_2$

커피

벤젠	benzene	C_6H_6
스타이렌	styrene	C_8H_8
폼알데하이드	formaldehyde	CH_2O
카페인	caffeine	$C_8H_{10}N_4O_2$
파라잔틴	paraxanthine	$C_7H_8N_4O_2$
테오브로민	theobromine	$C_7H_8N_4O_2$
테오필린	theophylline	$C_7H_8N_4O_2$
잔틴	xanthine	$C_5H_4N_4O_2$

액상과당

포도당	glucose	$C_6H_{12}O_6$
설탕	sucrose	$C_{12}H_{22}O_{11}$
과당	fructose	$C_6H_{12}O_6$

술

물	water	H_2O

에탄올	ethanol	CH_3CH_2OH
에틸렌	ethylene	C_2H_4
포도당	glucose	$C_6H_{12}O_6$
이산화탄소	carbon dioxide	CO_2
아세트알데하이드	acetaldehyde	C_2H_4O
아세트산	acetic acid	CH_3COOH
글루타싸이온	glutathione	$C_{10}H_{17}N_3O_6S$
디술피람	disulfiram	$C_{10}H_{20}N_2S_4$

비타민 C

아스코브산	ascorbic acid	$C_6H_8O_6$
글라이신	glycine	$C_2H_5NO_2$

빈혈과 철

2가 철 이온	ferrous	Fe^{2+}
3가 철 이온	ferric	Fe^{3+}
옥살산	oxalic acid	$C_2H_2O_4$

불포화 지방산

DHA	Docosahexaenoic acid	$C_{22}H_{32}O_2$
EPA	Eicosapentaenoicacid	$C_{20}H_{30}O_2$
에루크산	erucic acid	$C_{22}H_{42}O_2$

트랜스 지방

지방산	fatty acid	$R(CH_2)_nCOOH$
글리세롤	glycerol	$C_3H_8O_3$
올레산	oleic acid	$C_{18}H_{34}O_2$
바세닉산	vaccenic acid	$C_{18}H_{34}O_2$

콜레스테롤

콜레스테롤	cholesterol	$C_{27}H_{46}O$

활성산소

과산화수소	hydrogen peroxide	H_2O_2
초과산화 이온	superoxide ion	O_2^-
수산화 라디칼	hydroxyl radical	$\cdot OH$
글루타싸이온	glutathione	$C_{10}H_{17}N_3O_6S$
비타민 C	ascorbic acid	$C_6H_8O_6$

진통제		
아세틸살리실산	acetylsalicylic acid	$C_9H_8O_4$
이부프로펜	(2–[4–(2–methylpropyl)phenyl] propanoic acid	$C_{13}H_{18}O_2$
아세트아미노펜	N–acetyl–para–aminophenol	$C_8H_9NO_2$

비아그라		
피나스테라이드	Finasteride	$C_{23}H_{36}N_2O_2$
고리형 구아노신 일인산염	cyclic guanosine monophosphate, cGMP)	$C_{10}H_{12}N_5O_7P$
실데나필 구연산염	sildenafil citrate	$C_{22}H_{30}N_6O_4S/C_6H_8O_7$
산화질소	nitric oxide	NO

혈액		
아세트산	acetic acid	CH_3COOH
아세트산나트륨	sodium acetate	CH_3COONa
탄산	carbonic acid	H_2CO_3
탄산수소 이온	carbonate	CO_3^{2-}
이산화탄소	carbon dioxide	CO_2

담배		
니코틴	nicotine	$C_{10}H_{14}N_2$
도파민	dopamine	$C_8H_{11}NO_2$
코티닌	cotinine	$C_{10}H_{12}N_2O$

조명탄		
질산포타슘	potassium nitrate	KNO_3
과염소산 이온	perchlorate	ClO_4^-

음주 측정기		
에탄올	ethanol	CH_3CH_2OH
아세트알데하이드	acetaldehyde	CH_3CHO
아세트산	acetic acid	CH_3COOH
황산	sulfuric acid	H_2SO_4
질산은	silver nitrate	$AgNO_3$
다이크로뮴포타슘	potassium dichromate	$K_2Cr_2O_7$

에어백		
아지드화나트륨	sodium azide	NaN_3
질산나트륨	sodium nitrate	$NaNO_3$
질산포타슘	potassium nitrate	KNO_3
규산화마그네슘	magnesium silicate	$H_2Mg_3(SiO_3)_4$ 혹은 $Mg_3Si_4O_{10}(OH)_2$
사이안화 이온	cyanide	CN^-
와셔 액		
메탄올	methanol	CH_3OH
에틸렌글리콜	ethylene glycol	$C_2H_6O_2$
폼산	formic acid	$HCOOH$
MTBE	methyl tertiary butyl ether	$C_5H_{12}O$
새집증후군		
폼알데하이드	formaldehyde	CH_2O
트라이옥세인	trioxane	$C_3H_6O_3$
헥사민	hexamine	$C_6H_{12}N_4$
페놀	phenol	C_6H_5OH
요소	urea	$(NH_2)_2CO$
멜라민	melamine	$C_3H_6N_6$
산성비		
하이드로늄 이온	hydronium ion	H_3O^+
탄산수소 이온	bicarbonate ion	HCO_3^-
탄산	carbonic acid	H_2CO_3
오존		
오존	ozone	O_3
클로로플루오로탄소	chlorofluorocarbon	CCl_xF_y
하이포염소산나트륨	sodium hypochlorite	$NaClO$
이산화질소	nitrogen dioxide	NO_2
산화질소	nitrogen monoxide	NO
다이옥신		
벤젠		C_6H_6
폴리클로로다이벤조-파라-다이옥신	polychlorinateddibenzo-p-dioxin	$C_{12}H_4Cl_nO_2$ (n=2~8)
TCDD	2,3,7,8-tetrachlorodibenzo-p-dioxin	$C_{12}H_4Cl_4O_2$

2,4-D	2,4-dichlorophenoxyacetic acid	$C_8H_6Cl_2O_3$
2,4,5-T	2,4,5-trichlorophenoxyacetic acid	$C_8H_5Cl_3O_3$

아이오딘

아이오딘	iodine	I_2
아이오딘화포타슘	potassium iodide	KI

불산

플루오린화수소	hydrogen fluoride	HF
플루오린화칼슘	calcium fluoride	CaF_2
수산화칼슘	calcium hydroxide	$Ca(OH)_2$
산화칼슘	calcium oxide	CaO
염화칼슘	calcium chloride	$CaCl_2$
폴리테트라플루오로에틸렌	polytetrafluoroethylene(PTFE)	$(C_2F_4)_n$
헥사플루오린화우라늄	uranium hexafluoride	UF_6

리튬 이온 전지

리튬코발트 산화물	lithium cobalt oxide	$LiCoO_2$
리튬철인산염	lithium iron phosphate	$LiFePO_4$
리튬망가니즈 산화물	lithium manganese oxide	$LiMn_2O_4$

로켓연료

질산포타슘	potassium nitrate	KNO_3
염소산포타슘	potassium chlorate	$KClO_3$
과염소산포타슘	potassium perchlorate	$KClO_4$
과염소산암모늄	ammonium perchlorate	NH_4ClO_4
하이드라진	hydrazine	N_2H_4

풀러렌과 나노튜브

풀러렌	fullerene	C_{60}

고어텍스

에틸렌	ethylene	C_2H_4
테트라플루오로에틸렌	tetrafluoroethylene(TFE)	C_2F_4
폴리테트라플루오로에틸렌	polytetrafluoroethylene(PTFE)	$(C_2F_4)_n$

보석

이산화규소	silicon dioxide	SiO_2

산화철	iron oxide	Fe_2O_3 혹은 FeO
산화알루미늄	aluminium oxide	Al_2O_3

알루미늄		
빙정석	cryolite	Na_3AlF_6
산화알루미늄	aluminum oxide	Al_2O_3

페트		
폴리에틸렌 테레프탈레이트	polyethylene terephthalate	$(C_{10}H_8O_4)_n$
PVC	polyvinyl chloride	$(C_2H_3Cl)_n$
에틸렌글리콜	ethylene glycol	$C_2H_6O_2$
다이메틸테레프탈레이트	dimethyl terephthalate	$C_{10}H_{10}O_4$

고무		
아이소프렌	isoprene	C_5H_8
클로로프렌	chloroprene	C_4H_5Cl
스타이렌	styrene	C_8H_8
뷰타다이엔	butadiene	C_4H_6

암모니아		
수산화암모늄	ammonium hydroxide	NH_4OH
염화암모늄	ammonium chloride	NH_4Cl
질산암모늄	ammonium nitrate	NH_4NO_3
요소	urea	CH_4N_2O

실리카겔		
실리카겔	silica gel	SiO_2
염화코발트	cobalt chloride	$CoCl_2$
페놀프탈레인	phenolphthalein	$C_{20}H_{14}O_4$
규산화나트륨	sodium silicate	Na_2SiO_3

참고문헌

강윤재 옮김, H_2O, 지구를 색칠하는 투명한 액체, 살림, 2012.

김정혜 옮김, 원소의 세계사, 알에이치코리아, 2013.

여인형, 퀴리부인은 무슨 비누를 썼을까?, 한승, 2007.

여인형 외 옮김, 화학의 현재와 미래, 자유아카데미, 1997.

이덕환 옮김, 거의 모든 것의 역사, 까치글방, 2003.

이충호 옮김, 사라진 스푼, 해나무, 2011.

이충호 옮김, 물의 자연사, 예지, 2010.

Aldersey-Williams, H., Periodic Tales, HarperCollins Books, 2011.

Breslow, R., Chemistry: today and tomorrow, ACS, 1997.

Kean, S., The Disappearing Spoon, Back Bay Books, 2011.

Ball, P., H_2O A Biography of Water, Orion Book, 2000.

Bryson, B. A short history of nearly everything, Broadway Books, 2003.

Coultate, T., Food(5th ed.), RSC Publishing, Dean, 2009.

Dean, J. A., Lange's Handbook of Chemistry, McGraw-Hill, 1998.

Emsley, J., Molecules at an Exhibition, Oxford Univ. Press, 1998.

Emsley, J., Vanity, vitality, and virility, Oxford Univ. Press, 2004.

Gratzer, W., Giant Molecules, Oxford Univ. Press, 2009.

O'Neil, M. J., edit., The Merck Index, 15th edition, RSC, 2013.

Outwater, A., Water, A Natural History, Basic Books, 1997.

Schwarcz, J., Dr. Joe and what you didn't know, ECW press, 2003.

Schwarcz, J., Dr. Joe's Health Lab., Doubleday Canada, 2011.

Schwarcz, J., That's the way the cookie crumbles, ECW press, 2002.

Snyder, C. H., The Extraordinary Chemistry of Ordinary Things, John Wiley & Sons, Inc., 1992.

Toedt, J., et. al., Chemical Composition of Everyday Products, Greenwood Press, 2005.

Voet, D. and Voet, J., Biochemistry, John Wiley & Sons, 1990.

인터넷 주소

http://new.kcsnet.or.kr 대한화학회 → 화학정보 → 화학술어 → 화학술어집(화학술어위원회, 5개정 증보판)

http://www.kma.org/index/index.php 대한의사협회 → 건강상식 → 의학용어(의학용어위원회, 의학용어 5집)

http://en.wikipedia.org/wiki/Portal:Chemistry 화학 물질 및 개념을 포함하고 정리한 백과사전

http://chemistry.about.com/od/everydaychemistry/tp/Chemistry-In-Daily-Life.htm 일상생활에서 일어나는 화학/화학물질에 대한 설명과 자료

http://co2now.org 지구에 있는 이산화탄소의 실시간 농도

http://pubchem.ncbi.nlm.nih.gov 방대한 분량의 화학 물질에 대한 안정성, 독성, 물리화학적 특성 자료

본문 사진 자료 출처: shutterstock

찾아보기

퀴리부인은 무슨 비누를 썼을까? 2.0

1판 1쇄 인쇄 | 2014년 11월 15일
1판 5쇄 펴냄 | 2023년 7월 20일

지은이 | 여인형
발행인 | 김병준
발행처 | 생각의힘
등록 | 2011. 10. 27. 제406-2011-000127호

주소: 서울시 마포구 독막로6길 11, 우대빌딩 2, 3층
전화번호: 02-6925-4183(편집), 02-6925-4188(영업)
팩스: 02-6925-4182
전자우편: tpbook1@tpbook.co.kr
홈페이지: www.tpbook.co.kr

ISBN 979-11-85585-09-3 03400